VEKTORANALYSIS

IN IHREN GRUNDZÜGEN
UND WICHTIGSTEN PHYSIKALISCHEN
ANWENDUNGEN

VON

ARTHUR HAAS
DR. PHIL., PROFESSOR FÜR PHYSIK AN DER UNIVERSITÄT WIEN

MIT 37 ABBILDUNGEN IM TEXT

ZWEITE, VERBESSERTE AUFLAGE

BERLIN UND LEIPZIG 1929
WALTER DE GRUYTER & CO.
VORMALS G. J. GÖSCHEN'SCHE VERLAGSHANDLUNG · J. GUTTENTAG, VERLAGS-BUCHHANDLUNG · GEORG REIMER · KARL J. TRÜBNER · VEIT & COMP.

Manuldruck von F. Ullmann G. m. b. H., Zwickau Sa.

Aus dem Vorwort zur ersten Auflage.

In den Vorlesungen, die ich im Wintersemester 1921/22 an der Wiener Universität hielt und die in diesem Buche wiedergegeben sind, sollte die Vektoranalysis nicht wie in anderen Büchern um ihrer selbst willen behandelt werden; es sollten vielmehr in diesen Vorlesungen die Grundlagen der Mechanik der Massenpunkte, der starren und deformierbaren Körper sowie die Grundlagen der MAXWELLschen Theorie und der Relativitätstheorie möglichst einfach mittels einer einheitlichen vektoriellen Methode entwickelt werden. Zu diesem Zwecke wurden in den Vorlesungen die Grundzüge der Vektor- und der Tensoranalysis dargestellt; doch wurde hierbei grundsätzlich niemals weiter gegangen, als es für die späteren physikalischen Anwendungen notwendig war.

In dem Buche wechseln rein mathematische Abschnitte mit solchen ab, in denen die gewonnenen mathematischen Erkenntnisse physikalisch verwertet werden. Eine scharfe Scheidung erschien mir notwendig, damit sich der Leser deutlich dessen bewußt werde, welche Zusammenhänge zwischen physikalischen Theoremen rein mathematischer Natur sind und welche nur unter Zuhilfenahme physikalischer Erfahrungstatsachen hergestellt werden können.

Von dem HAMILTONschen Operator habe ich in diesem Buche nirgends Gebrauch gemacht, da ich glaube, daß seine Benutzung den Anfänger nur verwirrt; aus demselben Grunde erschien mir eine scharfe Betonung des Gegensatzes zwischen polaren und axialen Vektoren überflüssig. Auf eine Darstellung der verallgemeinerten, nichteuklidischen Tensoranalysis habe ich in diesem Buche verzichtet; ich glaubte dies um so eher tun zu sollen, als sich eine solche von mir verfaßte Darstellung ohnedies in meiner „Einführung in die theoretische Physik“ (in dem Kapitel über allgemeine Relativitätstheorie) findet.

Wien, im Juni 1922.

Arthur Haas.

Vorwort zur zweiten Auflage.

Von der ersten Auflage unterscheidet sich die zweite außer durch mannigfache kleinere Verbesserungen in den anderen Abschnitten vor allem durch eine völlige Umarbeitung des § 13 (Spannung). Die Gliederung des Büchleins ist im übrigen unverändert geblieben.

Wien, im Juli 1929.

Arthur Haas.

Inhalt.

V. Kapitel. Die Vektorwellen.

VI. Kapitel. Die Weltvektoren.

Anhang.

Einleitung.

Die Geschichte der Vektorrechnung beginnt eigentlich mit dem bekannten holländischen Physiker STEVIN, der um 1600 anläßlich seiner Entdeckung des Prinzips des Kräfteparallelogramms zuerst physikalische Größen durch gerichtete Strecken darstellte. Etwa hundert Jahre nach STEVIN erhielt die Mechanik ihr eigentliches Fundament in dem bekannten zweiten NEWTONschen Bewegungsaxiom, das eine vektorielle Beziehung zum Inhalt hat. Denn es lehrt ja unter anderem, daß die Beschleunigung und die Kraft stets gleich gerichtet sind.

Da das zweite NEWTONsche Bewegungsgesetz die eigentliche Grundlage der Mechanik bildet, haben natürlich die theoretischen Physiker, als sie im 17. und 18. Jahrhundert die Mechanik ausbauten, dabei auch viele wichtige Beziehungen der Vektortheorie aufgefunden. Sie sprachen allerdings nicht von Vektoren; aber sie wußten, wenn auch auf komplizierte Art, mit ihnen zu operieren, namentlich seit durch EULER in der Mitte des 18. Jahrhunderts die Physik mit der analytischen Geometrie des Raumes verknüpft worden war; und als im Beginne des 19. Jahrhunderts die Potentialtheorie ausgebildet wurde, da erkannten die Theoretiker auch die Bedeutung der wichtigen Differentialoperationen, durch die Vektorgrößen miteinander verknüpft werden können.

Freilich rechneten damals die theoretischen Physiker nie mit den Vektoren selbst, sondern immer, indem sie alles auf ein Koordinatensystem bezogen, mit den Vektorkomponenten. Erst um das Jahr 1840 erkannten gleichzeitig, doch unabhängig voneinander GRASSMANN und HAMILTON, daß dieses ständige Rechnen mit den Vektorkomponenten statt mit den Vektoren selbst eine durch den Gegenstand gar nicht geforderte und ganz überflüssige Komplizierung bedeutet; und so bildeten sie in den Vierziger Jahren des 19. Jahrhunderts die eigentliche Vektorrechnung aus. In die theoretische Physik hat die Vektoranalysis indessen erst durch MAXWELLS berühmtes, 1873 erschienenes Lehrbuch der Elektrizität und des Magnetismus Eingang gefunden. Eine allgemeine Verbreitung wurde der Vektoranalysis freilich erst seit dem Beginne des 20. Jahrhunderts zuteil — infolge der ungeheuren Vereinfachung, die durch sie die Darstellung der Mechanik und der Elektrizitätstheorie erfährt.

I. Kapitel.

Die Vektoren.

§ 1. Vektoren und Skalare.

Unter einem Vektor verstehen wir eine gerichtete Strecke, unter einer Vektorgröße eine Größe, die erst durch Angabe einer Richtung bestimmt ist und daher symbolisch durch einen Vektor dargestellt werden kann. Beispiele für Vektorgrößen sind die Kraft, die Geschwindigkeit, die Beschleunigung, das statische Moment, die elektrische Feldstärke.

An jeder Vektorgröße müssen drei wesentliche Eigenschaften unterschieden werden: der Betrag, die Richtung und der Richtungssinn. Unter dem Betrag eines Vektors versteht man die Zahl, die es angibt, wieviel Einheiten die betreffende Größe hat. Unter dem Betrag einer Kraft oder einer Geschwindigkeit versteht man beispielsweise die Zahl, die es angibt, wieviel Krafteinheiten die betreffende Kraft oder wieviel Geschwindigkeitseinheiten die betreffende Geschwindigkeit mißt. Bei der Darstellung durch eine gerichtete Strecke ist natürlich der Betrag der Vektorgröße durch die Länge der Strecke repräsentiert.

Dem allgemeinen Brauche gemäß sollen im folgenden Vektorgrößen immer mit deutschen Buchstaben bezeichnet werden. Der Betrag eines Vektors soll mit dem entsprechenden lateinischen Buchstaben bezeichnet werden, also der Betrag eines Vektors $\mathfrak{A}$ mit A.

Daß zwei Vektoren $\mathfrak{A}$ und $\mathfrak{B}$ im Betrage, in der Richtung und im Richtungssinn übereinstimmen, soll durch die symbolische Gleichung ausgedrückt werden

(1) $$\mathfrak{A} = \mathfrak{B}\,.$$

Zwei Vektoren werden also auch dann als identisch angesehen, wenn sie von verschiedenen Punkten aus gezogen werden, wofern nur Betrag, Richtung und Richtungssinn übereinstimmen. Daß zwei Vektoren $\mathfrak{A}$ und $\mathfrak{C}$ zwar im Betrage und in der Richtung übereinstimmen, jedoch entgegengesetzten Richtungssinn haben, soll seinen Ausdruck in der symbolischen Gleichung finden.

(2) $$\mathfrak{A} = -\mathfrak{C}\,.$$

Die Projektionen eines Vektors auf die Achsen eines Koordinatensystems werden als die Komponenten des Vektors in bezug auf dieses Koordinatensystem bezeichnet. Sind die Komponenten eines Vektors $\mathfrak{A}$ gleich[1] A_x, A_y, A_z, so ist nach dem pythagoreischen Lehrsatz

$$A^2 = A_x^2 + A_y^2 + A_z^2 . \tag{3}$$

Das Quadrat des Betrages eines Vektors ist gleich der Summe der Quadrate seiner Komponenten.

Durch die Komponenten ist aber nicht nur der Betrag des Vektors bestimmt, sondern auch seine Richtung und durch das Vorzeichen der Komponenten natürlich auch der Richtungssinn. Es ist ja die Projektion auf die x-Achse gleich dem Betrage des Vektors, multipliziert mit dem Kosinus des Winkels, den die Vektorrichtung mit der Richtung der x-Achse einschließt, also

$$A_x = A \cos (\mathfrak{A}, x) \tag{4}$$

oder nach Gl. 3

$$\cos (\mathfrak{A}, x) = \frac{A_x}{\sqrt{A_x^2 + A_y^2 + A_z^2}} . \tag{5}$$

Zwei analoge Gleichungen gelten für die Winkel, die die Vektorrichtung mit der y- und der z-Achse bildet.

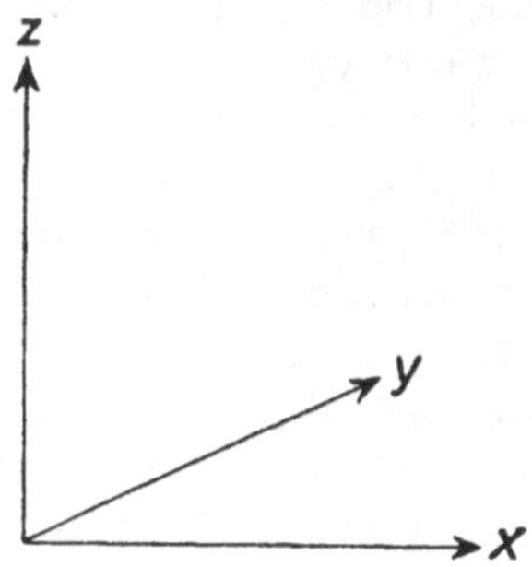

Fig.

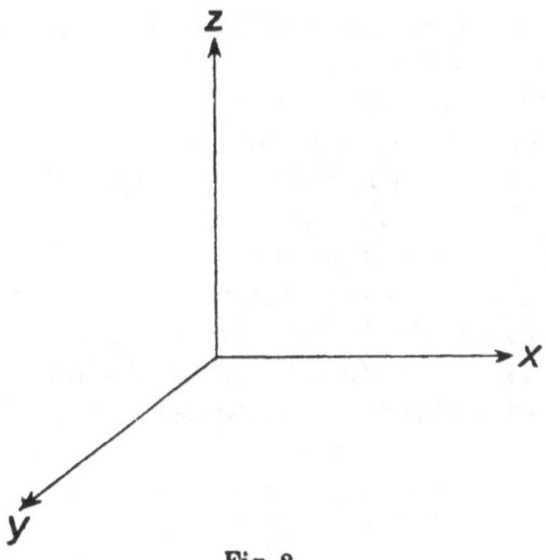

Fig. 2.

Eine kurze Zwischenbemerkung über räumliche Koordinatensysteme muß indessen hier eingeschaltet werden. Es sind zwei Arten von räumlichen Koordinatensystemen möglich, die miteinander nie zur Deckung gebracht werden können, weil die eine Art das Spiegelbild der anderen ist. Zeichnen wir nämlich in einer vertikalen Ebene die x- und die z-Achse, so kann die positive y-Achse nach hinten oder nach vorn gerichtet sein. Im ersten Falle (Fig. 1) erscheint, von einem Punkte

[1] Die Komponenten eines Vektors sollen in diesem Buch grundsätzlich immer mit lateinischen Buchstaben bezeichnet werden.

der positiven z-Achse aus gesehen, die Drehung, die auf kürzestem Wege die positive x-Achse in die Richtung der positiven y-Achse überführt[2], entgegengesetzt der Drehung des Uhrzeigers. Im zweiten Fall (Fig. 2) erscheint diese Drehung im Sinne des Uhrzeigers. Im ersten Fall spricht man von einem englischen, im zweiten Fall von einem französischen Koordinatensystem.[3] Man nennt auch das englische Koordinatensystem ein Rechtssystem und das französische ein Linkssystem. Stellt man nämlich die x-Achse durch den Daumen, die y-Achse durch den Zeigefinger und die z-Achse durch den Mittelfinger dar, so erhält man durch die Finger der rechten Hand ein englisches, durch die der linken Hand hingegen ein französisches Koordinatensystem. Da für die Untersuchung elektromagnetischer Vorgänge das englische Koordinatensystem vorteilhafter ist, ist es heute in der theoretischen Physik allgemein gebräuchlich und soll darum auch im folgenden ausschließlich benutzt werden.

Im Gegensatze zu den Vektoren nennt man Größen, die bereits durch Angabe einer Zahl vollkommen bestimmt sind, denen also eine Richtung nicht zukommt, Skalare. Man nennt sie deshalb so, weil sie vollkommen bestimmt sind, sobald man ihre an einer bestimmten Skala gemessene Größe kennt. Skalare sind z. B. die Temperatur, die Zeit, die Masse, die elektrische Ladung, die Magnetismusmenge.

Mit einem Skalar wird ein Vektor offenbar so multipliziert, daß der Betrag des Vektors mit dem Skalar multipliziert wird, ohne daß an der Richtung des Vektors etwas geändert wird. Ebenso wird natürlich ein Vektor durch einen Skalar dividiert, indem man den Betrag dividiert, ohne etwas an der Richtung zu ändern.

Diese Regel führt nun weiterhin zu dem wichtigen Begriff des Einheitsvektors. Unter einem solchen versteht man einen Vektor, dessen Länge gleich der Längeneinheit ist. Jede mögliche Richtung kann also durch einen Einheitsvektor festgelegt werden. Jeder beliebige Vektor kann nun aufgefaßt werden als das Produkt aus einem in seine Richtung fallenden Einheitsvektor und einem Skalar, der gleich ist dem Betrage des Vektors. Nennen wir etwa einen Einheitsvektor, der in die Richtung eines Vektors $\mathfrak{A}$ fällt, $\mathfrak{a}$, so ist

$$\mathfrak{A} = \mathfrak{a} A \,. \tag{6}$$

Auch ein Koordinatensystem kann charakterisiert werden durch die drei Einheitsvektoren, die in die Richtungen der positiven Achsen fallen. Man bezeichnet diese Einheitsvektoren allgemein mit $\mathfrak{i}$, $\mathfrak{j}$, $\mathfrak{k}$ und nennt sie die Grundvektoren des betreffenden Koordinatensystems.

[2] Statt durch eine Drehung um 90° kann man ja die positive x-Achse in die Richtung der positiven y-Achse auch durch eine entgegengesetzte Drehung um 270° überführen. Darum wird von einer Überführung „auf kürzestem Wege" gesprochen.

[3] Die Bezeichnungen erklären sich daraus, daß früher das durch Fig. 1 dargestellte System hauptsächlich von englischen, das durch Fig. 2 dargestellte aber vor allem von französischen Physikern benutzt wurde.

§ 2. Vektoralgebra.

Ebenso wie Zahlengrößen können auch Vektorgrößen durch mannigfache Operationen miteinander verknüpft werden, die zweckmäßig so definiert werden, daß sie in besonderen Fällen in die mit gleichem Namen benannten arithmetischen Operationen übergehen.

Als Summe zweier Vektoren definiert man zunächst einen Vektor, der die Diagonale eines Parallelogramms darstellt, dessen Seiten den beiden Summanden nach Größe und Richtung gleich sind. Um die Summe zweier Vektoren $\mathfrak{A}$ und $\mathfrak{B}$ zu erhalten, trägt man also von dem Endpunkt des Vektors $\mathfrak{A}$ den Vektor $\mathfrak{B}$ auf und verbindet nun den Anfangspunkt des Vektors $\mathfrak{A}$ mit dem Endpunkt des Vektors $\mathfrak{B}$ (Fig. 3). Die vektorielle oder, wie man auch sagt, die geometrische Summe der beiden Vektoren wird durch das Symbol ausgedrückt

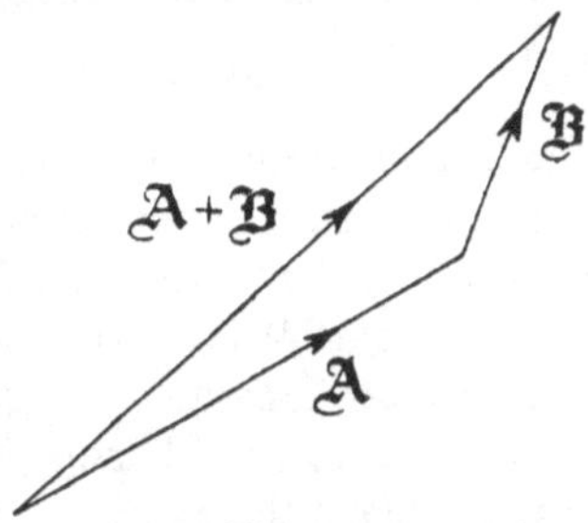

Fig. 3.

$$\mathfrak{A} + \mathfrak{B}\,.$$

Ohne weiteres zeigt die geometrische Anschauung, daß ebenso wie für die arithmetische so auch für die vektorielle Addition sowohl das kommutative als auch das assoziative Gesetz gilt. Es ist

$$\mathfrak{A} + \mathfrak{B} = \mathfrak{B} + \mathfrak{A}\,, \tag{1}$$

und wenn ein beliebiger dritter Vektor mit $\mathfrak{C}$ bezeichnet wird, ist

$$(\mathfrak{A} + \mathfrak{B}) + \mathfrak{C} = (\mathfrak{A} + \mathfrak{C}) + \mathfrak{B} = (\mathfrak{B} + \mathfrak{C}) + \mathfrak{A}\,. \tag{2}$$

Sind zwei zu addierende Vektoren gleich gerichtet, so geht die geometrische Addition in die arithmetische über, indem der Betrag der Summe dann einfach gleich ist der Summe der Einzelbeträge.

Unter der Differenz zweier Vektoren, bezeichnet durch das Symbol

$$\mathfrak{A} - \mathfrak{B}\,,$$

versteht man die Summe aus dem Vektor $\mathfrak{A}$ und aus einem Vektor, der dem Vektor $\mathfrak{B}$ entgegengesetzt gleich ist.

Hat ein Vektor $\mathfrak{A}$ die Komponenten A_x, A_y, A_z, so können wir den Vektor auch auffassen als die Summe dreier Vektoren, die in die Richtungen der Koordinatenachsen fallen und die Beträge A_x, A_y, A_z haben. Indem wir die Symbole für die Grundvektoren des Koordinatensystems benutzen, können wir also die Formel aufstellen

$$\mathfrak{A} = \mathfrak{i} A_x + \mathfrak{j} A_y + \mathfrak{k} A_z\,. \tag{3}$$

Ist umgekehrt ein Vektor $\mathfrak{A}$ in der Form darstellbar

$$\mathfrak{A} = \mathfrak{i} S' + \mathfrak{j} S'' + \mathfrak{k} S''$$

wobei S', S'' und S''' drei skalare Ausdrücke bedeuten mögen, so können wir daraus sofort schließen, daß S' die x-Komponente des Vektors ist, S'' die y- und S''' die z-Komponente.

Denken wir uns die Gl. 3 auch für einen zweiten Vektor $\mathfrak{B}$ gebildet und zu der ursprünglichen Gl. 3 vektoriell hinzuaddiert, so finden wir

$$\mathfrak{A} + \mathfrak{B} = \mathfrak{i}\,(A_x + B_x) + \mathfrak{j}\,(A_y + B_y) + \mathfrak{k}\,(A_z + B_z)\,. \tag{4}$$

Nach dem vorhin Gesagten bedeutet diese Formel, daß die Komponenten der Summe zweier Vektoren gleich sind den Summen der Komponenten der einzelnen Vektoren.

Bei der Multiplikation von Vektoren unterscheidet man die sogenannte innere und die sogenannte äußere Multiplikation. Als inneres oder skalares Produkt zweier Vektoren definiert man einen Skalar, der sich ergibt, wenn man den Betrag des einen Vektors multipliziert mit der Projektion des anderen Vektors auf den ersten Vektor. Das innere Produkt zweier Vektoren $\mathfrak{A}$ und $\mathfrak{B}$ wird durch das Symbol bezeichnet

$$\mathfrak{A}\,\mathfrak{B} \quad \text{oder} \quad \mathfrak{A}\,.\,\mathfrak{B} \quad \text{oder} \quad (\mathfrak{A}\,\mathfrak{B})\,.$$

Es ist also

$$\mathfrak{A}\,\mathfrak{B} = A\,B \cos(\mathfrak{A},\,\mathfrak{B})\,. \tag{5}$$

Das skalare Produkt ist positiv oder negativ, je nachdem ob die Vektoren miteinander einen spitzen oder einen stumpfen Winkel bilden.

Aus der Definition des skalaren Produktes folgt zunächst, daß ebenso wie für die arithmetische Multiplikation das kommutative Gesetz gilt; es ist

$$\mathfrak{A}\,\mathfrak{B} = \mathfrak{B}\,\mathfrak{A}\,. \tag{6}$$

Wir wollen nun weiterhin das skalare Produkt aus einem Vektor $\mathfrak{A}$ und einem zweiten Vektor $\mathfrak{D}$ untersuchen, der seinerseits die Summe zweier Vektoren $\mathfrak{B} + \mathfrak{C}$ sei. Indem wir die Richtung des Vektors $\mathfrak{A}$ zu der x-Achse eines sonst beliebigen Koordinatensystems machen, erkennen wir aus der Gl. 4 sogleich, daß die Projektion des Vektors $\mathfrak{D}$ auf die Richtung des Vektors $\mathfrak{A}$ gleich ist der Summe der Projektionen der Vektoren $\mathfrak{B}$ und $\mathfrak{C}$. Nach der Definition des skalaren Produktes ist also

$$\mathfrak{A}\,(\mathfrak{B} + \mathfrak{C}) = \mathfrak{A}\,\mathfrak{B} + \mathfrak{A}\,\mathfrak{C}\,. \tag{7}$$

Für die innere Multiplikation gilt nicht nur das kommutative, sondern auch das distributive Gesetz, weshalb auf die skalare Multiplikation die Rechenregeln der arithmetischen Multiplikation angewendet werden können.

Aus der Gl. 5 folgt, daß in zwei Fällen das skalare Produkt eine besonders einfache Form annimmt, nämlich dann, wenn die beiden Vektoren gleich gerichtet oder aber zueinander normal sind. Im ersten Falle ist das skalare Produkt einfach gleich dem Produkt der Beträge, und daher ist im besonderen das skalare Produkt jedes Vektors mit sich selbst gleich dem Quadrate des Betrages; es ist

$$(8) \qquad \mathfrak{A}\mathfrak{A} = A^2 .$$

Hingegen ist

$$(9) \qquad \mathfrak{A}\mathfrak{B} = 0, \text{ wenn } \mathfrak{A} \perp \mathfrak{B} .$$

Umgekehrt kann aus dem Umstande, daß das skalare Produkt zweier Vektoren verschwindet, stets geschlossen werden, daß die beiden Vektoren aufeinander senkrecht stehen. In ihrer Anwendung auf die Grundvektoren ergeben die Gl. 8 und 9 die wichtigen Beziehungen

$$(10) \qquad \mathfrak{i}\mathfrak{i} = \mathfrak{j}\mathfrak{j} = \mathfrak{k}\mathfrak{k} = 1$$

und

$$(11) \qquad \mathfrak{i}\mathfrak{j} = \mathfrak{j}\mathfrak{k} = \mathfrak{k}\mathfrak{i} = 0 .$$

Das skalare Produkt zweier Grundvektoren ergibt immer eins oder null, je nachdem, ob die beiden Faktoren gleich oder verschieden sind.

Wollen wir das skalare Produkt zweier Vektoren durch die Komponenten der Vektoren ausdrücken, so gehen wir von der Gleichung aus

$$(12) \qquad \mathfrak{A}\mathfrak{B} = (\mathfrak{i}\, A_x + \mathfrak{j}\, A_y + \mathfrak{k}\, A_z)\,(\mathfrak{i}\, B_x + \mathfrak{j}\, B_y + \mathfrak{k}\, B_z) .$$

Wenn wir im Sinne des distributiven Gesetzes ausmultiplizieren, erhalten wir auf der rechten Seite neun Glieder, von denen aber nach Gl. 11 sechs verschwinden. Wenden wir auf die übrigbleibenden drei die Gl. 10 an, so erhalten wir die einfache Beziehung

$$(13) \qquad \mathfrak{A}\mathfrak{B} = A_x B_x + A_y B_y + A_z B_z .$$

Dividieren wir diese Gleichung durch das Produkt AB, und beachten wir, daß A_x gleich ist $A \cos(\mathfrak{A}, x)$, so ergibt sich nach Gl. 5 die Relation

$$(14) \qquad \left\{ \begin{aligned} &\cos(\mathfrak{A}, \mathfrak{B}) = \cos(\mathfrak{A}, x)\cos(\mathfrak{B}, x) \\ &+ \cos(\mathfrak{A}, y)\cos(\mathfrak{B}, y) + \cos(\mathfrak{A}, z)\cos(\mathfrak{B}, z) . \end{aligned} \right.$$

Im Gegensatz zu dem inneren oder skalaren Produkt definiert man als das äußere oder Vektorprodukt zweier Vektoren $\mathfrak{A}$ und $\mathfrak{B}$ einen Vektor, dessen Betrag gleich ist dem Flächeninhalt eines von den Vektoren $\mathfrak{A}$ und $\mathfrak{B}$ gebildeten Parallelogramms, der also soviel Längeneinheiten mißt, als das Parallelogramm Flächeneinheiten enthält und der einen solchen Richtungssinn hat, daß von seiner Spitze aus gesehen die Drehung dem Uhrzeiger entgegengesetzt erscheint, die auf kürzestem Wege den im Produkte an erster Stelle stehenden Vektor in die Richtung des an zweiter Stelle stehenden Vektors überführt, wofern man beide Vektoren von demselben Punkte aus zieht (Fig. 4). Man bezeichnet das Vektorprodukt zweier Vektoren $\mathfrak{A}$ und $\mathfrak{B}$ durch das Symbol

$$[\mathfrak{A}\mathfrak{B}] .$$

In der Tat ist das Vektorprodukt eigentlich nicht eine gerichtete Strecke, sondern eine gerichtete Plangröße; aber es erweist sich für alle vektoriellen Operationen als zweckmäßig, statt mit gerichteten Plangrößen mit den sie „ergänzenden Hilfsvektoren" zu rechnen, die eben in der angegebenen Weise senkrecht auf den gerichteten Plangrößen errichtet werden.

Aus der Definition des Vektorproduktes ergibt sich für seinen Betrag der Wert $AB \sin(\mathfrak{A}, \mathfrak{B})$. Weiter folgt aus der Definition, daß sich der Richtungssinn des Vektorproduktes ändert, wenn die Reihenfolge der beiden Vektoren im Produkt geändert wird; es ist

$$[\mathfrak{A}\mathfrak{B}] = -[\mathfrak{B}\mathfrak{A}]. \tag{15}$$

Wir wollen nun weiterhin das Vektorprodukt aus einem Vektor $\mathfrak{A}$ und einem zweiten Vektor $\mathfrak{D}$ untersuchen, der seinerseits die Summe zweier Vektoren $\mathfrak{B} + \mathfrak{C}$ sei. Wir denken uns hierzu ein Parallelogramm konstruiert, dessen Seiten von den Vektoren $\mathfrak{B}$ und $\mathfrak{C}$ gebildet werden

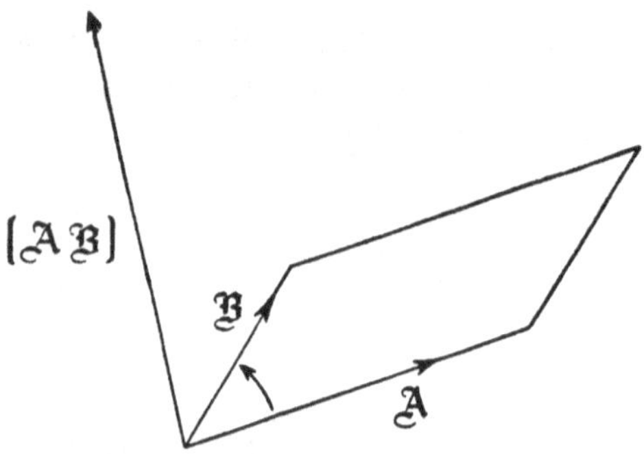

Fig. 4.

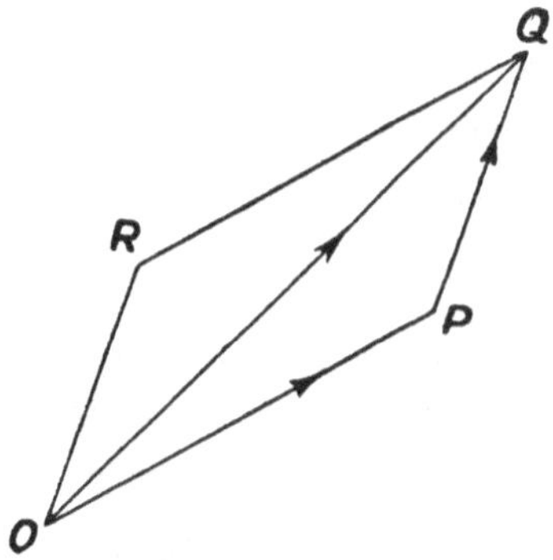

Fig. 5.

mögen, dessen Diagonale also gleich $\mathfrak{D}$ sei, und denken uns nun dieses Parallelogramm auf eine zu dem Vektor $\mathfrak{A}$ senkrechte Ebene projiziert. Die Projektionen der Seiten und der Diagonale sind dann gegeben durch die Ausdrücke

$$B \sin(\mathfrak{A}, \mathfrak{B}); \quad C \sin(\mathfrak{A}, \mathfrak{C}); \quad D \sin(\mathfrak{A}, \mathfrak{D}).$$

Wir denken uns nun die Dimensionen dieses Parallelogramms vergrößert im Verhältnis $A : 1$; dann erhalten wir (dargestellt durch Fig. 5) ein Parallelogramm $OPQR$, und es sind die Längen der Strecken OP, PQ und OQ numerisch gleich den Beträgen der drei Vektorprodukte $[\mathfrak{A}\mathfrak{B}]$, $[\mathfrak{A}\mathfrak{C}]$ und $[\mathfrak{A}\mathfrak{D}]$. Nun denken wir uns schließlich noch in der Figurenebene das Parallelogramm $OPQR$ um 90^0 so gedreht, daß die Strecke OP senkrecht stehe auf dem Vektor $\mathfrak{B}$; dann steht natürlich auch die Strecke PQ senkrecht auf dem Vektor $\mathfrak{C}$ und die Strecke OQ senkrecht auf dem Vektor $\mathfrak{D}$. Überdies sind aber, weil die Figurenebene senkrecht auf dem Vektor $\mathfrak{A}$ steht, alle drei gerichteten Strecken auch normal zu dem Vektor $\mathfrak{A}$. Nach erfolgter Drehung stellen also die drei Strecken OP, PQ und OQ nach Größe und Richtung die drei Vektorprodukte $[\mathfrak{A}\mathfrak{B}]$, $[\mathfrak{A}\mathfrak{C}]$ und $[\mathfrak{A}\mathfrak{D}]$ dar;[1] und da die Diagonale eines Parallelogramms gleich ist der Vektorsumme der Seiten des Parallelogramms, so ergibt sich somit die Beziehung

$$[\mathfrak{A}\mathfrak{D}] = [\mathfrak{A}\mathfrak{B}] + [\mathfrak{A}\mathfrak{C}]$$

oder, da ja $\mathfrak{D}$ die Summe von $\mathfrak{B}$ und $\mathfrak{C}$ ist,

$$[\mathfrak{A}(\mathfrak{B} + \mathfrak{C})] = [\mathfrak{A}\mathfrak{B}] + [\mathfrak{A}\mathfrak{C}]. \tag{16}$$

Für die vektorielle Multiplikation gilt also ebenso wie für die arithmetische das distributive Gesetz; und daraus folgt, daß die äußere Multiplikation nach den Regeln der arithmetischen durchgeführt werden kann, nur mit dem Unterschiede, daß bei einer Vertauschung in der Reihenfolge der Faktoren das Vorzeichen umgekehrt werden muß.

Aus der Definition des Vektorproduktes folgt, daß es in zwei Fällen eine einfache Gestalt annimmt; nämlich dann, wenn die Vektoren zueinander senkrecht oder wenn sie parallel sind. Im ersten Falle ist der Betrag des Vektorproduktes gleich dem Produkte der einzelnen Beträge; für den zweiten Fall aber finden wir

$$[\mathfrak{A}\mathfrak{B}] = 0, \quad \text{wenn} \quad \mathfrak{A} \parallel \mathfrak{B}. \tag{17}$$

Umgekehrt kann aus dem Umstande, daß das Vektorprodukt zweier Vektoren verschwindet, immer geschlossen werden, daß diese beiden Vektoren die gleiche Richtung haben.

Aus der Gl. 17 ergeben sich für die Grundvektoren die wichtigen Formeln

$$[\mathfrak{i}\,\mathfrak{i}] = [\mathfrak{j}\,\mathfrak{j}] = [\mathfrak{k}\,\mathfrak{k}] = 0. \tag{18}$$

Bilden wir hingegen die äußeren Produkte zweier verschiedener Grundvektoren, so haben die Produkte immer den Betrag eins und die Richtung des dritten Grundvektors. Es ergeben sich somit die Beziehungen

$$\left\{\begin{array}{lll} [\mathfrak{i}\,\mathfrak{j}] = \mathfrak{k}; & [\mathfrak{j}\,\mathfrak{k}] = \mathfrak{i}; & [\mathfrak{k}\,\mathfrak{i}] = \mathfrak{j} \\ [\mathfrak{j}\,\mathfrak{i}] = -\mathfrak{k}; & [\mathfrak{k}\,\mathfrak{j}] = -\mathfrak{i}; & [\mathfrak{i}\,\mathfrak{k}] = -\mathfrak{j}. \end{array}\right. \tag{19}$$

Wollen wir die Komponenten des Vektorproduktes durch die Komponenten der miteinander multiplizierten Vektoren ausdrücken, so haben wir nach dem distributiven Gesetz den Ausdruck zu bilden

$$[\mathfrak{A}\mathfrak{B}] = [(\mathfrak{i}A_x + \mathfrak{j}A_y + \mathfrak{k}A_z)(\mathfrak{i}B_x + \mathfrak{j}B_y + \mathfrak{k}B_z)]. \tag{20}$$

Von den neun Gliedern, die sich durch Ausmultiplizieren ergeben, fallen drei Glieder nach Gl. 18 weg, und wir finden somit

[1] Es ist überflüssig, in diesem Zusammenhang auch vom Richtungssinn zu sprechen.

$$\begin{aligned}[\mathfrak{A}\mathfrak{B}] = \; & [\mathfrak{i}\,\mathfrak{j}]\, A_x B_y + [\mathfrak{i}\,\mathfrak{k}]\, A_x B_z \\ & + [\mathfrak{j}\,\mathfrak{i}]\, A_y B_x + [\mathfrak{j}\,\mathfrak{k}]\, A_y B_z \\ & + [\mathfrak{k}\,\mathfrak{i}]\, A_z B_x + [\mathfrak{k}\,\mathfrak{j}]\, A_z B_y .\end{aligned}$$

Hierfür finden wir nach den Gl. 19

$$[\mathfrak{A}\mathfrak{B}] = \mathfrak{k} A_x B_y - \mathfrak{j} A_x B_z - \mathfrak{k} A_y B_x + \mathfrak{i} A_y B_z + \mathfrak{j} A_z B_x - \mathfrak{i} A_z B_y .$$

Indem wir die Glieder ordnen und so drei skalare Ausdrücke erhalten, die mit $\mathfrak{i}$, $\mathfrak{j}$, $\mathfrak{k}$ multipliziert erscheinen, finden wir für die Komponenten des Vektorproduktes die Werte[2]

$$(21) \qquad \left\{ \begin{aligned} [\mathfrak{A}\mathfrak{B}]_x &= A_y B_z - A_z B_y \\ [\mathfrak{A}\mathfrak{B}]_y &= A_z B_x - A_x B_z \\ [\mathfrak{A}\mathfrak{B}]_z &= A_x B_y - A_y B_x . \end{aligned} \right.$$

Nachdem die innere und die äußere Multiplikation definiert sind. ist es nur mehr eine keine weiteren Festsetzungen verlangende Rechenaufgabe, Ausdrücke zu berechnen, in denen drei oder mehr Vektoren miteinander multipliziert erscheinen. Zunächst ist es klar, daß ein Ausdruck von der Form $\mathfrak{A}(\mathfrak{B}\mathfrak{C})$, da in ihm ein Vektor mit einem Skalar multipliziert erscheint, einen Vektor darstellt, der dieselbe Richtung hat wie $\mathfrak{A}$. Die Ausdrücke $\mathfrak{A}(\mathfrak{B}\mathfrak{C})$, $\mathfrak{B}(\mathfrak{C}\mathfrak{A})$, $\mathfrak{C}(\mathfrak{A}\mathfrak{B})$ sind also im allgemeinen voneinander nach Größe und Richtung verschiedene Vektoren.

Das innere Produkt aus einem Vektor und dem äußeren Produkte zweier anderer, also die Größe $\mathfrak{A}[\mathfrak{B}\mathfrak{C}]$ muß natürlich auch ein Skalar sein. Dieser ist gleich dem Flächeninhalt des von den Vektoren $\mathfrak{B}$ und $\mathfrak{C}$ gebildeten Parallelogramms, multipliziert mit dem Betrage A und überdies noch mit dem Kosinus des Winkels, den die Richtung von $\mathfrak{A}$ mit der auf dem Parallelogramm errichteten Normalen einschließt. Der Kosinus dieses Winkels ist aber gleich dem Sinus des Winkels, den der Vektor $\mathfrak{A}$ mit der Ebene des Parallelogramms bildet. Infolgedessen ist das skalare Produkt $\mathfrak{A}[\mathfrak{B}\mathfrak{C}]$ gleich dem Volumen des von den Vektoren $\mathfrak{A}$, $\mathfrak{B}$, $\mathfrak{C}$ gebildeten Parallelepipeds. Hieraus folgt sogleich die wichtige Beziehung

$$(22) \qquad \mathfrak{A}[\mathfrak{B}\mathfrak{C}] = 0 , \quad \text{wenn } \mathfrak{A}, \mathfrak{B}, \mathfrak{C} \text{ komplanar}$$

sind, d. h. wenn die drei Vektoren, von einem Punkte aus aufgetragen, in eine Ebene zu liegen kommen.

Das Volumen des Parallelepipeds ergibt sich aber nun auch, wenn der Inhalt des von den Vektoren $\mathfrak{C}$ und $\mathfrak{A}$ gebildeten Parallelogramms multipliziert wird mit dem Betrage B und überdies mit dem Sinus des Winkels, den die Richtung von $\mathfrak{B}$ mit der Parallelogrammebene einschließt. Analoges gilt schließlich auch für das von den Vektoren $\mathfrak{A}$ und

[2] Aus der ersten der drei Gl. 21 erhält man die zweite und aus dieser wieder die dritte, indem man die Indizes x, y, z zyklisch, d. h. in der Reihenfolge x, y, z, x usw. vertauscht. Aus x wird y, aus y wird z und aus z wiederum x.

$\mathfrak{B}$ gebildete Parallelogramm, und somit ergibt sich durch zyklische Vertauschung die Beziehung[3]

(23) $$\mathfrak{A}[\mathfrak{B}\mathfrak{C}] = \mathfrak{B}[\mathfrak{C}\mathfrak{A}] = \mathfrak{C}[\mathfrak{A}\mathfrak{B}].$$

Das zweifache Vektorprodukt $[\mathfrak{A}[\mathfrak{B}\mathfrak{C}]]$ muß jedenfalls wiederum ein Vektor sein. Bezeichnen wir den Vektor $[\mathfrak{B}\mathfrak{C}]$ mit $\mathfrak{E}$, so ist nach Gl. 21

$$[\mathfrak{A}[\mathfrak{B}\mathfrak{C}]]_x = A_y E_z - A_z E_y = A_y(B_x C_y - B_y C_x) - A_z(B_z C_x - B_x C_z).$$

Zu dieser Gleichung addieren wir noch die Identität hinzu

$$0 = A_x B_x C_x - A_x B_x C_x;$$

dann finden wir

$$[\mathfrak{A}[\mathfrak{B}\mathfrak{C}]]_x = B_x(A_x C_x + A_y C_y + A_z C_z) - C_x(A_x B_x + A_y B_y + A_z B_z).$$

Analoge Gleichungen gelten für die y- und die z-Komponente des zweifachen Vektorproduktes. Beachten wir die Gl. 13, so erhalten wir somit die Formel

(24) $$[\mathfrak{A}[\mathfrak{B}\mathfrak{C}]] = \mathfrak{B}(\mathfrak{C}\mathfrak{A}) - \mathfrak{C}(\mathfrak{A}\mathfrak{B}).$$

Die **Differentiation eines Vektors nach einer skalaren Veränderlichen** läßt sich, indem man den Differentialquotienten als Grenzwert eines Differenzenquotienten auffaßt, stets auf die vektorielle Subtraktion zurückführen. Aus der Gl. 4 ergibt sich somit für den zeitlichen Differentialquotienten eines Vektors die Formel

(25) $$\frac{d\mathfrak{A}}{dt} = \mathfrak{i}\frac{dA_x}{dt} + \mathfrak{j}\frac{dA_y}{dt} + \mathfrak{k}\frac{dA_z}{dt}.$$

Dabei muß aber die wesentliche Voraussetzung erfüllt sein, daß sich die Lage des Koordinatensystems selbst mit der Zeit nicht ändert.

---

[3] Daß in der Gl. 23, in der die drei Vektoren $\mathfrak{A}$, $\mathfrak{B}$, $\mathfrak{C}$ zyklisch vertauscht werden, auch das Vorzeichen überall richtig ist, erkennt man leicht durch folgende Überlegung. Wir denken uns die von den Vektoren $\mathfrak{B}$ und $\mathfrak{C}$ gebildete Ebene horizontal, etwa als Tischebene, und in dieser die Lage der beiden Vektoren $\mathfrak{B}$ und $\mathfrak{C}$ derart, daß, von oben gesehen, die Drehung dem Uhrzeiger entgegengesetzt erscheint, die den Vektor $\mathfrak{B}$ in die Richtung des Vektors $\mathfrak{C}$ überführt. Wir unterscheiden nun zwei Fälle, je nachdem ob der Vektor $[\mathfrak{B}\mathfrak{C}]$ mit dem Vektor $\mathfrak{A}$ einen spitzen oder einen stumpfen Winkel bildet. Im ersten Falle ist das skalare Produkt $\mathfrak{A}[\mathfrak{B}\mathfrak{C}]$ positiv, im zweiten negativ. Im ersten Fall muß der Vektor $\mathfrak{A}$ von der Horizontalebene irgendwie nach aufwärts gehen. Ist dies der Fall, dann wird einem die Anschauung aber immer zeigen, daß dann auch vom Vektor $\mathfrak{B}$ aus gesehen die Drehung dem Uhrzeiger entgegengesetzt erscheint, die auf kürzestem Wege den Vektor $\mathfrak{C}$ in die Richtung des Vektors $\mathfrak{A}$ überführt. Ist dies aber der Fall, dann ist auch der Winkel zwischen den Vektoren $[\mathfrak{C}\mathfrak{A}]$ und $\mathfrak{B}$ spitz, also das skalare Produkt $\mathfrak{B}[\mathfrak{C}\mathfrak{A}]$ positiv; d. h. es haben die Produkte $\mathfrak{A}[\mathfrak{B}\mathfrak{C}]$ und $\mathfrak{B}[\mathfrak{C}\mathfrak{A}]$ dasselbe Vorzeichen. Dasselbe läßt sich auch leicht für den zweiten Fall zeigen, daß der Vektor $\mathfrak{A}$ mit dem Vektor $[\mathfrak{B}\mathfrak{C}]$ einen stumpfen Winkel einschließt. (Bei dem Studium veranschaulicht man sich am besten die Verhältnisse so, daß man auf einen Tisch von einem Punkte aus zwei verschiedenfarbige Bleistifte nach verschiedenen Richtungen legt und dann irgendwie nach aufwärts von demselben Punkte aus einen Federstiel oder einen dritten Bleistift hält.)

Aus den Gl. 4 und 25 ergibt sich die Formel

(26) $$\frac{d(\mathfrak{A}+\mathfrak{B})}{dt} = \frac{d\mathfrak{A}}{dt} + \frac{d\mathfrak{B}}{dt}.$$

Ebenso folgt aus der Gl. 13

(27) $$\frac{d}{dt}(\mathfrak{A}\mathfrak{B}) = \mathfrak{A}\frac{d\mathfrak{B}}{dt} + \mathfrak{B}\frac{d\mathfrak{A}}{dt}.$$

Aus den Gl. 21 ergibt sich wiederum für die Differentiation eines Vektorproduktes die Regel

(28) $$\frac{d}{dt}[\mathfrak{A}\mathfrak{B}] = \left[\mathfrak{A}\frac{d\mathfrak{B}}{dt}\right] + \left[\frac{d\mathfrak{A}}{dt}\mathfrak{B}\right].$$

Andererseits können wir, indem wir einen in die Richtung eines Vektors $\mathfrak{A}$ fallenden Einheitsvektor mit $\mathfrak{a}$ bezeichnen, (gemäß Gl. 6 des § 1) setzen

(29) $$\mathfrak{A} = \mathfrak{a}A$$

und somit

(30) $$\frac{d\mathfrak{A}}{dt} = \mathfrak{a}\frac{dA}{dt} + A\frac{d\mathfrak{a}}{dt}.$$

Nun ist aber nach Gl. 8

$$\mathfrak{a}\mathfrak{a} = 1,$$

und hieraus folgt wieder (nach Gl. 27)

$$\mathfrak{a}\frac{d\mathfrak{a}}{dt} = 0$$

oder (nach Gl. 9), weil ja die Vektoren $\mathfrak{a}$ und $\mathfrak{A}$ in ihrer Richtung übereinstimmen,

(31) $$\frac{d\mathfrak{a}}{dt} \perp \mathfrak{A}.$$

Bezeichnen wir nun mit $\mathfrak{a}_1$ und $\mathfrak{a}_2$ die Werte, die der von einem bestimmten Punkte aus gezogene Einheitsvektor $\mathfrak{a}$ zu Beginn und zu Ende eines Zeitelementes dt hat, so müssen die Werte $\mathfrak{a}_1$, $\mathfrak{a}_2$ und $d\mathfrak{a}$ zu einem Dreieck zusammenfügbar sein (Fig. 6). Bezeichnen wir den im Bogenmaß gemessenen Winkel, um den sich in dem Zeitelement dt die Richtung des Vektors $\mathfrak{a}$ gedreht hat, mit $d\varphi$, so ist also der Betrag von $d\mathfrak{a}$ gleich $d\varphi$. Die Gl. 30 kann somit auch in der Form ausgesprochen werden, daß der zeitliche Differentialquotient eines Vektors stets in zwei Komponenten zerlegt werden kann: in eine Komponente in der Richtung des Vektors und vom Betrage dA/dt und in eine dazu senkrechte Komponente vom Betrage $A\,d\varphi/dt$, wenn $d\varphi$ der Winkel ist, um den sich in dem Zeitelement dt der Vektor $\mathfrak{A}$ dreht. Beide Komponenten liegen in der als eben aufzufassenden Fläche, die in dem Zeitelement der Vektor durchstreicht.

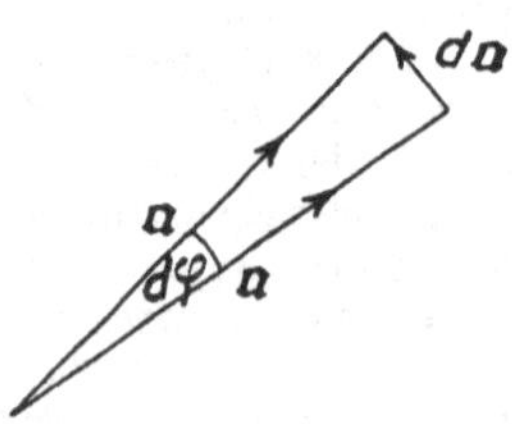

Fig. 6.

§ 3. Die Dynamik des Massenpunktes.

Bezeichnen wir die vektoriell aufgefaßte Geschwindigkeit mit $\mathfrak{v}$, die vektoriell aufgefaßte Kraft mit $\mathfrak{K}$, so findet das zweite Newton-sche Bewegungsgesetz seinen vektoriellen Ausdruck in der Gleichung

$$\mathfrak{K} = m\,\frac{d\mathfrak{v}}{dt}. \tag{1}$$

Die jeweilige Lage des bewegten Massenpunktes ist bestimmbar durch eine gerichtete Strecke $\mathfrak{r}$, die als Radiusvektor von einem irgendwie gewählten Ursprung zu dem bewegten Massenpunkt gezogen wird und als deren Komponenten eben die Koordinaten des bewegten Massenpunktes x, y, z erscheinen.

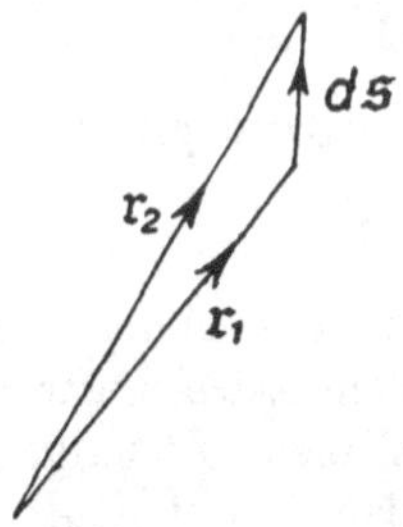

Fig. 7.

Hat der Radiusvektor zu den Zeiten t und $t + dt$ die Werte $\mathfrak{r}_1$ und $\mathfrak{r}_2$, so ist

$$\mathfrak{r}_2 = \mathfrak{r}_1 + \frac{d\mathfrak{r}}{dt}\,dt\,. \tag{2}$$

Andererseits ist, wenn das in dem Zeitelement zurückgelegte Wegelement mit $d\,\mathfrak{s}$ bezeichnet wird,

$$\mathfrak{r}_2 = \mathfrak{r}_1 + d\,\mathfrak{s} \tag{3}$$

(Fig. 7). Nach der Definition der Geschwindigkeit ist wiederum

$$d\,\mathfrak{s} = \mathfrak{v}\,dt\,. \tag{4}$$

Ein Vergleich der Gl. 2 und 3 ergibt somit die Beziehung

$$\mathfrak{v} = \frac{d\mathfrak{r}}{dt}\,. \tag{5}$$

Der Vektor der Beschleunigung $\mathfrak{b}$ ist nach seiner Definition gleich dem zeitlichen Differentialquotienten des Geschwindigkeitsvektors; es ist also

$$\mathfrak{b} = \frac{d\mathfrak{v}}{dt} \tag{6}$$

oder

$$\mathfrak{b} = \frac{d^2\mathfrak{r}}{dt^2}\,. \tag{7}$$

In analytischer Darstellung ergeben sich aus diesen Gleichungen die Formeln

$$v_x = \frac{dx}{dt}\,, \qquad v_y = \frac{dy}{dt}\,, \qquad v_z = \frac{dz}{dt} \tag{8}$$

und

$$b_x = \frac{d^2x}{dt^2}\,, \qquad b_y = \frac{d^2y}{dt^2}\,, \qquad b_z = \frac{d^2z}{dt^2}\,. \tag{9}$$

Bei Berücksichtigung dieser Gleichungen löst sich die Gl. 1 in analytischer Schreibweise in die Bewegungsgleichungen auf

$$(10)\qquad X = m\frac{d^2x}{dt^2}\,,\qquad Y = m\frac{d^2y}{dt^2}\,,\qquad Z = m\frac{d^2z}{dt^2}\,,$$

wenn X, Y, Z die Kraftkomponenten bedeuten.

Da die Beschleunigung der zeitliche Differentialquotient der Geschwindigkeit ist, so können wir die Beschleunigung (nach Gl. 30 des § 2) in zwei zueinander senkrechte Komponenten zerlegen, deren eine in der Richtung der Geschwindigkeit liegt und als die Tangentialbeschleunigung bezeichnet wird, während die dazu senkrechte Komponente die Normalbeschleunigung genannt wird. Für die Tangentialbeschleunigung b_t ergibt sich nach dem, was am Schlusse des § 2 gesagt wurde, der Wert

$$(11)\qquad b_t = \frac{dv}{dt}\;;$$

hingegen gilt für die Normalbeschleunigung die Formel

$$(12)\qquad b_n = v\,\frac{d\varphi}{dt}\,,$$

wenn $d\varphi$ der Winkel ist, um den sich der Geschwindigkeitsvektor in dem Zeitelement dt dreht. Ist AB das Wegelement, das in dem Zeitelement dt zurückgelegt wird, so ist $d\varphi$ gleich dem Winkel, den die in den Punkten A und B an die Bahnkurven gelegten Tangenten miteinander bilden. Für diesen Winkel (den sogenannten „Kontingenzwinkel“) gilt aber wieder nach einem elementaren Satz der Differentialgeometrie (der hier als bekannt vorausgesetzt werden möge) die Beziehung, daß das Kurvenstück AB gleich ist dem Produkte aus diesem (im Bogenmaß gemessenen) Winkel und aus dem Werte, den der Krümmungshalbmesser für das betreffende Kurvenstück hat. Nennen wir den Wert des Krümmungsradius ϱ, so ist also

$$ds = \varrho\, d\varphi$$

oder, wenn wir noch durch dt dividieren,

$$v = \varrho\,\frac{d\varphi}{dt}\,.$$

Es ist also

$$(13)\qquad b_n = \frac{v^2}{\varrho}\,.$$

Trägt man von dem Punkte A aus die Richtungen auf, die der Geschwindigkeitsvektor in den Punkten A und B hat, so bestimmen diese beiden Vektoren eine Ebene, die die Schmiegungsebene des Kurvenstückes AB genannt wird. In dieser Schmiegungsebene liegen also die Vektoren $\mathfrak{v}$ und $\mathfrak{v} + d\,\mathfrak{v}$ und somit auch der Vektor $d\,\mathfrak{v}/d\,t$; dieser aber ist der Beschleunigungsvektor mit seinen beiden Komponenten.[1] Für eine kreisförmige Bewegung wird ϱ einfach gleich dem Kreisradius. Die Normal-

[1] Die zu der Schmiegungsebene normale Richtung wird als die Binormale bezeichnet. Die Komponente der Beschleunigung nach dieser Richtung ist also stets null.

komponente der Beschleunigung wird dann einfach als die Zentripetalbeschleunigung bezeichnet.[2]

Das Produkt aus der Masse und dem Geschwindigkeitsvektor wird als Bewegungsgröße oder Impuls bezeichnet. Wird der Impuls $\mathfrak{G}$ genannt, so ist also

$$\mathfrak{G} = m\,\mathfrak{v} \tag{14}$$

und somit

$$\mathfrak{K} = \frac{d\mathfrak{G}}{dt}\,. \tag{15}$$

Das Produkt $\mathfrak{K}\,dt$ (das also ebenfalls eine Vektorgröße darstellt) wird auch der in dem Zeitelement $d\,t$ erfolgende Antrieb genannt. Die Gl. 15 kann somit auch in der Form ausgesprochen werden, daß die Vermehrung der Bewegungsgröße gleich dem Antrieb ist.

Zu drei für die Mechanik sehr wichtigen Begriffen gelangt man, wenn man den von dem Ursprung aus gezogenen Radiusvektor $\mathfrak{r}$ vektoriell multipliziert mit der Kraft oder der Geschwindigkeit oder dem Impuls. Man definiert das Vektorprodukt

$$[\mathfrak{r}\,\mathfrak{K}] = \mathfrak{M} \tag{16}$$

als das statische Moment der Kraft. Das Vektorprodukt

$$[\mathfrak{r}\,\mathfrak{v}] = \mathfrak{f} \tag{17}$$

wird die Flächengeschwindigkeit genannt[3] und das Vektorprodukt

$$[\mathfrak{r}\,\mathfrak{G}] = \mathfrak{U} \tag{18}$$

als der Drehimpuls bezeichnet. Alle diese drei Größen sind dabei stets auf den Punkt bezogen, von dem aus der Radiusvektor $\mathfrak{r}$ gezogen wird.

Was zunächst das statische Moment betrifft, so ist sein Betrag gleich dem Produkte aus der Kraft und aus dem Lote, das von dem Ursprung auf die Richtung der Kraft gefällt wird. Wie aus der Definition des äußeren Produktes folgt, steht der Momentenvektor senkrecht auf der Ebene, die bestimmt ist durch den Ursprung, durch den Angriffspunkt der Kraft und durch den in dem Angriffspunkt errichteten Kraftvektor; dabei hat der Momentenvektor einen solchen Richtungssinn, daß von seiner Spitze aus gesehen die Drehung dem Uhrzeiger entgegengesetzt erscheint, die die Kraft bei einer starren Verbindung zwischen Angriffspunkt und Ursprung hervorbringen würde (Fig. 8). Die Komponenten des statischen Momentes in bezug auf ein beliebiges Koordinatensystem sind (nach Gl. 21 des § 2) durch die Formeln bestimmt

[2] Bezeichnet man die Umlaufszeit mit T, so ergibt sich für eine Kreisbewegung als anderer Ausdruck der Gl. 13 die Formel

$$b_n = \frac{4\,r\,\pi^2}{T^2}\,.$$

[3] Es ist Sache der Definition, ob man unter der Flächengeschwindigkeit das ganze oder halbe Vektorprodukt aus $\mathfrak{r}$ und $\mathfrak{v}$ versteht.

$$(19)\qquad \begin{cases} M_x = yZ - zY \\ M_y = zX - xZ \\ M_z = xY - yX\,. \end{cases}$$

Der Betrag der **Flächengeschwindigkeit** ist gleich dem Inhalt eines Parallelogramms, das von den Vektoren $\mathfrak{r}$ und $\mathfrak{v}$ gebildet wird. Man erkennt daher ohne weiters, daß der **halbe** Betrag der Flächengeschwindigkeit den auf die Zeiteinheit bezogenen Inhalt der Fläche darstellt, die in dem Zeitelement $d\,t$ der Radiusvektor beschreibt (Fig. 9). Der Vektor der Flächengeschwindigkeit steht senkrecht auf der durchstrichenen Fläche und hat einen solchen Richtungssinn, daß von seiner Spitze aus gesehen der Radiusvektor sich entgegengesetzt dem Uhrzeiger dreht. Für die Komponenten der Flächengeschwindigkeit gelten (nach Gl. 21 des § 2) die Beziehungen

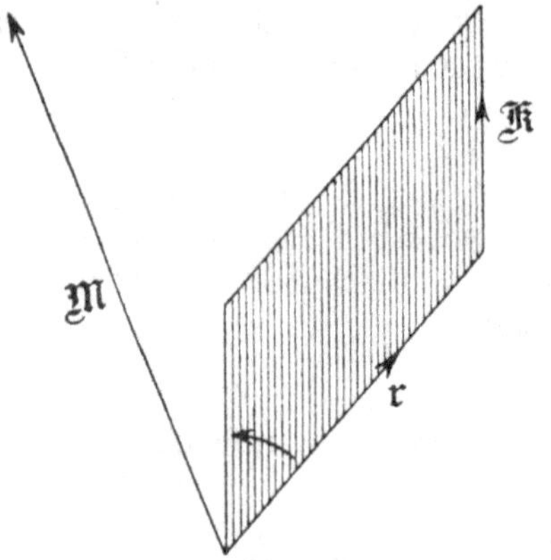

Fig. 8.

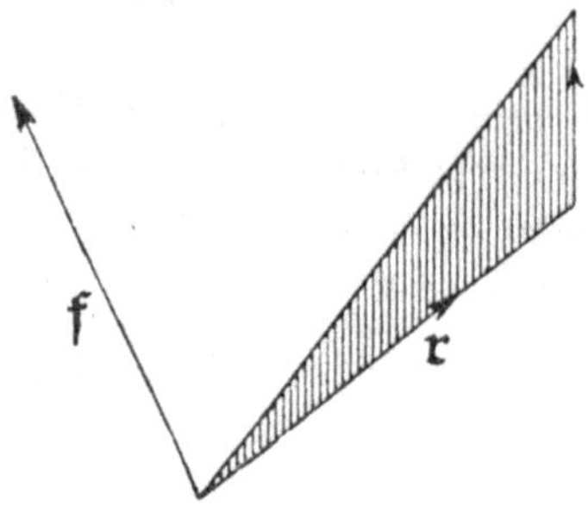

Fig. 9.

$$(20)\qquad \begin{cases} \mathfrak{f}_x = y\dfrac{dz}{dt} - z\dfrac{dy}{dt} \\ \mathfrak{f}_y = z\dfrac{dx}{dt} - x\dfrac{dz}{dt} \\ \mathfrak{f}_z = x\dfrac{dy}{dt} - y\dfrac{dx}{dt}\,. \end{cases}$$

Der Drehimpuls ergibt sich einfach durch Multiplikation der Flächengeschwindigkeit mit der Masse.

Multiplizieren wir nun die das zweite NEWTONsche Bewegungsgesetz ausdrückende Gl. 1 vektoriell mit $\mathfrak{r}$, so erhalten wir sogleich die Beziehung

$$(21)\qquad \mathfrak{M} = m\left[\mathfrak{r}\,\frac{d\mathfrak{v}}{dt}\right].$$

Nun ist nach der Regel für die Differentiation eines Vektorproduktes (Gl. 28 des § 2)

$$(22)\qquad \left[\mathfrak{r}\,\frac{d\mathfrak{v}}{dt}\right] = \frac{d}{dt}[\mathfrak{r}\,\mathfrak{v}] - \left[\frac{d\mathfrak{r}}{dt}\mathfrak{v}\right].$$

Da die Vektoren $\mathfrak{v}$ und $d\,\mathfrak{r}/d\,t$ aber nach Gl. 5 identisch sind, verschwindet das letzte Vektorprodukt der Gl. 22, und es nimmt daher die Gl. 21 die einfache Gestalt an

$$\mathfrak{M} = \frac{d\mathfrak{U}}{dt} \,. \tag{23}$$

Das statische Moment ist der zeitliche Differentialquotient des Drehimpulses; es steht zu dem Drehimpuls in derselben Beziehung wie nach Gl. 15 die Kraft zu der Bewegungsgröße.

Das statische Moment verschwindet, wenn die Vektoren $\mathfrak{r}$ und $\mathfrak{K}$ gleich gerichtet sind, also dann, wenn die Kraft ständig zu dem Punkte gerichtet ist, von dem aus der Radiusvektor gezogen wird. Ist dies der Fall, so ist daher der Vektor der Flächengeschwindigkeit nach Betrag und Richtung konstant. Es ergibt sich somit der wichtige, bereits von Newton aufgestellte Satz, daß die Bewegung eines Körpers, auf den eine stets nach demselben Punkt gerichtete Kraft wirkt, in einer und derselben Ebene beharrt und ihre Flächengeschwindigkeit in bezug auf jenen Punkt nicht ändert. Umgekehrt kann natürlich, wenn die auf einen bestimmten Punkt bezogene Flächengeschwindigkeit nach Betrag und Richtung konstant ist, daraus nach Gl. 16 und 23 stets geschlossen werden, daß die Kraft nach diesem Punkte gerichtet ist.

§ 4. Die Transformation der Vektorkomponenten.

Gehen wir von einem gegebenen Koordinatensystem zu einem zweiten über, so transformieren sich dabei die Komponenten eines Vektors. Um den Zusammenhang zwischen den neuen und den alten Komponenten zu finden, bezeichnen wir mit $\mathfrak{i}$, $\mathfrak{j}$, $\mathfrak{k}$ die Grundvektoren des ersten Koordinatensystems und mit $\mathfrak{i}'$, $\mathfrak{j}'$, $\mathfrak{k}'$ die des zweiten. Wir setzen

$$\left\{\begin{array}{lll} \cos(\mathfrak{i},\mathfrak{i}') = \alpha_1\,, & \cos(\mathfrak{i},\mathfrak{j}') = \alpha_2\,, & \cos(\mathfrak{i},\mathfrak{k}') = \alpha_3\,, \\ \cos(\mathfrak{j},\mathfrak{i}') = \beta_1\,, & \cos(\mathfrak{j},\mathfrak{j}') = \beta_2\,, & \cos(\mathfrak{j},\mathfrak{k}') = \beta_3\,, \\ \cos(\mathfrak{k},\mathfrak{i}') = \gamma_1\,, & \cos(\mathfrak{k},\mathfrak{j}') = \gamma_2\,, & \cos(\mathfrak{k},\mathfrak{k}') = \gamma_3\,. \end{array}\right. \tag{1}$$

Nach Gl. 14 des § 2 ist nun

$$\left\{\begin{array}{l} \cos(\mathfrak{A},\mathfrak{i}') = \cos(\mathfrak{A},\mathfrak{i})\cos(\mathfrak{i}',\mathfrak{i}) + \cos(\mathfrak{A},\mathfrak{j})\cos(\mathfrak{i}',\mathfrak{j}) \\ \qquad\qquad + \cos(\mathfrak{A},\mathfrak{k})\cos(\mathfrak{i}',\mathfrak{k})\,. \end{array}\right. \tag{2}$$

Diese Gleichung wollen wir mit dem Betrage A des Vektors multiplizieren und beachten, daß $A\cos(\mathfrak{A},\mathfrak{i})$ gleich ist A_x, hingegen $A\cos(\mathfrak{A},\mathfrak{i}')$ gleich ist A_x' usw., wenn wir mit A_x die x-Komponente im alten, mit A_x' die im neuen Koordinatensystem bezeichnen. Wir finden dann, indem wir auch die beiden analogen Gleichungen hinzufügen,

$$\left\{\begin{array}{l} A_x' = \alpha_1 A_x + \beta_1 A_y + \gamma_1 A_z \\ A_y' = \alpha_2 A_x + \beta_2 A_y + \gamma_2 A_z \\ A_z' = \alpha_3 A_x + \beta_3 A_y + \gamma_3 A_z\,. \end{array}\right. \tag{3}$$

Gehen wir andererseits von dem zweiten (dem „gestrichenen") zu dem ersten (dem „ungestrichenen") Koordinatensystem über, so müssen wir von der Gleichung ausgehen

(4) $\cos(\mathfrak{A},\mathfrak{i}) = \cos(\mathfrak{A},\mathfrak{i}')\cos(\mathfrak{i},\mathfrak{i}') + \cos(\mathfrak{A},\mathfrak{j}')\cos(\mathfrak{i},\mathfrak{j}') + \cos(\mathfrak{A},\mathfrak{k}')\cos(\mathfrak{i},\mathfrak{k}')$.

Dann finden wir

(5) $$\left\{\begin{aligned} A_x &= \alpha_1 A_x' + \alpha_2 A_y' + \alpha_3 A_z' \\ A_y &= \beta_1 A_x' + \beta_2 A_y' + \beta_3 A_z' \\ A_z &= \gamma_1 A_x' + \gamma_2 A_y' + \gamma_3 A_z'. \end{aligned}\right.$$

Die neun Richtungskosinus $\alpha_1, \beta_1 \ldots \gamma_3$ sind untereinander nicht unabhängig. Sie sind vielmehr durch sechs Relationen untereinander verknüpft, die man leicht auf Grund der beiden Gleichungen ermitteln kann

(6) $$\mathfrak{i}'\mathfrak{i}' = 1, \qquad \mathfrak{i}'\mathfrak{j}' = 0.$$

In bezug auf das erste Koordinatensystem hat nun $\mathfrak{i}'$ nach den Gl. 1 die Komponenten $\alpha_1, \beta_1, \gamma_1$; die Komponenten von $\mathfrak{j}'$ in bezug auf das erste System sind $\alpha_2, \beta_2, \gamma_2$. Es ist daher

(7) $$\mathfrak{i}'\mathfrak{i}' = \alpha_1^2 + \beta_1^2 + \gamma_1^2$$

und

(8) $$\mathfrak{i}'\mathfrak{j}' = \alpha_1\alpha_2 + \beta_1\beta_2 + \gamma_1\gamma_2.$$

Nach den Gl. 6 finden wir also, indem wir auch die analogen Gleichungen hinzufügen, die durch zyklische Vertauschung entstehen,

(9) $$\left\{\begin{aligned} \alpha_1^2 + \beta_1^2 + \gamma_1^2 &= 1 \\ \alpha_2^2 + \beta_2^2 + \gamma_2^2 &= 1 \\ \alpha_3^2 + \beta_3^2 + \gamma_3^2 &= 1 \end{aligned}\right.$$

und

(10) $$\left\{\begin{aligned} \alpha_1\alpha_2 + \beta_1\beta_2 + \gamma_1\gamma_2 &= 0 \\ \alpha_2\alpha_3 + \beta_2\beta_3 + \gamma_2\gamma_3 &= 0 \\ \alpha_3\alpha_1 + \beta_3\beta_1 + \gamma_3\gamma_1 &= 0. \end{aligned}\right.$$

Wir können natürlich auch von den Gleichungen ausgehen

(11) $$\mathfrak{i}\mathfrak{i} = 1, \qquad \mathfrak{i}\mathfrak{j} = 0$$

und die skalaren Produkte der Grundvektoren durch die Komponenten in bezug auf das zweite Koordinatensystem ersetzen. Dann ergeben sich die den Gl. 9 und 10 gleichwertigen Beziehungen

(12) $$\left\{\begin{aligned} \alpha_1^2 + \alpha_2^2 + \alpha_3^2 &= 1 \\ \beta_1^2 + \beta_2^2 + \beta_3^2 &= 1 \\ \gamma_1^2 + \gamma_2^2 + \gamma_3^2 &= 1 \end{aligned}\right.$$

und

(13) $$\left\{\begin{aligned} \alpha_1\beta_1 + \alpha_2\beta_2 + \alpha_3\beta_3 &= 0 \\ \beta_1\gamma_1 + \beta_2\gamma_2 + \beta_3\gamma_3 &= 0 \\ \gamma_1\alpha_1 + \gamma_2\alpha_2 + \gamma_3\alpha_3 &= 0. \end{aligned}\right.$$

§ 5. Der Gradient eines skalaren Feldes.

Unter einem Felde versteht man ein Gebiet, innerhalb dessen jedem Punkte ein bestimmter, von Stelle zu Stelle im allgemeinen in stetiger Weise veränderlicher Wert einer Größe zugeordnet werden kann. Ist die Größe ein Skalar, so spricht man von einem skalaren Feld; ist sie ein Vektor, so spricht man von einem Vektorfeld.

Fassen wir in einem skalaren Feld einen beliebigen Punkt ins Auge, so können wir eine durch den Punkt gehende Fläche konstruieren, die den geometrischen Ort solcher Punkte darstellt, in denen der Skalar denselben Wert hat wie im Punkte P. Diese Fläche wird als die durch den Punkt P gehende Niveaufläche bezeichnet. Durch den Punkt P können wir dann eine Gerade legen, die auf der Niveaufläche senkrecht steht und in dieser Geraden einen Vektor konstruieren, dessen Betrag gleich ist der auf die Längeneinheit bezogenen Zunahme des Skalars in dieser Richtung. Dem Vektor geben wir dabei den Sinn der Richtung, in der der Wert des Skalars zunimmt. Durch diese Festsetzung läßt sich jedem Punkte des skalaren Feldes ein Vektor zuordnen, der als der Gradient des skalaren Feldes an der betreffenden Stelle bezeichnet wird; für ihn wird das Symbol grad S gebraucht.

Wir denken uns nun im Punkte P ein Koordinatensystem (ξ, η, ζ) derart gelegt, daß die ξ- und die η-Achse in die Tangentialebene zu liegen kommen, die im Punkte P an die Niveaufläche gelegt wird, und daß die positive ζ-Achse die Richtung hat, in der der Wert des Skalars zunimmt. Dann gelten für die drei Komponenten des Gradienten die Beziehungen

$$\text{(1)} \quad \operatorname{grad}_\xi S = 0\,, \quad \operatorname{grad}_\eta S = 0\,, \quad \operatorname{grad}_\zeta S = \frac{dS}{d\zeta}\,.$$

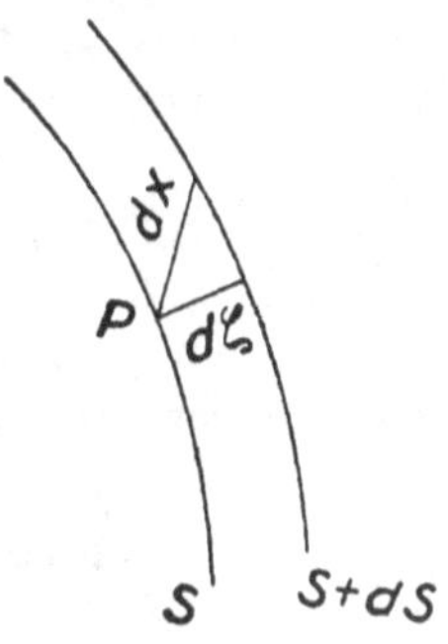

Fig. 10.

Wir konstruieren nun neben der durch den Punkt P gehenden Niveaufläche, die dem skalaren Werte S entspricht, noch eine benachbarte Niveaufläche, die dem skalaren Werte $S + dS$ entspreche (Fig. 10). Zwischen den beiden Niveauflächen liege ein Stück der ζ-Achse von der Länge $d\zeta$. Wir wollen jetzt von dem Punkte P aus eine beliebige Gerade ziehen, die wir die x-Achse nennen wollen. Bezeichnen wir das Stück dieser Achse, das zwischen den beiden Niveauflächen liegt, mit dx, so ist, weil die ζ-Richtung auf den beiden benachbarten Niveauflächen senkrecht steht (und somit ein rechtwinkliges Dreieck entsteht),

$$\text{(2)} \qquad dx = \frac{d\zeta}{\cos(\zeta, x)}\,.$$

Daher ist die auf die Längeneinheit bezogene Zunahme des Skalars in der x-Richtung

$$\text{(3)} \qquad \frac{\partial S}{\partial x} = \frac{dS}{d\zeta}\cos(\zeta, x)\,.$$

Wir denken uns nunmehr ein ganz beliebiges Koordinatensystem (x, y, z). Transformieren wir die Komponenten des Gradienten von dem ξ-η-ζ-System auf das x-y-z-System, so gelten nach den Gl. 3 des § 4 (wegen des Verschwindens der ξ- und der η-Komponente des Gradienten) die Beziehungen

$$
(4) \qquad \left\{ \begin{aligned} \operatorname{grad}_x S &= \operatorname{grad}_\zeta S \cos(\zeta, x) \\ \operatorname{grad}_y S &= \operatorname{grad}_\zeta S \cos(\zeta, y) \\ \operatorname{grad}_z S &= \operatorname{grad}_\zeta S \cos(\zeta, z)\,. \end{aligned} \right.
$$

Nach der Gl. 3 und den beiden analogen für $\partial S/\partial y$ und für $\partial S/\partial z$ ergeben sich somit (bei Berücksichtigung der Gl. 1) die einfachen Beziehungen

$$
(5) \qquad \left\{ \begin{aligned} \operatorname{grad}_x S &= \frac{\partial S}{\partial x} \\ \operatorname{grad}_y S &= \frac{\partial S}{\partial y} \\ \operatorname{grad}_z S &= \frac{\partial S}{\partial z}\,. \end{aligned} \right.
$$

Die Komponenten des Gradienten eines Skalars sind seine partiellen Ableitungen nach den Koordinaten.

Betrachten wir nun ganz allgemein das Feld eines beliebigen Vektors $\mathfrak{A}$ und denken wir uns in dem Felde irgend eine Kurve konstruiert, die von einem Punkte P_1 zu einem zweiten Punkte P_2 führe, so bezeichnen wir das über die Kurve erstreckte Integral des inneren Produktes aus dem örtlich veränderlichen Vektor und dem Kurvenelement als das Linienintegral des Vektors längs der Kurve. Es ist also dargestellt durch den Ausdruck

$$
(6) \qquad \int_{P_1}^{P_2} \mathfrak{A}\, d\mathfrak{s} = \int_{P_1}^{P_2} (A_x\, dx + A_y\, dy + A_z\, dz)\,.
$$

Ist nun im besonderen der beliebig gelassene Vektor $\mathfrak{A}$ der Gradient eines Skalars, so wird nach den Gl. 5

$$
(7) \qquad \int_{P_1}^{P_2} \operatorname{grad} S \,.\, d\mathfrak{s} = \int_{P_1}^{P_2} \left(\frac{\partial S}{\partial x} dx + \frac{\partial S}{\partial y} dy + \frac{\partial S}{\partial z} dz \right).
$$

Ist aber, wie wir annehmen, der Wert des Skalars in einem Punkte vollkommen bestimmt durch die Lage des Punktes, also durch dessen Koordinaten, so wird einfach

$$
(8) \qquad \frac{\partial S}{\partial x} dx + \frac{\partial S}{\partial y} dy + \frac{\partial S}{\partial z} dz = dS\,.
$$

Bezeichnen wir also die Werte, die der Skalar S in den Punkten P_1 und P_2 hat, mit S_1 und S_2, so wird

$$
(9) \qquad \int_{P_1}^{P_2} \operatorname{grad} S \,.\, d\mathfrak{s} = S_2 - S_1\,.
$$

Der Wert des Linienintegrals des Gradienten hängt also einzig und allein ab von dem Niveauunterschied der beiden Punkte, zwischen denen die Kurve gezogen ist, über die das Integral erstreckt wird; von der Gestalt und von der Länge dieser Kurve ist hingegen das Linienintegral des Gradienten völlig unabhängig.

Sind im besonderen die beiden Punkte P_1 und P_2 einander sehr nahe und bezeichnen wir mit $\mathfrak{a}_{12}$ die gerichtete Strecke, die von dem ersten zu dem zweiten Punkte gezogen wird, so folgt aus der Gl. 9 die für spätere Betrachtungen wichtige Formel

(10) $$S_2 = S_1 + \mathfrak{a}_{12} \cdot \operatorname{grad} S\,.$$

Ein für die theoretische Physik besonders wichtiger Spezialfall eines skalaren Feldes liegt dann vor, wenn der das Feld bildende Skalar nur eine Funktion der Entfernung von einem festen Punkte ist, so daß also die Niveauflächen kugelförmig sind. Ist

(11) $$S = f(r)\,,$$

so wird in bezug auf ein beliebiges Koordinatensystem, dessen Ursprung mit dem festen Punkte zusammenfalle,

(12) $$\operatorname{grad}_x S = f'(r)\,\frac{\partial r}{\partial x}\,,$$

wenn $f'(r)$ die Ableitung von $f(r)$ ist. Nun ist aber

(13) $$r^2 = x^2 + y^2 + z^2$$

und somit

(14) $$\frac{\partial r}{\partial x} = \frac{x}{r}\,.$$

Es wird also

(15) $$\operatorname{grad}_x S = f'(r)\,\frac{x}{r}$$

und somit ganz allgemein

(16) $$\operatorname{grad} f(r) = f'(r)\,\frac{\mathfrak{r}}{r}\,,$$

wobei $\mathfrak{r}/r$ den Einheitsvektor darstellt, der die Verbindungsrichtung von dem festen Punkt zu dem betrachteten Punkt des Feldes bestimmt.

Ist im besonderen $f(r)$ gleich r, so finden wir, weil dann $f'(r)$ gleich eins wird,

(17) $$\operatorname{grad} r = \frac{\mathfrak{r}}{r}\,.$$

Der Gradient der Entfernung von einem festen Punkte ist also der Einheitsvektor, der die Verbindungsrichtung von dem festen Punkte zu dem betrachteten Punkte des Feldes bestimmt.

Ist im besonderen $f(r)$ gleich $1/r$, so ist $f'(r)$ gleich $-1/r^2$, und somit wird

(18) $$\operatorname{grad}\left(\frac{1}{r}\right) = -\frac{1}{r^2}\,\frac{\mathfrak{r}}{r}\,.$$

Der Gradient der reziproken Entfernung von einem festen Punkt ist reziprok dem Quadrate der Entfernung und hat die Richtung, die von dem betrachteten Punkte des Feldes zu dem festen Punkte führt.

§ 6. Potential und Energie.

Ist ein Vektor darstellbar als Gradient eines Skalars, so nennt man diesen mit entgegengesetztem Vorzeichen genommenen Skalar das Potential des Vektors. Wird das Potential mit Ψ bezeichnet, so gilt also für das Linienintegral über eine beliebige Kurve die einfache Beziehung

$$\int \mathfrak{A}\, d\mathfrak{s} = \Psi_1 - \Psi_2, \tag{1}$$

wenn Ψ_1 und Ψ_2 die Werte des Potentials im Anfangs- und im Endpunkte der Kurve sind; andererseits sind die Komponenten des Vektors mit dem Potential durch die Gleichungen verknüpft

$$A_x = -\frac{\partial \Psi}{\partial x}, \quad A_y = -\frac{\partial \Psi}{\partial y}, \quad A_z = -\frac{\partial \Psi}{\partial z}. \tag{2}$$

Aus der Definition des Potentials ergibt sich, daß infolge des Auftretens willkürlicher Integrationskonstanten nie Potentiale an sich, sondern immer nur Potentialunterschiede gemessen werden können.

Das Linienintegral der mechanischen Kraft längs einer Kurve wird nun als die Arbeit bezeichnet, die die Kraft auf diesem Wege verrichtet. (Dabei wird, je nachdem ob die Arbeit positiv oder negativ ist, von geleisteter oder von verbrauchter Arbeit gesprochen.) Hat die Kraft ein Potential, das dann als mechanisches Potential bezeichnet wird und für das der Buchstabe V gebraucht werde, so ist

$$\int \mathfrak{K}\, d\mathfrak{s} = V_1 - V_2, \tag{3}$$

und andererseits hängen die Kraftkomponenten mit dem mechanischen Potential durch die Beziehungen zusammen

$$X = -\frac{\partial V}{\partial x}, \quad Y = -\frac{\partial V}{\partial y}, \quad Z = -\frac{\partial V}{\partial z}. \tag{4}$$

Hat die Kraft ein Potential, so ist die Arbeit ganz unabhängig von der Form und Länge des Weges, vielmehr völlig bestimmt durch den Potentialunterschied zwischen Anfang und Ende der Bahn.

Aus der Gl. 16 des § 5 folgt, daß eine Kraft immer dann ein Potential besitzt, wenn sie nach einem festen Punkte gerichtet ist und ihr Betrag nur von der Entfernung von diesem Punkte abhängt.

Multiplizieren wir die das zweite Newtonsche Bewegungsgesetz ausdrückende Vektorgleichung (Gl. 1 des § 3) skalar mit der Identität

$$d\mathfrak{s} = \mathfrak{v}\, dt,$$

so finden wir

(5) $$\mathfrak{K}\, d\mathfrak{s} = m\,\mathfrak{v}\,\frac{d\mathfrak{v}}{dt}\,dt\,.$$

Nun ist aber

$$\mathfrak{v}\,\frac{d\mathfrak{v}}{dt} = \frac{1}{2}\,\frac{d}{dt}\,(\mathfrak{v}\,\mathfrak{v}) = \frac{d}{dt}\left(\frac{v^2}{2}\right).$$

Man bezeichnet das halbe Produkt aus Masse und Geschwindigkeitsquadrat als die lebendige Kraft des bewegten Massenpunktes. Nennen wir sie L, so wird also

(6) $$\mathfrak{K}\, d\mathfrak{s} = \frac{dL}{dt}\,dt$$

oder auch

(7) $$\mathfrak{K}\,\mathfrak{v} = \frac{dL}{dt}\,.$$

Besteht aber ein Potential, so wird (nach Gl. 4) die linke Seite der Gl. 6 gleich $-dV$, und somit wird

$$-\frac{dV}{dt} = \frac{dL}{dt}$$

oder integriert

(8) $$L + V = \text{const.}$$

Falls ein Potential vorhanden ist, muß also während der Bewegung die Summe aus der lebendigen Kraft und dem Potential, das dem jeweiligen Aufenthaltsorte des bewegten Massenpunktes zukommt, ungeändert bleiben. Es muß die Summe aus der lebendigen Kraft und dem mechanischen Potential eine von Ort und Zeit unabhängige Konstante darstellen, die als die mechanische Energie des bewegten Massenpunktes bezeichnet wird.

§ 7. Das rotierende Koordinatensystem.

Ändert ein Koordinatensystem, dessen Grundvektoren $\mathfrak{i}$, $\mathfrak{j}$, $\mathfrak{k}$ seien, seine Lage gegenüber einem zweiten, von uns gewissermaßen als Normalsystem angenommenen Achsenkreuz, so erscheinen, auf dieses Normalsystem bezogen, die Grundvektoren $\mathfrak{i}$, $\mathfrak{j}$, $\mathfrak{k}$ selbst als Funktionen der Zeit. Aus der Tatsache, daß das skalare Produkt eines Grundvektors mit sich selbst eins ergibt (Gl. 10 des § 2), folgt sogleich

(1) $$\mathfrak{i}\,\frac{d\mathfrak{i}}{dt} = 0\,, \qquad \mathfrak{j}\,\frac{d\mathfrak{j}}{dt} = 0\,, \qquad \mathfrak{k}\,\frac{d\mathfrak{k}}{dt} = 0\,.$$

Die drei Vektoren, die die zeitlichen Differentialquotienten der Grundvektoren darstellen„ stehen also senkrecht auf den entsprechenden Grundvektoren.[1]

Es läßt sich aber nun auch leicht zeigen, daß diese drei Vektoren, die dei zeitlichen Differentialquotienten der Grundvektoren darstellen, komplanar sind. Wir gehen dazu von der Gleichung aus

[1] Nach Gl. 9 des § 2.

$$\mathfrak{k} = [\mathfrak{i}\,\mathfrak{j}] \tag{2}$$

(Gl. 19 des § 2). Hieraus folgt durch Differentiation

$$\frac{d\mathfrak{k}}{dt} = \left[\frac{d\mathfrak{i}}{dt}\,\mathfrak{j}\right] + \left[\mathfrak{i}\,\frac{d\mathfrak{j}}{dt}\right]. \tag{3}$$

Multiplizieren wir nun vektoriell mit $d\,\mathfrak{j}/d\,t$, so finden wir

$$\left[\frac{d\mathfrak{j}}{dt}\,\frac{d\mathfrak{k}}{dt}\right] = \left[\frac{d\mathfrak{j}}{dt}\left[\frac{d\mathfrak{i}}{dt}\,\mathfrak{j}\right]\right] + \left[\frac{d\mathfrak{j}}{dt}\left[\mathfrak{i}\,\frac{d\mathfrak{j}}{dt}\right]\right]. \tag{4}$$

Diesen Ausdruck können wir aber nun mittels der Rechenregel umformen (Gl. 24 des § 2)

$$\left[\mathfrak{A}[\mathfrak{B}\,\mathfrak{C}]\right] = \mathfrak{B}\,(\mathfrak{C}\,\mathfrak{A}) - \mathfrak{C}\,(\mathfrak{A}\,\mathfrak{B})\,. \tag{5}$$

Wir finden dann

$$\left[\frac{d\mathfrak{j}}{dt}\,\frac{d\mathfrak{k}}{dt}\right] = \frac{d\mathfrak{i}}{dt}\left(\mathfrak{j}\,\frac{d\mathfrak{j}}{dt}\right) - \mathfrak{j}\left(\frac{d\mathfrak{j}}{dt}\,\frac{d\mathfrak{i}}{dt}\right) + \mathfrak{i}\left(\frac{d\mathfrak{j}}{dt}\,\frac{d\mathfrak{j}}{dt}\right) - \frac{d\mathfrak{j}}{dt}\left(\frac{d\mathfrak{j}}{dt}\,\mathfrak{i}\right). \tag{6}$$

In dieser Gleichung fällt das erste Glied der rechten Seite nach Gl. 1 weg. Multiplizieren wir nun noch skalar mit $d\,\mathfrak{i}/d\,t$ und beachten wir, daß nach Gl. 1 dann auch das dritte Glied wegfällt, so finden wir

$$\left\{\begin{aligned} \frac{d\mathfrak{i}}{dt}\left[\frac{d\mathfrak{j}}{dt}\,\frac{d\mathfrak{k}}{dt}\right] &= -\left(\frac{d\mathfrak{i}}{dt}\,\mathfrak{j}\right)\left(\frac{d\mathfrak{j}}{dt}\,\frac{d\mathfrak{i}}{dt}\right) - \left(\frac{d\mathfrak{i}}{dt}\,\frac{d\mathfrak{j}}{dt}\right)\left(\frac{d\mathfrak{j}}{dt}\,\mathfrak{i}\right) \\ &= -\left(\frac{d\mathfrak{i}}{dt}\,\frac{d\mathfrak{j}}{dt}\right)\left(\frac{d\mathfrak{i}}{dt}\,\mathfrak{j} + \mathfrak{i}\,\frac{d\mathfrak{j}}{dt}\right). \end{aligned}\right. \tag{7}$$

Nun folgt aus der Tatsache, daß das skalare Produkt $\mathfrak{i}\,\mathfrak{j}$ (nach Gl. 11 des § 2) verschwindet, durch Differentiation die Beziehung

$$\frac{d\mathfrak{i}}{dt}\,\mathfrak{j} + \mathfrak{i}\,\frac{d\mathfrak{j}}{dt} = 0\,. \tag{8}$$

Der letzte Klammerausdruck der Gl. 7 muß also Null sein; es verschwindet somit auch die linke Seite der Gl. 7, woraus (nach Gl. 22 des § 2) folgt, daß

$$\frac{d\mathfrak{i}}{dt},\quad \frac{d\mathfrak{j}}{dt},\quad \frac{d\mathfrak{k}}{dt}\quad \text{komplanar} \tag{9}$$

sind.

Bezeichnen wir nun einen Einheitsvektor, der auf der gemeinsamen Ebene der drei Vektoren $d\,\mathfrak{i}/d\,t$, $d\,\mathfrak{j}/d\,t$, $d\,\mathfrak{k}/d\,t$ senkrecht steht, mit $\mathfrak{w}_0$. so steht $d\,\mathfrak{i}/d\,t$ sowohl senkrecht auf $\mathfrak{w}_0$ als auch nach Gl. 1 auf $\mathfrak{i}$. Wir können also $d\,\mathfrak{i}/d\,t$ gleich setzen dem vektoriellen Produkt aus $\mathfrak{w}_0$ und $\mathfrak{i}$, noch multipliziert mit einem Skalar, der a genannt werde; da a sowohl positiv als auch negativ sein kann, kann die Frage des Richtungssinnes von $\mathfrak{w}_0$ zunächst noch offen bleiben. Indem wir analoge Ausdrücke wie für $d\,\mathfrak{i}/d\,t$ auch für $d\,\mathfrak{j}/d\,t$ und $d\,\mathfrak{k}/d\,t$ bilden, erhalten wir die Gleichungen

$$\frac{d\mathfrak{i}}{dt} = a[\mathfrak{w}_0\,\mathfrak{i}]\,,\qquad \frac{d\mathfrak{j}}{dt} = b[\mathfrak{w}_0\,\mathfrak{j}]\,,\qquad \frac{d\mathfrak{k}}{dt} = c[\mathfrak{w}_0\,\mathfrak{k}]\,. \tag{10}$$

Setzen wir nun die Werte aus den Gl. 10 in die Gl. 8 ein, so finden wir

$$\mathfrak{j}\,a[\mathfrak{w}_0\,\mathfrak{i}] + \mathfrak{i}\,b[\mathfrak{w}_0\,\mathfrak{j}] = 0\,.$$

Hierfür können wir aber (nach Gl. 23 des § 2) auch schreiben

$$a\,\mathfrak{w}_0[\mathfrak{i}\,\mathfrak{j}] + b\,\mathfrak{w}_0[\mathfrak{j}\,\mathfrak{i}] = 0$$

oder

$$(\mathfrak{w}_0\,\mathfrak{k})\,(a - b) = 0\,. \tag{11}$$

Daß ganz allgemein das innere Produkt $\mathfrak{w}_0\mathfrak{k}$ verschwindet, ist nun nicht möglich. Denn da die z-Achse in keiner Weise vor der x- oder y-Achse bevorzugt erscheint, so könnte das innere Produkt $\mathfrak{w}_0\,\mathfrak{k}$ nur dann ganz allgemein verschwinden, wenn ganz allgemein auch $\mathfrak{w}_0\,\mathfrak{i}$ und $\mathfrak{w}_0\,\mathfrak{j}$ gleich null wären. Das ist aber unmöglich; denn sollten alle drei inneren Produkte $\mathfrak{w}_0\,\mathfrak{i}$, $\mathfrak{w}_0\,\mathfrak{j}$ und $\mathfrak{w}_0\,\mathfrak{k}$ verschwinden, so müßte ja der Einheitsvektor $\mathfrak{w}_0$ gleichzeitig auf allen drei Koordinatenachsen senkrecht stehen, was natürlich ausgeschlossen ist. Die Gl. 11 kann also nur dann allgemein erfüllt sein, wenn a gleich b ist. In analoger Weise findet man durch zyklische Vertauschung, daß auch b gleich c und c gleich a sein muß. Es müssen also die drei Vektoren $d\,\mathfrak{i}/d\,t$, $d\,\mathfrak{j}/d\,t$, $d\,\mathfrak{k}/d\,t$ darstellbar sein als Vektorprodukte aus e i n e m u n d d e m s e l b e n V e k t o r, der $\mathfrak{w}$ genannt werde, und aus den entsprechenden Grundvektoren. Es kann somit gesetzt werden

$$\frac{d\,\mathfrak{i}}{dt} = [\mathfrak{w}\,\mathfrak{i}]\,,\qquad \frac{d\,\mathfrak{j}}{dt} = [\mathfrak{w}\,\mathfrak{j}]\,,\qquad \frac{d\,\mathfrak{k}}{dt} = [\mathfrak{w}\,\mathfrak{k}]\,. \tag{12}$$

Ist nun $\mathfrak{A}$ ein beliebiger Vektor, so ist ja

$$\mathfrak{A} = \mathfrak{i}A_x + \mathfrak{j}A_y + \mathfrak{k}A_z\,, \tag{13}$$

und hieraus folgt durch Differentiation nach der Zeit, wenn wir nicht mehr wie früher (§ 2) die Grundvektoren als unveränderlich ansehen,

$$\frac{d\mathfrak{A}}{dt} = \mathfrak{i}\,\frac{dA_x}{dt} + \mathfrak{j}\,\frac{dA_y}{dt} + \mathfrak{k}\,\frac{dA_z}{dt} + A_x\frac{d\mathfrak{i}}{dt} + A_y\frac{d\mathfrak{j}}{dt} + A_z\frac{d\mathfrak{k}}{dt}\cdot \tag{14}$$

Wir wollen nun den auf das Koordinatensystem $\mathfrak{i}$, $\mathfrak{j}$, $\mathfrak{k}$ bezogenen zeitlichen Differentialquotienten von $\mathfrak{A}$ durch das Symbol $d^*\mathfrak{A}/d\,t$ bezeichnen. Wir setzen also

$$\frac{d^*\mathfrak{A}}{dt} = \mathfrak{i}\,\frac{dA_x}{dt} + \mathfrak{j}\,\frac{dA_y}{dt} + \mathfrak{k}\,\frac{dA_z}{dt}\cdot \tag{15}$$

Andererseits ist nach Gl. 12

$$A_x\frac{d\,\mathfrak{i}}{dt} + A_y\frac{d\,\mathfrak{j}}{dt} + A_z\,\frac{d\,\mathfrak{k}}{dt} = [\mathfrak{w}\,.\,\mathfrak{i}A_x] + [\mathfrak{w}\,.\,\mathfrak{j}A_y] + [\mathfrak{w}\,.\,\mathfrak{k}A_z]\,. \tag{16}$$

Da für die äußere Multiplikation das distributive Gesetz gilt, ist aber die rechte Seite dieser Gleichung nach Gl. 13 nichts anderes als das Vektorprodukt $[\mathfrak{w}\,\mathfrak{A}]$. Verknüpfen wir also die Gl. 14 mit den Gl. 15 und 16, so ergibt sich die wichtige Formel

$$\frac{d\,\mathfrak{A}}{dt} = \frac{d^*\mathfrak{A}}{dt} + [\mathfrak{w}\,\mathfrak{A}]\,. \tag{17}$$

In dieser Gleichung ist allerdings zunächst noch die Bedeutung des Vektors $\mathfrak{w}$ unbekannt. Um sie zu ermitteln, betrachten wir eine gerichtete

Strecke $\mathfrak{a}$, die von dem Ursprung des Koordinatensystems zu einem mit ihm fest verbundenen Punkte führe, der also seine Koordinaten x, y, z nicht ändere.[2] Es verschwindet dann natürlich $d^* \mathfrak{a}/d t$, und es wird somit

$$\frac{d \mathfrak{a}}{dt} = [\mathfrak{w}\, \mathfrak{a}]\,. \tag{18}$$

Wir betrachten nun zunächst als Spezialfall den Fall, daß der Vektor $\mathfrak{w}$ nach Betrag und Richtung konstant sei. Durch ihn ist dann eine von dem Koordinatenursprung ausgehende Richtung bestimmt, die in Fig. 11 mit OW bezeichnet werde. Der Endpunkt der mit $\mathfrak{a}$ bezeichneten Strecke OP muß sich dann nach Gl. 18 so bewegen, daß das beschriebene Wegelement stets senkrecht ist sowohl zu der Richtung OW als auch zu der jeweiligen Richtung OP. Befindet sich also in dem betrachteten Augenblick der Punkt P in der Ebene der Fig. 11, so muß das Wegelement, das der Punkt P unmittelbar darauf beschreibt, auf der Figurenebene senkrecht und zwar nach rückwärts gerichtet sein, weil nur dann (gemäß Gl. 18) von der Wegrichtung aus gesehen die Drehung dem Uhrzeiger entgegengesetzt erscheint, die die Richtung von $\mathfrak{w}$ in die Richtung von $\mathfrak{a}$ überführt. Verfolgen wir die Bewegung weiter, so muß sie stets senkrecht zu der Richtung OW und stets senkrecht zu der veränderlichen Richtung OP vor sich gehen; immer aber in der gleichen festen Entfernung von dem Koordinatenursprung. Alle diese Bedingungen können nur dann gleichzeitig erfüllt sein, wenn der Endpunkt P in einer auf der Richtung OW senkrechten Ebene einen Kreis beschreibt. Der Radius dieses Kreises ist gleich dem Lote p, das von dem Punkte P auf die Richtung OW gefällt wird, und die Geschwindigkeit des Punktes P ist gleich $p \cdot d\varphi/dt$, wenn sich in dem Zeitelement dt das Lot um den Winkel $d\varphi$ dreht. In Gl. 18 ist also der Betrag der linken Seite gleich $p \cdot d\varphi/dt$; die rechte Seite ist aber ihrem Betrage nach gleich $w p$, weil ja p gleich ist $a \cdot \sin(\mathfrak{w}, \mathfrak{a})$. Es ergibt sich somit die einfache Beziehung

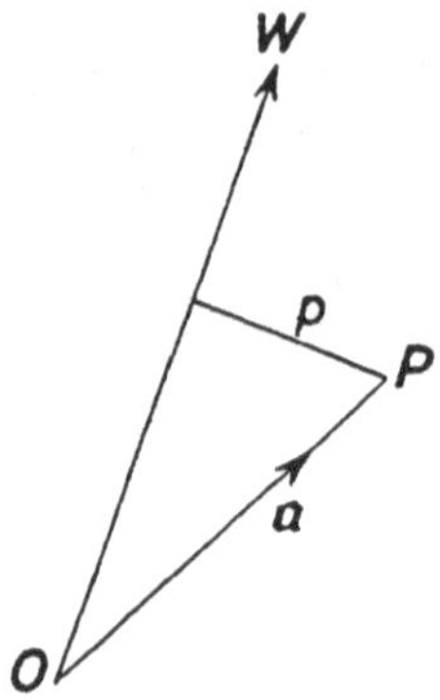

Fig. 11.

$$w = \frac{d\varphi}{dt}\,. \tag{19}$$

Da infolge der Kreisbewegung p konstant ist und ebenso a, so muß, falls der Vektor $\mathfrak{w}$ konstant ist, andererseits auch seine Richtung einen unveränderlichen Winkel mit der Richtung OP einschließen. Es ist

$$\sin(\mathfrak{w}, \mathfrak{a}) = \text{const.}, \quad \text{wenn } \mathfrak{w} = \text{const.} \tag{20}$$

Der Betrag des Vektors $\mathfrak{w}$ ist also gleich der im Bogenmaß gemessenen Geschwindigkeit, mit der sich ein Lot dreht, das von einem mit dem

[2] Der Vektor $\mathfrak{a}$ hat jetzt natürlich eine ganz andere Bedeutung als in § 2.

Koordinatensystem fest verbundenen Punkte auf die Richtung von $\mathfrak{w}$ gefällt wird. Richtung und Richtungssinn des Vektors $\mathfrak{w}$ sind hingegen wiederum dadurch bestimmt, daß ein mit dem Koordinatensystem fest verbundener Punkt in einer Ebene senkrecht zu der Richtung des Vektors $\mathfrak{w}$ derart kreist, daß, von der Spitze des Vektors $\mathfrak{w}$ aus gesehen, die Umkreisung entgegengesetzt dem Uhrzeiger erscheint (denn in Fig. 11 erfolgt ja die Bewegung nach rückwärts).

Der Vektor $\mathfrak{w}$ wird als die Winkelgeschwindigkeit bezeichnet; eine Bewegung des Koordinatensystems aber, bei der bei festgehaltenem Ursprung die zueinander stets senkrechten Achsen ihre Lage ändern, wird eine Drehung oder Rotation des Koordinatensystems genannt. Ist der Vektor der Winkelgeschwindigkeit nicht konstant, so kann nur von seinem momentanen Betrag und seiner momentanen Richtung gesprochen werden. Betrag und Richtung bestimmen sich aber auch dann auf die vorhin angegebene Weise, da man eine kurze Bewegung eines mit einem rotierenden Koordinatensystem fest verbundenen Punktes immer durch eine kreisförmige Bewegung sich ersetzt denken kann.

§ 8. Die Relativbewegung.

Indem wir die Bewegung eines Massenpunktes ins Auge fassen und unseren Betrachtungen ein bestimmtes Normalsystem zugrunde legen, wollen wir die Bewegung in bezug auf dieses System als Bewegung schlechthin bezeichnen. Von ihr wollen wir als Relativbewegung die Bewegung in bezug auf ein zweites Koordinatensystem unterscheiden, dessen Grundvektoren $\mathfrak{i}$, $\mathfrak{j}$, $\mathfrak{k}$ in bezug auf das erste System selbst zeitlich veränderlich seien.

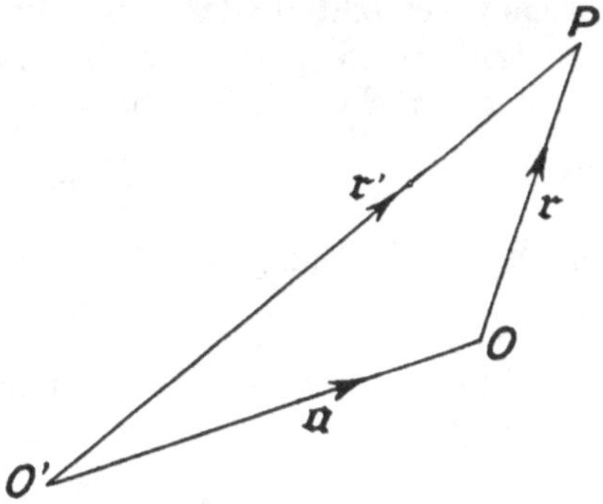

Fig. 12.

Der Ursprung des ersten Systems sei O', der des zweiten sei O. Der bewegte Massenpunkt befinde sich in einem bestimmten Augenblick in einem Punkte P, der in bezug auf das zweite Koordinatensystem die Koordinaten x, y, z habe. Wir bezeichnen (Fig. 12) die gerichtete Strecke $O'O$ mit $\mathfrak{a}$, die gerichtete Strecke $O'P$ mit $\mathfrak{r}'$ und die gerichtete Strecke OP mit $\mathfrak{r}$. Es ist also

$$\mathfrak{r}' = \mathfrak{a} + \mathfrak{r}\,. \tag{1}$$

Wir definieren nun (indem wir die Bezeichnungen des vorhergehenden Abschnittes einführen) als Relativgeschwindigkeit des bewegten Massenpunktes die Größe

$$(2) \qquad \mathfrak{v}_r = \frac{d^* \mathfrak{r}}{dt} = \mathfrak{i}\frac{dx}{dt} + \mathfrak{j}\frac{dy}{dt} + \mathfrak{k}\frac{dz}{dt}.$$

Weiterhin definieren wir als Relativbeschleunigung die Größe

$$(3) \qquad \mathfrak{b}_r = \frac{d^* \mathfrak{v}_r}{dt}.$$

Endlich definieren wir die Größe

$$(4) \qquad \mathfrak{v}_t = \frac{d\mathfrak{a}}{dt}$$

als die Translationsgeschwindigkeit des zweiten Systems gegenüber dem ersten und dementsprechend die Größe

$$(5), \qquad \mathfrak{b}_t = \frac{d\mathfrak{v}_t}{dt}$$

als die Translationsbeschleunigung. Unter Translation verstehen wir dabei die Bewegung, die gegenüber dem ersten System der Ursprung des zweiten ausführt, so daß also nach dem in § 7 Gesagten die Bewegung eines Koordinatensystems stets aufgefaßt werden kann als Superposition aus einer Translation und einer Rotation.

Aus der Gl. 1 folgt durch zeitliche Differentiation

$$(6) \qquad \frac{d\mathfrak{r}'}{dt} = \frac{d\mathfrak{a}}{dt} + \frac{d\mathfrak{r}}{dt}.$$

Die linke Seite dieser Gleichung stellt die Geschwindigkeit des bewegten Massenpunktes in bezug auf das erste Koordinatensystem, also die Größe $\mathfrak{v}$ schlechthin dar. Was die rechte Seite der Gl. 6 betrifft, so ist das erste Glied gleich der Translationsgeschwindigkeit, für das zweite Glied der rechten Seite aber gilt (nach Gl. 17 des § 7) die Beziehung

$$(7) \qquad \frac{d\mathfrak{r}}{dt} = \frac{d^* \mathfrak{r}}{dt} + [\mathfrak{w}\,\mathfrak{r}].$$

Bei Berücksichtigung der Gl. 2 nimmt also die Gl. 6 die Form an

$$(8) \qquad \mathfrak{v} = \mathfrak{v}_t + \mathfrak{v}_r + [\mathfrak{w}\,\mathfrak{r}].$$

Differentiieren wir nun nochmals nach der Zeit, so finden wir die Beschleunigung $\mathfrak{b}$ in bezug auf das erste System. Es ist

$$(9) \qquad \mathfrak{b} = \mathfrak{b}_t + \frac{d\mathfrak{v}_r}{dt} + \left[\frac{d\mathfrak{w}}{dt}\,\mathfrak{r}\right] + \left[\mathfrak{w}\frac{d\mathfrak{r}}{dt}\right].$$

Nun ist aber nach Gl. 17 des § 7

$$(10) \qquad \frac{d\mathfrak{v}_r}{dt} = \frac{d^* \mathfrak{v}_r}{dt} + [\mathfrak{w}\,\mathfrak{v}_r] = \mathfrak{b}_r + [\mathfrak{w}\,\mathfrak{v}_r].$$

Ferner finden wir unter Benutzung der Gl. 2 und 7

$$(11) \qquad \left[\mathfrak{w}\frac{d\mathfrak{r}}{dt}\right] = [\mathfrak{w}\,\mathfrak{v}_r] + \left[\mathfrak{w}[\mathfrak{w}\,\mathfrak{r}]\right].$$

Die Gl. 9 nimmt somit die Form an

$$(12) \qquad \mathfrak{b} = \mathfrak{b}_t + \mathfrak{b}_r + 2[\mathfrak{w}\,\mathfrak{v}_r] + \left[\frac{d\mathfrak{w}}{dt}\,\mathfrak{r}\right] + \left[\mathfrak{w}[\mathfrak{w}\,\mathfrak{r}]\right].$$

Machen wir vorübergehend die Annahme, daß der Massenpunkt mit dem Koordinatensystem $\mathfrak{i}$, $\mathfrak{j}$, $\mathfrak{k}$ fest verbunden wäre, so stellen die Werte, die dann seine Geschwindigkeit und seine Beschleunigung annehmen, die sogenannte Führungsgeschwindigkeit und die sogenannte Führungsbeschleunigung dar. Wir wollen diese beiden Größen mit $\mathfrak{v}_f$ und $\mathfrak{b}_f$ bezeichnen. Ihre Werte ergeben sich aus den Gl. 8 und 12, indem wir die Relativgeschwindigkeit und die Relativbeschleunigung gleich null setzen. Es ist demnach

$$\mathfrak{v}_f = \mathfrak{v}_t + [\mathfrak{w}\,\mathfrak{r}] \tag{13}$$

und

$$\mathfrak{b}_f = \mathfrak{b}_t + \left[\frac{d\,\mathfrak{w}}{dt}\,\mathfrak{r}\right] + \big[\mathfrak{w}\,[\mathfrak{w}\,\mathfrak{r}]\big]\,. \tag{14}$$

Somit finden wir weiterhin

$$\mathfrak{v} = \mathfrak{v}_f + \mathfrak{v}_r \tag{15}$$

und

$$\mathfrak{b} = \mathfrak{b}_f + \mathfrak{b}_r + 2\,[\mathfrak{w}\,\mathfrak{v}_r]\,. \tag{16}$$

Während also die Geschwindigkeit gleich ist der vektoriellen Summe aus der Relativ- und der Führungsgeschwindigkeit, trifft eine analoge Beziehung für die Beschleunigung nicht zu. Um die Beschleunigung zu erhalten, muß man vielmehr zu der vektoriellen Summe aus Führungsbeschleunigung und Relativbeschleunigung noch das doppelte Vektorprodukt aus Winkelgeschwindigkeit und Relativgeschwindigkeit hinzufügen. Man nennt dieses doppelte Vektorprodukt die Coriolis-Beschleunigung, nach dem Physiker Coriolis, von dem die wichtigsten Sätze über die Relativbewegung stammen (1829).

Denken wir uns die Gl. 16 noch mit der Masse des bewegten Massenpunktes multipliziert, so erhalten wir auf der linken Seite die Kraft. Wollen wir auch für die Relativbewegung das zweite Newtonsche Bewegungsgesetz aufrecht erhalten, demzufolge das Produkt aus Masse und Relativbeschleunigung gleich wäre der Kraft, so müssen wir also noch zwei fingierte Zusatzkräfte hinzufügen, die entgegengesetzt gleich wären den Produkten aus der Masse und der Führungs- oder der Coriolis-Beschleunigung. Diese Zusatzkräfte werden darum als Führungskraft und als Coriolis-Kraft bezeichnet.

Wir wollen nun zunächst das in der Gl. 12 auftretende zweifache Vektorprodukt umformen. Nach Gl. 24 des § 2 ist

$$\big[\mathfrak{w}\,[\mathfrak{w}\,\mathfrak{r}]\big] = \mathfrak{w}\,(\mathfrak{r}\,\mathfrak{w}) - \mathfrak{r}\,(\mathfrak{w}\,\mathfrak{w}) = \mathfrak{w}\,r\,w\cos(\mathfrak{r},\mathfrak{w}) - \mathfrak{r}\,w^2\,. \tag{17}$$

Bezeichnen wir den in die Richtung des Vektors $\mathfrak{w}$ fallenden Einheitsvektor mit $\mathfrak{w}_0$ und die Projektion von $\mathfrak{r}$ in die Richtung von $\mathfrak{w}$ mit r_w, so können wir der Gl. 17 auch die Form geben

$$\big[\mathfrak{w}\,[\mathfrak{w}\,\mathfrak{r}]\big] = w^2\,(\mathfrak{w}_0\,r_w - \mathfrak{r})\,. \tag{18}$$

Tragen wir nun andererseits von einem Punkte O aus die Richtungen von $\mathfrak{w}$ und $\mathfrak{r}$ auf, und fällen wir von dem Massenpunkte ein Lot $\mathfrak{p}$ auf die Richtung von $\mathfrak{w}$, so ist (wie Fig. 13 zeigt)

(19) $$\mathfrak{w}_0 r_w = \mathfrak{r} + \mathfrak{p}\,.$$

Die Gl. 18 nimmt daher die einfache Form an

(20) $$\left[\mathfrak{w}[\mathfrak{w}\,\mathfrak{r}]\right] = \mathfrak{p}\, w^2\,.$$

Wenn im besonderen der Vektor der Winkelgeschwindigkeit nach Betrag und Richtung konstant und keine Translationsbeschleunigung vorhanden ist, so stellt nach Gl. 14 der Ausdruck $\mathfrak{p}\, w^2$ die Führungsbeschleunigung dar. Es wird somit dann die dem Produkte aus Masse und Führungsbeschleunigung entgegengesetzt gleiche Führungskraft

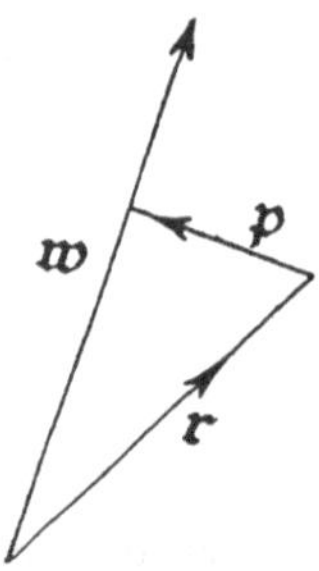

Fig. 13.

(21) $$K_f = -\, m\, \mathfrak{p}\, w^2\,.$$

In dem betrachteten Fall äußert sich also die Führungskraft, da sie entgegengesetztes Vorzeichen wie der Vektor $\mathfrak{p}$ hat, als Fliehkraft; ihrem Betrage nach ist sie gleich dem Produkte aus der Masse, dem Quadrate der Winkelgeschwindigkeit und dem Lote, das von dem bewegten Massenpunkte auf die Richtung gefällt wird, die, durch den Koordinatenursprung gehend, die Richtung der Winkelgeschwindigkeit darstellt.

Die Gl. 12 möge schließlich noch für den speziellen Fall diskutiert werden, daß der Vektor $\mathfrak{w}$ verschwinde, daß also die Achsen des zweiten Koordinatensystems stets parallel bleiben den Achsen des ersten Systems. Dann wird

(22) $$\mathfrak{b} = \mathfrak{b}_t + \mathfrak{b}_r\,.$$

Gehen wir nun in der Spezialisierung noch weiter und nehmen wir an, daß der Ursprung des zweiten Koordinatensystems gegenüber dem ersten System gleichförmig bewegt sei, so wird einfach $\mathfrak{b}_r$ gleich $\mathfrak{b}$. Die Beschleunigung ist also dann für beide Systeme ganz dieselbe. Für die Beschreibung mechanischer Vorgänge sind daher zwei gegeneinander in gleichförmiger Translation bewegte Koordinatensysteme völlig gleichwertig. Diese wichtige Erkenntnis wird als das mechanische Relativitätsprinzip bezeichnet.

Im allgemeinen erfordert hingegen stets der Übergang von einem Koordinatensystem zu einem zweiten, das gegenüber dem ersten irgendwie bewegt ist, die Einführung von Zusatzkräften. Hieraus folgt, daß es eine bevorzugte Klasse von Koordinatensystemen geben muß, die alle gleichförmig gegeneinander bewegt sind und die dadurch ausgezeichnet sind, daß für sie die Zusatzkräfte verschwinden. Nur in bezug auf solche Koordinatensysteme behält ein Massenpunkt, der sich ohne Einwirkung äußerer Kräfte lediglich unter dem Einflusse seiner Trägheit bewegt, Größe und Richtung der Geschwindigkeit unverändert bei.

Diese ausgezeichneten Koordinatensysteme werden darum als Inertialsysteme[1] bezeichnet oder auch als mechanische Fundamentalsysteme. Wie die Erfahrung zeigt, ist durch den Fixsternhimmel ein derartiges Inertialsystem bestimmt.

§ 9. Die Bewegungsvorgänge auf der rotierenden Erde.

Die für die Physik weitaus wichtigsten Relativbewegungen sind die Bewegungsvorgänge auf der rotierenden Erde. Der Vektor der Winkelgeschwindigkeit, mit der sich die Erde und jedes mit der Erde fest verbundene Koordinatensystem gegenüber dem Fixsternhimmel drehen, ist nach seiner Richtung bestimmt durch die die Erdpole verbindende Erdachse.[1] Da von dem Nordpol aus gesehen die von West nach Ost erfolgende Erddrehung dem Uhrzeiger entgegengesetzt erscheint, so hat somit der Vektor, der die Winkelgeschwindigkeit der Erddrehung darstellt, den Richtungssinn, der von dem Südpole zu dem Nordpole weist. Der im Bogenmaß gemessene Betrag der Winkelgeschwindigkeit ist aber gleich 2π, gebrochen durch die Zahl der Sekunden im Tage; derart ergibt sich der Wert

$$w = 7{,}272 \,.\, 10^{-5}\, \mathrm{sec}^{-1}\,. \tag{1}$$

Betrachten wir nun einen Punkt der Erdoberfläche und denken wir uns ihn als Ursprung eines mit der Erde fest verbundenen Koordinatensystems, so können wir die konstante Winkelgeschwindigkeit darstellen durch eine von diesem Punkte ausgehende gerichtete Strecke, die (nach Gl. 20 des § 7) mit den Achsen des festen Koordinatensystems konstante Winkel bildet. Diese gerichtete Strecke liegt, da sie der Erdachse parallel ist, in der Meridianebene und schließt mit der Horizontalebene einen Winkel ein, der gleich ist der geographischen Breite des betreffenden Ortes. Auf der nördlichen Erdhälfte geht diese gerichtete Strecke immer nach oben, auf der südlichen Halbkugel hingegen immer nach unten, also erdwärts. Auf dem Äquator ist die gerichtete Strecke genau horizontal.

Da die Führungsbeschleunigung proportional ist w^2, die Coriolis-Beschleunigung hingegen proportional ist $w \,.\, v$, so kann wegen der Kleinheit von w die Führungsbeschleunigung vernachlässigt werden neben der Coriolis-Beschleunigung, wofern nur die Relativgeschwindigkeit nicht allzu klein ist und die Bewegung nicht allzuweit weg von dem betrachteten Punkte der Erdfläche führt. Ist beispielsweise die Entfernung von dem Ursprung nicht größer als etwa 200 m, so wird die Führungsbeschleunigung nicht größer als etwa 10^{-4} cm sec^{-2}. Hingegen ist, wofern die Geschwindigkeit etwa einen Meter in der Sekunde

[1] Auf lateinisch heißt die Trägheit „inertia".

[1] Die Bewegung, die die Erde noch neben ihrer Rotation ausführt, kann als geradlinig gleichförmig daneben unberücksichtigt bleiben.

beträgt, der Betrag der Coriolis-Beschleunigung von der Größenordnung 10^{-2} cm sec^{-2}, also etwa hundertmal so groß.

Da die Coriolis-Kraft dem Produkte aus der Masse und der Coriolis-Beschleunigung entgegengesetzt gleich ist, andererseits aber ein Vektorprodukt bei Vertauschung der Faktoren das Vorzeichen ändert, so kann die Coriolis-Kraft (nach Gl. 16 des § 8) gleich gesetzt werden

$$\mathfrak{K}' = 2m\,[\mathfrak{v}_r\,\mathfrak{w}]\,, \tag{2}$$

wenn m die Masse des bewegten Körpers bedeutet.

Als erstes Beispiel einer Bewegung auf der rotierenden Erde möge nun der freie Fall betrachtet werden. Der Vektor $\mathfrak{v}_r$ ist dann vertikal nach abwärts gerichtet, der Vektor $\mathfrak{w}$ weist schräge von Süd nach Nord. Nach der Definition des Vektorproduktes muß gemäß Gl. 2 der Vektor $\mathfrak{K}'$ einen solchen Richtungssinn haben, daß von seiner Spitze gesehen, die Drehung dem Uhrzeiger entgegengesetzt erscheint, die den Vektor $\mathfrak{v}_r$ in die Richtung des Vektors $\mathfrak{w}$ überführt.

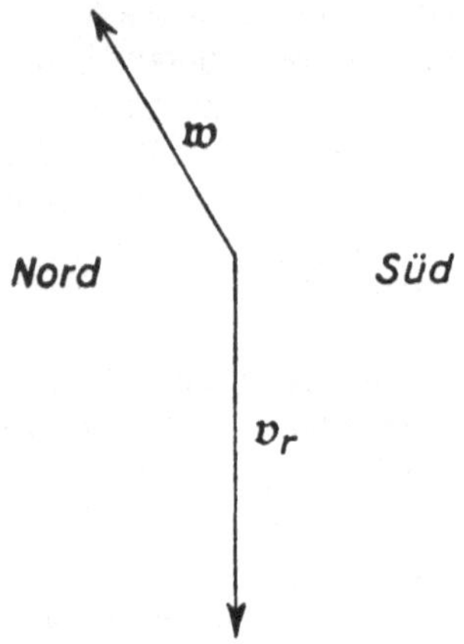

Fig. 14.

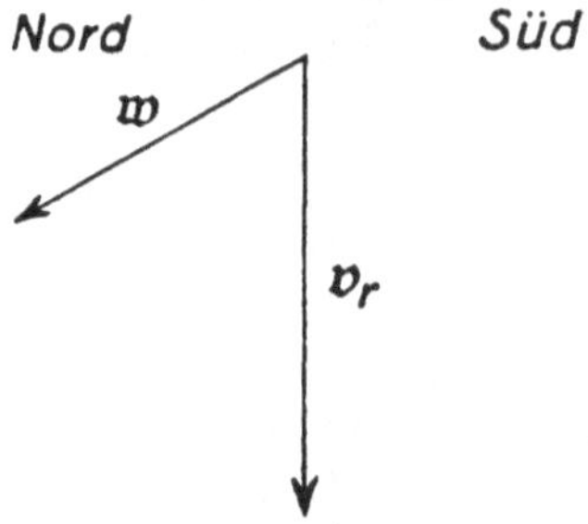

Fig. 15.

Sowohl in Fig. 14, die sich auf die nördliche Erdhälfte, als auch in Fig. 15, die sich auf die südliche Erdhälfte bezieht, muß also der Vektor $\mathfrak{K}'$ nach rückwärts gerichtet sein; die Coriolis-Kraft bewirkt daher bei dem freien Fall stets eine östliche Ablenkung.

Da der Vektor $\mathfrak{w}$ mit der Vertikalen einen Winkel bildet, der der geographischen Breite ψ komplementär ist, so ergibt sich für den Betrag der Coriolis-Kraft nach Gl. 2 der Wert

$$K' = 2m\,v_r\,w\cos\psi\,. \tag{3}$$

Nun ist aber die Relativgeschwindigkeit gleich $g\,t$, wenn g die Beschleunigung der Erdschwere ist. Bezeichnen wir die östliche Ablenkung mit x, so ist also

$$\frac{d^2x}{dt^2} = 2g\,t\,w\cos\psi\,. \tag{4}$$

Hieraus folgt durch zweimalige Integration

$$x = \frac{g\,w\,t^3}{3}\cos\psi\,. \tag{5}$$

(Die Integrationskonstanten können weggelassen werden, weil ja zur Zeit $t = 0$ sowohl dx/dt als auch x verschwinden muß.) Da die Fallhöhe

$$h = \frac{g\,t^2}{2}$$

ist, so kann die gesamte östliche Abweichung auch durch die Formel dargestellt werden

$$x = \frac{2\sqrt{2}}{3}\,\frac{h^{\frac{3}{2}}}{\sqrt{g}}\,w\cos\psi\,. \tag{6}$$

Am größten ist die Abweichung für den Äquator, während sie an den Polen ganz verschwinden muß. Betrachten wir einen Ort von etwa 48° Breite, zum Beispiel Wien, so wird

$$w\cos\psi = 4{,}866\,.\,10^{-5}\,\mathrm{sec}^{-1}\,. \tag{7}$$

Da g gleich ist 981 cm sec^{-2}, so ergibt die Gl. 6 bei einer Fallhöhe von 100 m in der geographischen Breite von Wien eine östliche Abweichung von etwa 1,46 cm.

Als ein zweites Beispiel einer Relativbewegung auf der rotierenden Erde werde eine Horizontalbewegung betrachtet. Die Coriolis-Kraft muß dann eine solche Richtung haben, daß, von ihrer Spitze aus gesehen, die Drehung dem Uhrzeiger entgegengesetzt erscheint, die die horizontale Bewegungsrichtung in die Richtung der gerichteten Strecke überführt, die die Winkelgeschwindigkeit der Erde darstellt. Diese Strecke weist aber, wie schon erwähnt, auf der nördlichen Erdhälfte immer nach oben, auf der südlichen immer nach unten. Eine Aufwärtsbewegung aus einer horizontalen Richtung erscheint aber nun einem Zuschauer dann entgegengesetzt dem Uhrzeiger, wenn er sich rechts von der horizontalen Richtung befindet. Die Coriolis-Kraft sucht also auf der nördlichen Erdhälfte jede Horizontalbewegung nach rechts, auf der südlichen Erdhälfte aber nach links abzulenken.

Infolge dieser seitlichen Ablenkung biegen Meeres- und Luftströmungen auf der nördlichen Halbkugel nach rechts, auf der südlichen nach links ab. Auf der nördlichen Erdhälfte zeigt daher ein Nordwind die Tendenz, sich allmählich in einen Ostwind umzuwandeln.[2] (Denn für einen von Nord nach Süd wandernden Menschen ist ja die Richtung von Ost nach West gleichbedeutend mit der Richtung von links nach rechts.)

---

[2] Durch diese Tatsache finden die Passatwinde ihre Erklärung. In den Tropen steigt nämlich die durch Erwärmung verdünnte Luft als ein gewaltiger Luftstrom vertikal nach aufwärts, um nach den beiden Polen abzufließen. Den Kreislauf schließend, strömen infolgedessen in den unteren Regionen kältere Luftmassen von Nord und Süd gegen den Äquator zu. Infolge der seitlichen Ablenkung tritt diese Strömung auf der nördlichen Erdhälfte als Nordostpassat, auf der südlichen als Südostpassat auf. In den höheren Regionen weht die von dem Äquator zu den Polen strömende Luft als Antipassat. Dieser ist auf der nördlichen Halbkugel ein Südwestwind, auf der südlichen ein Nordwestwind.

Um von der Größe der seitlichen Ablenkung bei der Horizontalbewegung eine bestimmte Vorstellung zu gewinnen, betrachten wir den einfachen Fall, daß die Horizontalbewegung in der Meridianebene beginne. Der Vektor $\mathfrak{w}$ schließt dann mit der Richtung der Relativgeschwindigkeit einen Winkel ein, der gleich ist der geographischen Breite ψ, und daher wird nach Gl. 2 der zweite zeitliche Differentialquotient der seitlichen Abweichung

$$(8)\qquad \frac{d^2x}{dt^2} = 2v\,w \sin\psi\,.$$

Durch zweimalige Integration folgt hieraus

$$(9)\qquad x = v\,t^2 w \sin\psi\,.$$

In einer geographischen Breite von etwa 48°, also in der Breite von Wien, wird $w \sin\psi$ gleich $5{,}405 \,.\, 10^{-5}\ \mathrm{sec}^{-1}$. Bei einer Anfangsgeschwindigkeit eines Geschosses von 500 m beträgt daher die seitliche Ablenkung nach einer Sekunde 2,7 cm; bei einer Flugzeit von zwei Sekunden ist sie viermal so groß und so fort.

Um nun noch ein drittes wichtiges Beispiel für einen Bewegungsvorgang auf der rotierenden Erde zu erhalten, betrachten wir endlich ein Koordinatensystem, das nur teilweise mit der Erde verbunden sei; eine z-Achse werde stets vertikal gehalten, während die x- und die y-Achse nur insofern zu einer Teilnahme an der Erdrotation gezwungen seien, als sie stets auf der vertikal festgehaltenen z-Achse senkrecht stehen müssen; im übrigen sind sie aber natürlich in einer Horizontalebene frei beweglich.

Denken wir uns zunächst in irgendeinem Punkte der Erde zwei Koordinatensysteme, eines, das ein Inertialsystem darstelle, und eines, das mit der Erde völlig fest verbunden sei; so rotiert in bezug auf das erste das zweite mit der Winkelgeschwindigkeit $\mathfrak{w}$; umgekehrt scheint daher für einen irdischen Beobachter das Inertialsystem mit einer Winkelgeschwindigkeit $-\,\mathfrak{w}$ sich zu drehen. Wir können andererseits die Winkelgeschwindigkeit $\mathfrak{w}$ in drei Komponenten in bezug auf das mit der Erde völlig verbundene Koordinatensystem spalten. Legen wir dieses Koordinatensystem so, daß die z-Achse vertikal ist und die horizontale x-Achse die Richtung des Meridians hat, so wird

$$(10)\qquad w_x = w \cos\psi\,,\quad w_y = 0\,,\quad w_z = w \sin\psi\,.$$

Hierbei bedeutet nach der Definition der Winkelgeschwindigkeit w_x die Winkelgeschwindigkeit um die x-Achse, also in der y-z-Ebene, w_y die Winkelgeschwindigkeit um die y-Achse und w_z also die Winkelgeschwindigkeit um die Vertikale in einer Horizontalebene.

Ein Koordinatensystem, bei dem nur die z-Achse als stets vertikal mit der Erde fest verbunden ist, während die beiden anderen Achsen in der Horizontalebene drehbar sind, wird sich daher für einen irdischen

Beobachter mit einer Winkelgeschwindigkeit drehen, die entgegengesetzt gleich ist w_z, also gleich ist

$$w' = -w \sin \psi . \tag{11}$$

Wir betrachten nun auf der rotierenden Erde eine Pendelbewegung, die ohne eine seitliche Anfangsgeschwindigkeit erfolge. Das Pendel werde aus seiner Ruhelage entfernt und dann ohne jeden Impuls losgelassen. Da die Ruhelage infolge der Erdschwere immer vertikal unterhalb des Aufhängepunktes liegen muß, so behält ein Pendel seine Schwingungsrichtung in bezug auf ein Koordinatensystem bei, das mit der Erde teilweise in dem früher angegebenen Sinne verbunden ist· indem nämlich die eine Achse stets vertikal ist, während die beiden anderen sich in einer Horizontalebene drehen können. Nach dem früher Gesagten muß sich also die vertikale Schwingungsebene des Pendels für einen irdischen Beobachter drehen, und zwar nach Gl. 11 in einem Tage um einen Winkel von 360° mal dem Sinus der geographischen Breite. Wegen des negativen Vorzeichens in Gl. 11 erfolgt die Drehung so, daß sie auf der nördlichen Erdhälfte im Sinne des Uhrzeigers von oben gesehen erscheint. Derart vermochte im Jahre 1850 FOUCAULT mittels seines berühmten Pendelversuches einen direkten experimentellen Beweis für die Erdrotation zu erbringen.[3]

[3] Das wichtigste ist bei dem FOUCAULTschen Pendelversuch die völlige Vermeidung einer seitlichen Anfangsgeschwindigkeit, weil auch eine solche eine Drehung der Schwingungsebene zur Folge hat. Bei dem FOUCAULTschen Versuche wird darum das Pendel mittels einer Schleife aus der Ruhelage entfernt und festgehalten, und dann erst wird die Schleife durchgebrannt.

II. Kapitel.

Die Tensoren.

§ 10. Der Begriff des Tensors.

Sind $\mathfrak{C}$ und $\mathfrak{D}$ zwei beliebige Vektoren, so können wir bei Benutzung eines bestimmten Koordinatensystems stets neun Größen ableiten, indem wir die Komponenten der beiden Vektoren paarweise miteinander multiplizieren, also setzen

$$(1)\quad \begin{cases} E_{xx} = C_x D_x\,, & E_{xy} = C_x D_y\,, & E_{xz} = C_x D_z\,, \\ E_{yx} = C_y D_x\,, & E_{yy} = C_y D_y\,, & E_{yz} = C_y D_z\,, \\ E_{zx} = C_z D_x\,. & E_{zy} = C_z D_y\,, & E_{zz} = C_z D_z\,. \end{cases}$$

Da

$$(2)\quad E_{xx} + E_{yy} + E_{zz} = (\mathfrak{C}\,\mathfrak{D})\,,$$

nämlich gleich dem inneren Produkt der Vektoren $\mathfrak{C}$ und $\mathfrak{D}$ ist, so muß die Summe auf der linken Seite der Gl. 2 einen von dem Koordinatensystem unabhängigen Skalar darstellen.

Fassen wir hingegen das äußere Produkt der Vektoren $\mathfrak{C}$ und $\mathfrak{D}$ ins Auge, so ergeben sich aus den Gl. 1 die Beziehungen

$$(3)\quad E_{yz} - E_{zy} = [\mathfrak{C}\,\mathfrak{D}]_x;\quad E_{zx} - E_{xz} = [\mathfrak{C}\,\mathfrak{D}]_y;\quad E_{xy} - E_{yx} = [\mathfrak{C}\,\mathfrak{D}]_z\,.$$

Bildet man also den Ausdruck $E_{yz} - E_{zy}$ und die beiden analogen, so erhält man wiederum die Komponenten eines Vektors.

Multiplizieren wir endlich die neun Größen E_{xx} usw. mit den Komponenten eines beliebigen Vektors $\mathfrak{B}$ nach dem folgenden Schema, so finden wir

$$(4)\quad E_{xx} B_x + E_{xy} B_y + E_{xz} B_z = C_x (\mathfrak{B}\,\mathfrak{D})$$

usw. Da das innere Produkt der Vektoren $\mathfrak{B}$ und $\mathfrak{D}$ ein Skalar ist, so stellen also die linken Seiten der Gl. 4 und der beiden analogen wiederum die Komponenten eines Vektors dar.

Bei einem Wechsel des Koordinatensystems transformieren sich im übrigen die Größen E_{xx} usw. nach den Regeln, die für die Transformation von Vektorkomponenten gelten (Gl. 3 des § 4). Es ist

$$(5)\quad E_{xx}' = C_x' D_x' = (\alpha_1 C_x + \beta_1 C_y + \gamma_1 C_z)\,(\alpha_1 D_x + \beta_1 D_y + \gamma_1 D_z)\,,$$

wenn $\alpha_1, \beta_1, \gamma_1$ usw. die Kosinus der Winkel zwischen den alten und den neuen Koordinatenachsen (nach den Gl. 1 des § 4) sind. Die Gl. 5 kann nach den Gl. 1 auch in der Form geschrieben werden

$$(6)\qquad E_{xx}' = \alpha_1^2 E_{xx} + \beta_1^2 E_{yy} + \gamma_1^2 E_{zz} + \alpha_1 \beta_1 (E_{xy} + E_{yx}) + \beta_1 \gamma_1 (E_{yz} + E_{zy}) + \gamma_1 \alpha_1 (E_{zx} + E_{xz}).$$

Ebenso ist

$$(7)\qquad E_{xy}' = (\alpha_1 C_x + \beta_1 C_y + \gamma_1 C_z)(\alpha_2 D_x + \beta_2 D_y + \gamma_2 D_z)$$

oder

$$(8)\qquad E_{xy}' = \alpha_1 \alpha_2 E_{xx} + \beta_1 \beta_2 E_{yy} + \gamma_1 \gamma_2 E_{zz} + \alpha_1 \beta_2 E_{xy} + \alpha_2 \beta_1 E_{yx} + \beta_1 \gamma_2 E_{yz} + \beta_2 \gamma_1 E_{zy} + \gamma_1 \alpha_2 E_{zx} + \gamma_2 \alpha_1 E_{xz}.$$

Sind nun in bezug auf ein bestimmtes Koordinatensystem neun Größen gegeben

$$(9)\qquad \begin{cases} k_{xx}, & k_{xy}, & k_{xz}, \\ k_{yx}, & k_{yy}, & k_{yz}, \\ k_{zx}, & k_{zy}, & k_{zz}, \end{cases}$$

so definieren wir diese neun Größen als Komponenten eines Tensors, wenn sie sich bei einem Wechsel des Koordinatensystems ebenso transformieren wie die paarweise gebildeten Produkte der Komponenten zweier Vektoren. Die Größen, bei denen derselbe Index zweimal vorkommt, also k_{xx}, k_{yy}, k_{zz}, nennt man die Tensorkomponenten erster Art; die übrigen sechs bezeichnet man als Tensorkomponenten zweiter Art.

Daß die Tensorkomponenten auch darstellbar seien als Produkte der Komponenten zweier Vektoren, ist nach der gegebenen Definition keineswegs erforderlich; es genügt, wenn sie sich so wie die Produkte der Komponenten zweier Vektoren transformieren. Ist dies aber der Fall, so folgt aus der Gl. 2 sogleich, daß

$$(10)\qquad k_{xx}' + k_{yy}' + k_{zz}' = k_{xx} + k_{yy} + k_{zz}$$

sein muß. Die Summe der Tensorkomponenten erster Art stellt einen von dem Koordinatensystem unabhängigen Skalar dar.[1] Wie andererseits aus den Gl. 3 folgt, läßt sich aus jedem Tensor ein von dem Koordinatensystem unabhängiger Vektor ableiten, dessen Komponenten durch die drei Ausdrücke dargestellt sind

$$(11)\qquad k_{yz} - k_{zy}, \quad k_{zx} - k_{xz}, \quad k_{xy} - k_{yx}.$$

Endlich folgt aus der Gl. 4, daß man durch eine entsprechende Verknüpfung der Komponenten eines Tensors mit den Komponenten eines Vektors ($\mathfrak{B}$) stets einen neuen Vektor ($\mathfrak{A}$) ableiten kann mittels der Beziehungen

[1] Man kann dies natürlich auch derart beweisen, daß man die Gl. 6 auch für E_{yy}' und E_{zz}' bildet, die drei Gleichungen addiert und die Gl. 12 und 13 des § 4 berücksichtigt.

$$(12)\qquad \begin{cases} k_{xx}B_x + k_{xy}B_y + k_{xz}B_z = A_x\,, \\ k_{yx}B_x + k_{yy}B_y + k_{yz}B_z = A_y\,, \\ k_{zx}B_x + k_{zy}B_y + k_{zz}B_z = A_z\,. \end{cases}$$

Der Vektor $\mathfrak{A}$ wird dann als eine lineare Vektorfunktion des Vektors $\mathfrak{B}$ bezeichnet, weil seine Komponenten lineare Funktionen der Komponenten des Vektors $\mathfrak{B}$ sind.

Sind nun etwa k_{xx} usw. die Komponenten eines Tensors und p_{xx} usw. die Komponenten eines zweiten Tensors und bildet man neun neue Größen, indem man die gleichartigen Komponenten der beiden Tensoren addiert, also

$$(13)\qquad \begin{cases} q_{xx} = k_{xx} + p_{xx}\,, \\ q_{xy} = k_{xy} + p_{xy} \end{cases}$$

usw., so erkennt man aus den Gl. 6 und 8 ohne weiteres, daß sich auch die Größen q_{xx}, q_{xy} usw. wiederum so transformieren wie die Größen E_{xx}, E_{xy} und so fort. Durch Addition gleichartiger Tensorkomponenten erhält man also wiederum die Komponenten eines Tensors.

Andererseits können wir aus den Komponenten eines gegebenen Tensors k_{xx} usw. auch neue Größen ableiten, indem wir die Tensorkomponenten zweiter Art ungeändert lassen, hingegen die Komponenten erster Art um eine und dieselbe von dem Koordinatensystem unabhängige skalare Größe vermehren, die S genannt werde. Die neuen Größen sind dann gegeben durch die Gleichungen

$$(14)\qquad t_{xx} = k_{xx} + S\,,\quad t_{yy} = k_{yy} + S\,,\quad t_{zz} = k_{zz} + S\,,\quad t_{xy} = k_{xy} \text{ usw.}$$

Wenn wir also die neun Größen betrachten

$$(15)\qquad t_{xx} - S\,,\quad t_{yy} - S\,,\quad t_{zz} - S\,,\quad t_{xy}\,,\quad t_{yx} \text{ usw.,}$$

so müssen sich diese Größen zufolge Gl. 14, weil ja k_{xx} usw. Tensorkomponenten sind, transformieren gemäß den Gl. 6 und 8. Wir finden also

$$(16)\qquad \begin{aligned} t_{xx}' - S = {} & \alpha_1^2 (t_{xx} - S) + \beta_1^2 (t_{yy} - S) + \gamma_1^2 (t_{zz} - S) \\ & + \alpha_1 \beta_1 (t_{xy} + t_{yx}) + \beta_1 \gamma_1 (t_{yz} + t_{zy}) + \gamma_1 \alpha_1 (t_{zx} + t_{xz})\,. \end{aligned}$$

Nun ist aber nach Gl. 9 des § 4

$$(17)\qquad S'(\alpha_1^2 + \beta_1^2 + \gamma_1^2) = S\,,$$

und die Gl. 16 geht daher in die Gl. 6 über, nur daß an Stelle des Buchstabens E nunmehr der Buchstabe t erscheint.

Setzen wir andererseits die neun Größen des Schemas (15) in die Gl. 8 ein, so finden wir

$$(18)\qquad t_{xy}' = \alpha_1 \alpha_2 (t_{xx} - S) + \beta_1 \beta_2 (t_{yy} - S) + \gamma_1 \gamma_2 (t_{zz} - S) + \ldots\,,$$

wobei die letzten sechs nicht angeschriebenen Glieder sich decken mit den letzten sechs Gliedern der Gl. 8, nur daß statt des Buchstabens E der Buchstabe t zu schreiben ist. Nach Gl. 10 des § 4 ist aber

$$\alpha_1 \alpha_2 + \beta_1 \beta_2 + \gamma_1 \gamma_2 = 0\,, \tag{19}$$

und daher geht die Gl. 18 in die Gl. 8 über, wofern in dieser der Buchstabe E durch den Buchstaben t ersetzt wird.

Die durch die Gl. 14 definierten Größen t_{xx}, t_{xy} usw. stellen also selbst wieder die Komponenten eines Tensors dar. Aus jedem Tensor kann man also einen anderen ableiten, indem man, ohne etwas an den Komponenten zweiter Art zu ändern, die Komponenten erster Art um einen und denselben Skalar vermehrt.

Sind im besonderen bei einem Tensor die Komponenten zweiter Art paarweise gleich, so wird der Tensor als symmetrisch bezeichnet. Für einen symmetrischen Tensor ist also

$$k_{xy} = k_{yx}\,, \quad k_{yz} = k_{zy}\,, \quad k_{zx} = k_{xz}\,. \tag{20}$$

Es läßt sich nun leicht zeigen, daß aus jedem beliebigen Tensor ein symmetrischer Tensor abgeleitet werden kann. Nach den Gl. 6 und 8 ist ja

$$k_{xx}' = \alpha_1^2 k_{xx} + \ldots + \alpha_1 \beta_1 (k_{xy} + k_{yx}) + \ldots\,, \tag{21}$$

ferner

$$k_{xy}' = \alpha_1 \alpha_2 k_{xx} + \ldots + \alpha_1 \beta_2 k_{xy} + \alpha_2 \beta_1 k_{yx} + \ldots\,, \tag{22}$$

hingegen

$$k_{yx}' = \alpha_2 \alpha_1 k_{xx} + \ldots + \alpha_2 \beta_1 k_{xy} + \alpha_1 \beta_2 k_{yx} + \ldots \tag{23}$$

Wir wollen nun neun neue Größen mittels der Beziehungen ableiten

$$\left\{\begin{aligned} l_{xx} &= k_{xx}\,, \quad l_{yy} = k_{yy}\,, \quad l_{zz} = k_{zz}\,, \\ l_{xy} &= l_{yx} = \tfrac{1}{2}(k_{xy} + k_{yx})\,, \\ l_{yz} &= l_{zy} = \tfrac{1}{2}(k_{yz} + k_{zy})\,, \\ l_{zx} &= l_{xz} = \tfrac{1}{2}(k_{zx} + k_{xz})\,. \end{aligned}\right. \tag{24}$$

Es ist dann

$$k_{xy} + k_{yx} = l_{xy} + l_{yx}\,, \tag{25}$$

und die Gl. 21 läßt sich somit in der Form schreiben

$$l_{xx}' = \alpha_1^2 l_{xx} + \ldots + \alpha_1 \beta_1 (l_{xy} + l_{yx}) + \ldots \tag{26}$$

Bildet man andererseits die halbe Summe aus den Gl. 22 und 23, so kann nach den Gl. 24 dafür geschrieben werden

$$l_{xy}' = \alpha_1 \alpha_2 l_{xx} + \ldots + \alpha_1 \beta_2 l_{xy} + \alpha_2 \beta_1 l_{yx} + \ldots \tag{27}$$

Wie ein Vergleich der Gl. 26 und 27 mit den Gl. 21 und 22 zeigt, stellen also die durch die Gl. 24 eingeführten neuen Größen wiederum die Komponenten eines Tensors, und zwar eines symmetrischen, dar. Mittels der Beziehungen, die durch die Gl. 24 ausgedrückt sind, läßt sich also aus jedem beliebigen Tensor stets ein symmetrischer Tensor ableiten. Ist bereits der ursprüngliche Tensor symmetrisch, so ist natürlich nach den Gl. 24 der abgeleitete Tensor mit dem ursprünglichen identisch.

§ 11. Das Tensorellipsoid.

Wir wollen ein ganz bestimmtes Koordinatensystem betrachten, auf das bezogen die Komponenten eines Tensors k_{xx}, k_{xy} usw. seien, und wollen uns nun eine ganz beliebige, von dem Koordinatenursprung ausgehende Gerade denken, die mit den drei Achsen Winkel mit den Kosinus α, β, γ einschließe. Den Wert, den für diese Richtung als neue x-Achse die x-x-Komponente des Tensors annimmt, bezeichnen wir wie bisher mit k_{xx}'. Dann ist (nach Gl. 6 des § 10, in der wir nunmehr den Index 1 weglassen können)

$$(1)\qquad \begin{aligned} k_{xx}' = \alpha^2 k_{xx} + \beta^2 k_{yy} + \gamma^2 k_{zz} + \alpha\beta\,(k_{xy} + k_{yx}) \\ + \beta\gamma\,(k_{yz} + k_{zy}) + \gamma\alpha\,(k_{zx} + k_{xz})\,. \end{aligned}$$

Wir wollen nun auf der Geraden von dem Koordinatenursprung aus eine Strecke von einer Länge auftragen, deren Quadrat der Größe k_{xx}' reziprok sei. Die Koordinaten des Endpunktes dieser Strecke mögen mit ξ, η, ζ bezeichnet werden. Da die Strecke mit den drei Koordinatenachsen die Winkel mit den Kosinus α, β, γ einschließt, so ist, wenn die Länge der Strecke mit l bezeichnet wird,

$$(2)\qquad \xi = \alpha\, l, \quad \eta = \beta\, l, \quad \zeta = \gamma\, l\,.$$

Da andererseits wieder l^2 reziprok ist zu k_{xx}', so ist also

$$(3)\qquad \alpha^2 = k_{xx}'\xi^2, \quad \beta^2 = k_{xx}'\eta^2, \quad \gamma^2 = k_{xx}'\zeta^2\,.$$

Die Gl. 1 kann somit nach Division durch k_{xx}' in der Form geschrieben werden

$$(4)\qquad \begin{aligned} 1 = \xi^2 k_{xx} + \eta^2 k_{yy} + \zeta^2 k_{zz} + \xi\eta\,(k_{xy} + k_{yx}) \\ + \eta\zeta\,(k_{yz} + k_{zy}) + \zeta\xi\,(k_{zx} + k_{xz})\,. \end{aligned}$$

Wir denken uns nun durch den Koordinatenursprung ein Bündel von Strahlen gelegt und auf jedem dieser Strahlen von dem Koordinatenursprung aus eine Strecke aufgetragen, deren Längenquadrat reziprok sei dem Werte, den für diese Gerade als x'-Achse die Komponente k_{xx}' annimmt. Die Fläche, die den geometrischen Ort der Endpunkte der aufgetragenen Strecken darstellt, ist dann durch die Gl. 4 dargestellt. Diese Gleichung stellt eine Fläche zweiten Grades dar. Ist im besonderen der Tensor so beschaffen, daß seine Komponenten erster Art nie negativ werden können — und nur dieser Fall soll im folgenden betrachtet werden —, dann kann die Fläche zweiten Grades nur ein Ellipsoid[1] sein. Dieses ist völlig unabhängig von dem benutzten Koordinatensystem und stellt eine Tensorgröße ebenso graphisch dar, wie ein Vektor durch eine gerichtete Strecke

[1] Sonst könnte die Fläche auch ein Hyperboloid sein. Der Leser, der mit der analytischen Geometrie des Raumes nicht vertraut ist, denke an die analogen Beziehungen in der analytischen Geometrie der Ebene.

repräsentiert wird.. Man bezeichnet darum die durch die Gl. 4 beschriebene Fläche als Tensorellipsoid.

Durch die drei Achsen des Ellipsoids sind drei zueinander senkrechte Richtungen festgelegt, die man die Hauptachsen des Tensors nennt; ist eine Tensorgröße, indem sie ein Tensorfeld bildet, von Stelle zu Stelle verschieden, so ändert sich im allgemeinen natürlich auch von Ort zu Ort in stetiger Weise die Orientierung der drei Hauptachsen. Ist im besonderen das Tensorellipsoid ein Rotationsellipsoid, so ist nur für eine Hauptachse die Richtung bestimmt, während sie für die beiden anderen unbestimmt ist. Denn jede Gerade, die zu der einen Richtung senkrecht ist, kann dann als Hauptachse angesehen werden. Ist in einem speziellen Fall das Tensorellipsoid eine Kugel, so stellt überhaupt jede Gerade eine Hauptachse dar.

Die Werte, die die drei Tensorkomponenten erster Art in bezug auf ein Koordinatensystem annehmen, das von den drei Hauptachsen gebildet wird, werden als die drei Hauptwerte des Tensors bezeichnet. Sie mögen im folgenden einfach k_1, k_2, k_3 genannt werden. Bei Benutzung eines Koordinatensystems, das von den drei Hauptachsen gebildet wird, muß nun die Gleichung des Ellipsoids natürlich rein quadratisch werden, und dies ist, wenn der Tensor symmetrisch ist, nach Gl. 4 nur dann möglich, wenn die Tensorkomponenten zweiter Art verschwinden.

Die Komponenten eines symmetrischen Tensors lassen sich daher in einem beliebigen Koordinatensystem durch die Hauptwerte mittels der folgenden Beziehungen ausdrücken, die ohne weiteres aus den Gl. 6 und 8 des § 10 folgen:

$$(5) \quad \begin{cases} k_{xx} = \alpha_1^2 k_1 + \beta_1^2 k_2 + \gamma_1^2 k_3 , \\ k_{xy} = \alpha_1 \alpha_2 k_1 + \beta_1 \beta_2 k_2 + \gamma_1 \gamma_2 k_3 \end{cases}$$

usw. Dabei sind (gemäß den Gl. 1 des § 4) α_1, β_1, γ_1 die Kosinus der Winkel, die die x-Achse mit den drei Hauptachsen einschließt; ebenso sind α_2, β_2, γ_2 die Kosinus der Winkel, die die y-Achse mit den drei Hauptachsen bildet und so fort.

Ist ein Vektor $\mathfrak{A}$ eine symmetrische Vektorfunktion eines anderen Vektors $\mathfrak{B}$ und sind die Komponenten der beiden Vektoren in bezug auf die Hauptachsen des zugehörigen Tensors gleich A_1, A_2, A_3 und B_1, B_2, B_3, so gelten nach den Gl. 12 des § 10 die einfachen Beziehungen

$$(6) \quad A_1 = k_1 B_1, \qquad A_2 = k_2 B_2, \qquad A_3 = k_3 B_3 .$$

§ 12. Das Trägheitsmoment.

Ein starrer Körper erscheint durch die Forderung definiert, daß in bezug auf ein Koordinatensystem, das durch drei Massenpunkte des starren Körpers festgelegt ist[1], sämtliche den Körper bildenden Massenpunkte ihre Koordinaten unveränderlich beibehalten. Ein solches Koordinatensystem bezeichnet man als mit dem Körper fest verbunden. Denken wir uns den Ursprung dieses fest verbundenen Koordinatensystems im Schwerpunkt des Körpers und diesen selbst ruhend, so wird daher (nach Gl. 13 des § 8) die Geschwindigkeit eines einzelnen Massenpunktes

$$\mathfrak{v} = [\mathfrak{w}\,\mathfrak{r}], \tag{1}$$

wenn $\mathfrak{r}$ die gerichtete Strecke ist, die von dem Schwerpunkte zu dem Massenpunkte gezogen wird, und $\mathfrak{w}$ die Winkelgeschwindigkeit, mit der sich das fest verbundene Koordinatensystem dreht.

Der gesamte, auf den Schwerpunkt bezogene Drehimpuls wird dann (nach Gl. 18 des § 3)

$$\mathfrak{U} = \Sigma\, m\, [\mathfrak{r}\,\mathfrak{v}] \tag{2}$$

oder nach Gl. 1

$$\mathfrak{U} = \Sigma\, m\, \big[\mathfrak{r}\,[\mathfrak{w}\,\mathfrak{r}]\big]. \tag{3}$$

Nach der schon öfter benutzten vektoralgebraischen Formel (Gl. 24 des § 2) ist aber nun

$$\big[\mathfrak{r}\,[\mathfrak{w}\,\mathfrak{r}]\big] = \mathfrak{w}\,(\mathfrak{r}\,\mathfrak{r}) - \mathfrak{r}\,(\mathfrak{r}\,\mathfrak{w})$$

oder nach der Formel für das innere Produkt zweier Vektoren, da die Komponenten von $\mathfrak{r}$ die Koordinaten x, y, z des Massenpunktes sind,

$$\big[\mathfrak{r}\,[\mathfrak{w}\,\mathfrak{r}]\big] = \mathfrak{w}\,r^2 - \mathfrak{r}\,(x w_x + y\, w_y + z w_z)\,. \tag{4}$$

Übertragen wir die Gl. 3 aus der vektoriellen in die analytische Schreibweise, so finden wir daher

$$\left\{\begin{array}{llll} U_x = w_x \Sigma\, m\,(r^2 - x^2) & - w_y \Sigma\, m x y & - w_z \Sigma\, m x z\,, \\ U_y = - w_x \Sigma\, m y x & + w_y \Sigma\, m\,(r^2 - y^2) & - w_z \Sigma\, m y z\,, \\ U_z = - w_x \Sigma\, m z x & - w_y \Sigma\, m z y & + w_z \Sigma\, m\,(r^2 - z^2)\,. \end{array}\right. \tag{5}$$

Man sieht nun leicht ein, daß die neun Summenausdrücke, die in diesem Gleichungstripel auftreten, Komponenten eines Tensors sind. Bilden wir nämlich für einen Massenpunkt die neun Ausdrücke $m x^2$, $m x y$ usw., so transformieren sich diese Ausdrücke natürlich wie die Produkte der Komponenten zweier Vektoren, weil ja x, y, z die Komponenten des Vektors $\mathfrak{r}$ sind. Diese neun Ausdrücke stellen also jedenfalls die Komponenten eines Tensors, und zwar eines symmetrischen Tensors, dar. Addieren wir aber diese Tensorkomponenten über sämtliche

[1] Man macht z. B. den ersten Massenpunkt zum Ursprung des Koordinatensystems, die Verbindungslinie zwischen dem ersten und zweiten zur x-Achse und die durch die drei Massenpunkte bestimmte Ebene zur x-y-Ebene. Jeder geometrische Punkt, der in bezug auf dieses Koordinatensystem feste Koordinaten hat, kann aber nun wieder an die Stelle von einem der drei Massenpunkte treten und mit den beiden anderen wiederum ein Koordinatensystem bestimmen, auf das bezogen, alle Massenpunkte des starren Körpers ihre Koordinaten unveränderlich beibehalten.

Massenpunkte des Körpers, so müssen wir (nach Gl. 13 des § 10) wiederum die Komponenten eines Tensors erhalten, und daran ändert sich auch nichts, wenn wir das Vorzeichen umkehren. Schließlich erhalten wir aber wiederum die Komponenten eines Tensors, wenn wir (gemäß Gl. 14 des § 10), ohne an den Komponenten zweiter Art etwas zu ändern, zu den Tensorkomponenten erster Art noch den Skalar hinzuaddieren

$$S = \Sigma m r^2 . \tag{6}$$

Auf diese Weise erhalten wir aber die neun in den Gl. 5 auftretenden Summenausdrücke, die somit als Komponenten eines **symmetrischen Tensors** nachgewiesen sind. Diesen Tensor bezeichnet man als den Tensor des **Trägheitsmomentes**. Seine durch den Schwerpunkt gelegten Hauptachsen heißen die **Hauptträgheitsachsen** des Körpers und die drei Hauptwerte die drei **Hauptträgheitsmomente**.

Da

$$r^2 = x^2 + y^2 + z^2 \tag{7}$$

ist, so können nach Gl. 5 die Tensorkomponenten erster Art nie Null oder negativ werden. Die Fläche zweiten Grades, die den Tensor darstellt, ist also ein Ellipsoid, das als das **Trägheitsellipsoid** bezeichnet wird. Seine Konstruktion stammt von Poinsot (1834), der an diesem wichtigen Beispiel zuerst die Möglichkeit der graphischen Darstellung eines Tensors erkannte.

Nach den Gl. 5 und 7 gelten für die auf ein beliebiges Koordinatensystem bezogenen Tensorkomponenten erster Art, die mit J_{xx} usw. bezeichnet werden mögen, die Beziehungen

$$J_{xx} = \Sigma m (y^2 + z^2), \quad J_{yy} = \Sigma m (z^2 + x^2), \quad J_{zz} = \Sigma m (x^2 + y^2) . \tag{8}$$

Nun ist aber $y^2 + z^2$ das Quadrat des Abstandes, den ein Punkt von der x-Achse hat. Die drei Tensorkomponenten erster Art erhält man also, indem man die einzelnen Massenpunkte mit den Quadraten ihrer Abstände von den drei Koordinatenachsen multipliziert und dann über alle Massenpunkte addiert; man bezeichnet darum die drei Komponenten erster Art auch als die **Trägheitsmomente um die drei Koordinatenachsen.**[2] Betrachten wir eine beliebige, durch den Schwerpunkt gehende Achse, die mit den Hauptachsen Winkel mit den Kosinus α, β, γ einschließe, so wird nach Gl. 5 des § 11 das Trägheitsmoment um diese Achse, das kurz mit J bezeichnet werde,

$$J = \alpha^2 J_1 + \beta^2 J_2 + \gamma^2 J_3 . \tag{9}$$

Der **Drehimpuls** erweist sich als eine **lineare Vektorfunktion der Winkelgeschwindigkeit**, und daher wird, auf die Hauptträgheitsachsen bezogen,

$$U_1 = w_1 J_1, \quad U_2 = w_2 J_2, \quad U_3 = w_3 J_3 . \tag{10}$$

[2] Die Tensorkomponenten zweiter Art werden als die **Deviationsmomente** in bezug auf die drei Koordinatenebenen bezeichnet.

Mittels des Begriffes des Trägheitsmomentes läßt sich nun auch die Drehung eines starren Körpers leicht beschreiben. Ebenso wie für einen einzelnen Massenpunkt der zeitliche Differentialquotient des Drehimpulses (nach Gl. 23 des § 3) gleich ist dem statischen Moment der angreifenden Kraft, so gilt auch für einen starren Körper die Beziehung

$$\mathfrak{M} = \frac{d\,\mathfrak{U}}{dt}\,, \tag{11}$$

wenn jetzt unter $\mathfrak{M}$ die vektorielle Summe der auf den Schwerpunkt bezogenen statischen Momente aller an dem Körper angreifenden Kräfte verstanden wird.[3] Es ist nun für viele Untersuchungen wichtig, die Bewegung eines starren Körpers auf ein mit ihm fest verbundenes Koordinatensystem zu beziehen. Wird der zeitliche Differentialquotient des Drehimpulses in bezug auf ein solches Koordinatensystem mit $d^*\mathfrak{U}/dt$ bezeichnet, so ist (nach Gl. 17 des § 7)

$$\frac{d\,\mathfrak{U}}{dt} = \frac{d^*\mathfrak{U}}{dt} + [\mathfrak{w}\,\mathfrak{U}]\,. \tag{12}$$

In analoger Weise können wir in dieser Gleichung (nach Gl. 17 des § 7) statt des Vektors $\mathfrak{U}$ auch den Vektor $\mathfrak{w}$ selbst einsetzen. Da das äußere Produkt eines Vektors mit sich selbst aber verschwindet, so wird einfach

$$\frac{d\mathfrak{w}}{dt} = \frac{d^*\mathfrak{w}}{dt}\,. \tag{13}$$

Übertragen wir die Gl. 11 aus der vektoriellen in die analytische Schreibweise, so finden wir also, bei Berücksichtigung der Gl. 12, indem wir die Hauptträgheitsachsen zu Koordinatenachsen machen,

$$M_1 = \frac{d^*U_1}{dt} + w_2 U_3 - w_3 U_2\,. \tag{14}$$

Andererseits ist aber nach Gl. 10 und 13

$$\frac{d^*U_1}{dt} = J_1 \frac{d\,w_1}{dt}\,. \tag{15}$$

Bei Berücksichtigung der Gl. 10 ergibt sich also aus der Gl. 14 das Gleichungstripel

$$\left\{\begin{aligned} M_1 &= J_1 \frac{d\,w_1}{dt} - w_2 w_3 (J_2 - J_3)\,,\\ M_2 &= J_2 \frac{d\,w_2}{dt} - w_3 w_1 (J_3 - J_1)\,,\\ M_3 &= J_3 \frac{d\,w_3}{dt} - w_1 w_2 (J_1 - J_2)\,. \end{aligned}\right. \tag{16}$$

[3] Daß die „inneren Kräfte“, die den starren Körper zusammenhalten, für die Gl. 11 außer Betracht bleiben, erfordert allerdings einen genaueren Beweis. Doch soll dieser in diesem Buche um so eher wegbleiben, als sich auf ihn nur die weiteren Ausführungen des § 12, nicht aber sonstige spätere Untersuchungen gründen würden. — Mittels des Satzes von der Erhaltung des Schwerpunktes läßt sich übrigens auch leicht zeigen, daß der Drehimpuls eines starren Körpers bei ruhendem Schwerpunkt von dem Bezugspunkt unabhängig ist. — Vgl. des Verfassers „Einführung in die theoretische Physik“.

Diese wichtigen **Bewegungsgleichungen des starren Körpers** wurden zuerst von Euler im Jahre 1763 aufgestellt.

Mittels dieser Gleichungen (die übrigens auch die Grundlage der Kreiseltheorie darstellen) läßt sich nun auch leicht die Frage beantworten, ob und wann ein Körper um eine feste Achse ohne Einwirkung äußerer Kräfte dauernd gleichmäßig rotieren kann. Soll dies der Fall sein, so müssen wegen des Fehlens äußerer Kräfte die linken Seiten der drei Gl. 16 verschwinden, wegen der geforderten Konstanz des Vektors $\mathfrak{w}$ aber auch die ersten Glieder der rechten Seiten. Es müssen also auch die drei letzten Glieder der Gleichungen verschwinden, und dies ist für einen ganz beliebigen Körper, für den die drei Hauptträgheitsmomente voneinander verschieden angenommen werden müssen, nur dann möglich, wenn

$$w_2 w_3 = w_3 w_1 = w_1 w_2 = 0 \tag{17}$$

ist. Die Gl. 17 sind entweder dann erfüllt, wenn alle drei Komponenten Null sind, welcher Fall aber, da dann überhaupt keine Rotation stattfindet, hier nicht in Betracht kommt, oder aber, wenn von den drei Komponenten der Winkelgeschwindigkeit zwei verschwinden. Dies kann aber nur dann der Fall sein, wenn der Vektor $\mathfrak{w}$ dauernd die Richtung einer der drei Hauptträgheitsachsen hat. Die Hauptträgheitsachsen stellen also zugleich die sogenannten freien Achsen des starren Körpers dar, die dadurch definiert sind, daß um sie der starre Körper ohne Einwirkung äußerer Kräfte gleichförmig rotieren kann.

§ 13. Die Spannung.

Der auf ein Flächenelement innerhalb eines deformierbaren Körpers wirkende Zug oder Druck hängt nicht nur von der Stelle ab, an der sich das Flächenelement befindet, sondern auch von dessen Richtung. Wir wollen darum innerhalb eines deformierbaren Körpers eine bestimmte Stelle ins Auge fassen, ein Koordinatensystem errichten, und sodann mit $\mathfrak{P}_1$, $\mathfrak{P}_2$, $\mathfrak{P}_3$ die Zugkräfte bezeichnen, die auf ein an dieser Stelle befindliches Flächenelement wirken, wenn seine nach außen gerichtete Flächennormale mit einem der drei Grundvektoren des Koordinatensystems zusammenfällt. $\mathfrak{P}_1$ ist also z. B. der Zug, den ein zur x-Richtung senkrechtes Flächenelement dann erfährt, wenn seine nach außen gerichtete Flächennormale den Richtungssinn hat, in dem die x-Koordinaten zunehmen.

Es ist nun klar, daß die Kraft, mit der die Massenpunkte rechts von einem Flächenelement auf die Massenpunkte links davon wirken, entgegengesetzt gleich sein muß der Kraft, die die Massenpunkte links auf die Massenpunkte rechts ausüben. Es muß daher ganz allgemein, wenn wir den Zug, den ein Flächenelement mit der Normalen $+\mathfrak{n}$ erfährt, $+\mathfrak{P}$ nennen, der Zug auf ein an derselben (oder an einer sehr nahen) Stelle befindliches Flächenelement mit der Normalen $-\mathfrak{n}$ gleich $-\mathfrak{P}$ sein. Der Zug auf ein zur x-Achse senkrechtes Flächenelement, dessen Normale dem Grundvektor $\mathfrak{i}$ entgegengesetzt ist, ist somit gleich $-\mathfrak{P}_1$ zu setzen.

Wir ziehen nun durch die Stelle O', für die wir die Zugkräfte untersuchen wollen, drei den Koordinatenachsen parallele Gerade und legen sodann eine Fläche, deren nach außen gerichtete Flächennormale gleich $\mathfrak{n}$ sei, derart, daß die Punkte, in denen sie die drei Geraden schneidet, und der Punkt O' die vier Eckpunkte eines unendlich kleinen Tetraeders bilden (Fig. 16). Wir wollen das zu $\mathfrak{n}$ senkrechte Flächenelement df als die Grundfläche ansehen und die drei anderen Flächen, die auf der x-, y-, z-Achse senkrecht stehen, mit df_1, df_2, df_3 bezeichnen. Da

(1) $$df_1 = df \cos(\mathfrak{n}, x)$$

ist, muß die Kraft, die auf die Fläche df_1 wirkt, gleich $\mathfrak{P}_1 \cdot \cos(\mathfrak{n}, x) \cdot df$ sein. Was aber das Vorzeichen betrifft, so erkennt man leicht, daß,

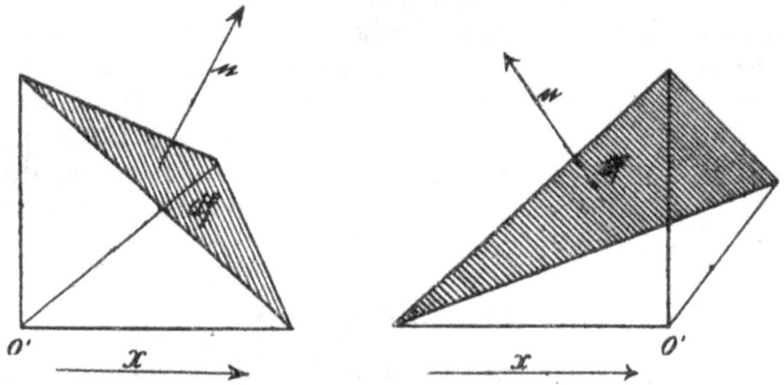

Fig. 16.

wenn der Winkel $(\mathfrak{n}, x)$ spitz, $\cos(\mathfrak{n}, x)$ also positiv ist, die Flächennormale von df_1 gleich $-\mathfrak{i}$ ist (Fig. 16 links). Ist hingegen (Fig. 16 rechts) der Winkel $(\mathfrak{n}, x)$ stumpf, $\cos(\mathfrak{n}, x)$ also negativ, so ist die Flächennormale gleich $+\mathfrak{i}$. Wir können daher die auf das Flächenelement df_1 wirkende Kraft auf jeden Fall gleichsetzen

$$-\mathfrak{P}_1 \cdot df \cdot \cos(\mathfrak{n}, x);$$

denn dann wird in der Tat der Zug auf df_1 gleich $-\mathfrak{P}_1$, wenn die Normale $\mathfrak{n}$ mit der x-Achse einen spitzen, hingegen $+\mathfrak{P}_1$, wenn die Normale mit der x-Achse einen stumpfen Winkel bildet.

Da Analoges auch für die Flächen df_2 und df_3 (senkrecht zur y- und z-Achse) gilt, so ergibt sich somit für die gesamte auf die Oberfläche des Tetraeders wirkende Kraft, die wir $\mathfrak{S} \cdot df$ nennen wollen, der Wert

(2) $$\mathfrak{S}\, df = \{-\mathfrak{P}_1 \cos(\mathfrak{n}, x) - \mathfrak{P}_2 \cos(\mathfrak{n}, y) - \mathfrak{P}_3 \cos(\mathfrak{n}, z) + \mathfrak{P}\}\, df.$$

Bezeichnen wir nun mit $d\tau$ das Volumen und mit ϱ die Massendichte des Tetraeders und mit $\varrho\,\mathfrak{K}$ die an der Volumeinheit angreifende äußere Kraft, so muß nach dem zweiten NEWTONschen Bewegungsgesetz

(3) $$\frac{d}{dt}(\varrho\,\mathfrak{v})\,d\tau = \varrho\,\mathfrak{K}\,d\tau + \mathfrak{S}\,df$$

sein. Wenn wir die Höhe des Tetraeders (die auf dem Flächenelement df senkrecht steht) mit dh bezeichnen, so daß also

(4) $$d\tau = \tfrac{1}{3}\,df\cdot dh$$

ist, und die Gl. 3 durch $d\tau$ dividieren, finden wir somit

(5) $$\frac{d}{dt}(\varrho\,\mathfrak{v}) = \varrho\,\mathfrak{K} + \frac{3}{dh}\,\mathfrak{S}\,.$$

Nun kann, wenn wir unendliche Beschleunigungen und unendliche Dichten sowie unendliche Kräfte ausschließen, weder die linke Seite dieser Gleichung noch auch $\varrho\,\mathfrak{K}$ unendlich groß sein. Es kann daher auch das zweite Glied der rechten Seite nicht unendlich groß sein. Dies ist aber, da für unendlich kleines dh der reziproke Wert $1/dh$ unendlich groß werden muß, nur dann unmöglich, wenn $\mathfrak{S}$ gleich Null ist. Wir erhalten somit aus Gl. 2 die wichtige Beziehung

(6) $$\mathfrak{P} = \mathfrak{P}_1 \cos(\mathfrak{n}, x) + \mathfrak{P}_2 \cos(\mathfrak{n}, y) + \mathfrak{P}_3 \cos(\mathfrak{n}, z)$$

Bezeichnen wir die Komponenten des Vektors $\mathfrak{P}_1$ mit p_{xx}, p_{yx}, p_{zx}, die des Vektors $\mathfrak{P}_2$ mit p_{xy}, p_{yy}, p_{zy} und die des Vektors $\mathfrak{P}_3$ mit p_{xz}, p_{yz}, p_{zz}, so nimmt die Gl. 6 in analytischer Schreibweise die Form des folgenden Gleichungstripels an:

(7) $$\begin{cases} P_x = p_{xx}\cos(\mathfrak{n}, x) + p_{xy}\cos(\mathfrak{n}, y) + p_{xz}\cos(\mathfrak{n}, z) \\ P_y = p_{yx}\cos(\mathfrak{n}, x) + p_{yy}\cos(\mathfrak{n}, y) + p_{yz}\cos(\mathfrak{n}, z) \\ P_z = p_{zx}\cos(\mathfrak{n}, x) + p_{zy}\cos(\mathfrak{n}, y) + p_{zz}\cos(\mathfrak{n}, z). \end{cases}$$

Nun sind aber die drei Kosinus Komponenten des Einheitsvektors $\mathfrak{n}$, und die Gl. 7 zeigen den Vektor $\mathfrak{P}$ als lineare Vektorfunktion des Vektors $\mathfrak{n}$. Es müssen daher (gemäß Gl. 12 des § 10) die neun Größen p_{xx}, p_{xy} usw. die Komponenten eines Tensors darstellen. Dieser wird der Spannungstensor genannt. Die Tensorkomponenten erster Art werden als die Normalspannungen, die Komponenten zweiter Art als die Tangentialspannungen bezeichnet.

III. Kapitel.

Die Vektorfelder.

§ 14. Die vektoriellen Differentialoperationen.

Betrachten wir ein Vektorfeld und denken wir uns in diesem ein Koordinatensystem gelegt, so erscheinen die drei Komponenten des Vektors, der $\mathfrak{A}$ genannt werde, als Funktionen der Koordinaten, und es können daher neun partielle Differentialquotienten nach dem Schema gebildet werden

$$\left\{\begin{array}{ccc} \frac{\partial A_x}{\partial x} & \frac{\partial A_x}{\partial y} & \frac{\partial A_x}{\partial z} \\ \frac{\partial A_y}{\partial x} & \frac{\partial A_y}{\partial y} & \frac{\partial A_y}{\partial z} \\ \frac{\partial A_z}{\partial x} & \frac{\partial A_z}{\partial y} & \frac{\partial A_z}{\partial z} \end{array}\right. . \tag{1}$$

Wir wollen es nun untersuchen, wie sich bei dem Übergang zu einem anderen Koordinatensystem diese neun Größen transformieren. Wir berechnen also zunächst den Ausdruck $\partial A_x'/\partial x'$. Dabei ist nach den Gl. 3 des § 4

$$A_x' = \alpha_1 A_x + \beta_1 A_y + \gamma_1 A_z \tag{2}$$

und ebenso, weil ja x, y, z die Komponenten eines Vektors sind, der von dem Koordinatenursprung zu dem betrachteten Punkt des Feldes gezogen wird,

$$x' = \alpha_1 x + \beta_1 y + \gamma_1 z . \tag{3}$$

Andererseits ist (nach Gl. 5 des § 4)

$$x = \alpha_1 x' + \alpha_2 y' + \alpha_3 z' , \tag{4}$$

wobei also (gemäß Gl. 1 des § 4) α_1, β_1, γ_1 die Kosinus der Winkel sind, die die neue x-Achse mit den drei alten Achsen einschließt usw.

Da A_x' eine Funktion der Koordinaten x, y, z ist, so wird

$$\frac{\partial A_x'}{\partial x'} = \frac{\partial A_x'}{\partial x} \frac{\partial x}{\partial x'} + \frac{\partial A_x'}{\partial y} \frac{\partial y}{\partial x'} + \frac{\partial A_x'}{\partial z} \frac{\partial z}{\partial x'} . \tag{5}$$

Nun ist aber nach Gl. 4 (und den beiden analogen für y und z)

$$\frac{\partial x}{\partial x'} = \alpha_1 , \quad \frac{\partial y}{\partial x'} = \beta_1 , \quad \frac{\partial z}{\partial x'} = \gamma_1 \tag{6}$$

und andererseits nach Gl. 2

$$\frac{\partial A_x'}{\partial x} = \alpha_1 \frac{\partial A_x}{\partial x} + \beta_1 \frac{\partial A_y}{\partial x} + \gamma_1 \frac{\partial A_z}{\partial x}. \tag{7}$$

Daher wird

$$\left\{\begin{aligned} \frac{\partial A_x'}{\partial x'} &= \alpha_1 \alpha_1 \frac{\partial A_x}{\partial x} + \alpha_1 \beta_1 \frac{\partial A_y}{\partial x} + \alpha_1 \gamma_1 \frac{\partial A_z}{\partial x} \\ &+ \beta_1 \alpha_1 \frac{\partial A_x}{\partial y} + \beta_1 \beta_1 \frac{\partial A_y}{\partial y} + \beta_1 \gamma_1 \frac{\partial A_z}{\partial y} \\ &+ \gamma_1 \alpha_1 \frac{\partial A_x}{\partial z} + \gamma_1 \beta_1 \frac{\partial A_y}{\partial z} + \gamma_1 \gamma_1 \frac{\partial A_z}{\partial z}. \end{aligned}\right. \tag{8}$$

In völliger Analogie zu Gl. 5 finden wir

$$\frac{\partial A_x'}{\partial y'} = \frac{\partial A_x'}{\partial x} \frac{\partial x}{\partial y'} + \frac{\partial A_x'}{\partial y} \frac{\partial y}{\partial y'} + \frac{\partial A_x'}{\partial z} \frac{\partial z}{\partial y'}$$

oder nach Gl. 6

$$\frac{\partial A_x'}{\partial y'} = \alpha_2 \frac{\partial A_x'}{\partial x} + \beta_2 \frac{\partial A_x'}{\partial y} + \gamma_2 \frac{\partial A_x'}{\partial z}. \tag{9}$$

Wir erhalten also den partiellen Differentialquotienten $\partial A_x'/\partial y'$, indem wir in allen Gliedern der Gl. 8 dem ersten Faktor statt des Index 1 den Index 2 geben. Wie ein Vergleich mit den Gl. 6 und 8 des § 10 zeigt, transformieren sich also die neun partiellen Differentialquotienten in der Tat wie die Produkte aus den Komponenten zweier Vektoren. Die neun partiellen Differentialquotienten der Komponenten eines Vektors nach den Koordinaten stellen also die Komponenten eines Tensors dar.

Hieraus können wir sogleich drei wichtige Folgerungen ziehen. Nach Gl. 10 des § 10 muß ja die Summe der Tensorkomponenten erster Art einen von dem Koordinatensystem unabhängigen Skalar darstellen; in unserem Falle bezeichnen wir ihn mit einem Ausdruck, dessen Bedeutung später (§ 19) ersichtlich werden wird, als die Divergenz des Vektors und gebrauchen dafür das Symbol div 𝔄. Es ist also

$$\operatorname{div} \mathfrak{A} = \frac{\partial A_x}{\partial x} + \frac{\partial A_y}{\partial y} + \frac{\partial A_z}{\partial z}. \tag{10}$$

Andererseits stellen nach Formel (11) des § 10 die paarweise gebildeten Differenzen der Tensorkomponenten zweiter Art wiederum die Komponenten eines Vektors dar, der in unserem Falle mit einem Ausdruck, dessen Bedeutung ebenfalls später ersichtlich werden wird, als die Rotation des Vektors[1] bezeichnet wird. Für sie wird das Symbol **rot 𝔄** gebraucht. Ihre Komponenten in bezug auf ein beliebiges Koordinatensystem sind durch die folgenden Gleichungen bestimmt, in denen der Richtungssinn der Rotation jedoch erst definitionsweise durch die Reihenfolge der Glieder auf der rechten Seite festgelegt wird.[2]

[1] Auch als „Rotor von 𝔄" oder als „curl von 𝔄".

[2] Siehe Gl. 17 des § 19.

Es ist

$$(11)\quad \begin{cases} \mathrm{rot}_x \mathfrak{A} = \dfrac{\partial A_z}{\partial y} - \dfrac{\partial A_y}{\partial z}, \\ \mathrm{rot}_y \mathfrak{A} = \dfrac{\partial A_x}{\partial z} - \dfrac{\partial A_z}{\partial x}, \\ \mathrm{rot}_z \mathfrak{A} = \dfrac{\partial A_y}{\partial x} - \dfrac{\partial A_x}{\partial y}. \end{cases}$$

Aus dem Vektor läßt sich ferner für jede Stelle des Feldes (nach Gl. 24 des § 10) ein **symmetrischer Tensor** ableiten, der als die **Dilatation des Vektors** bezeichnet werden möge.[3] Seine Komponenten sind

$$(12)\quad \begin{cases} t_{xx} = \dfrac{\partial A_x}{\partial x}, \quad t_{yy} = \dfrac{\partial A_y}{\partial y}, \quad t_{zz} = \dfrac{\partial A_z}{\partial z}, \\ t_{xy} = t_{yx} = \frac{1}{2}\left(\dfrac{\partial A_x}{\partial y} + \dfrac{\partial A_y}{\partial x}\right), \\ t_{yz} = t_{zy} = \frac{1}{2}\left(\dfrac{\partial A_y}{\partial z} + \dfrac{\partial A_z}{\partial y}\right), \\ t_{zx} = t_{xz} = \frac{1}{2}\left(\dfrac{\partial A_z}{\partial x} + \dfrac{\partial A_x}{\partial z}\right). \end{cases}$$

Multiplizieren wir endlich die neun partiellen Differentialquotienten des Vektors $\mathfrak{A}$ nach den Koordinaten nach dem entsprechenden Schema (Gl. 12 des § 10) mit den Komponenten eines anderen Vektors $\mathfrak{B}$, so müssen wir (nach § 10) wiederum die Komponenten eines **Vektors** erhalten, der bezeichnet wird als der **auf den Vektor $\mathfrak{B}$ bezogene Gradient des Vektors $\mathfrak{A}$**; für ihn wird das Symbol gebraucht ($\mathfrak{B}$ grad) $\mathfrak{A}$. Nach der Definition dieser Rechenoperation ist also

$$(13)\quad \begin{cases} (\mathfrak{B}\,\mathrm{grad})\,\mathfrak{A} = \mathfrak{i}\left\{\dfrac{\partial A_x}{\partial x} B_x + \dfrac{\partial A_x}{\partial y} B_y + \dfrac{\partial A_x}{\partial z} B_z\right\} \\ \qquad + \mathfrak{j}\left\{\dfrac{\partial A_y}{\partial x} B_x + \dfrac{\partial A_y}{\partial y} B_y + \dfrac{\partial A_y}{\partial z} B_z\right\} \\ \qquad + \mathfrak{k}\left\{\dfrac{\partial A_z}{\partial x} B_x + \dfrac{\partial A_z}{\partial y} B_y + \dfrac{\partial A_z}{\partial z} B_z\right\} \end{cases}$$

oder auch (nach Gl. 5 des § 5)

$$(14)\quad (\mathfrak{B}\,\mathrm{grad})\,\mathfrak{A} = \mathfrak{i}\,(\mathfrak{B}\,\mathrm{grad}\,A_x) + \mathfrak{j}\,(\mathfrak{B}\,\mathrm{grad}\,A_y) + \mathfrak{k}\,(\mathfrak{B}\,\mathrm{grad}\,A_z).$$

Die durch diese Gleichung dargestellte Rechenoperation wird uns verständlich, wenn wir in dem Vektorfelde um einen Punkt O, in dem der Vektor den Wert $\mathfrak{A}_0$ habe, einen kleinen **Bereich** abgrenzen und innerhalb dessen einen Punkt P betrachten, in dem der Vektor den Wert $\mathfrak{A}$ habe; die gerichtete Strecke OP werde mit $\mathfrak{r}$ bezeichnet. Dann ist (nach Gl. 10 des § 5)

$$A_x = A_x^0 + \mathfrak{r} \cdot \mathrm{grad}\,A_x$$

oder (nach der Regel für das innere Produkt)

[3] Diese Bezeichnung ist in ihrer Allgemeinheit sonst nicht gebräuchlich und wird nur für die Betrachtungen dieses Buches eingeführt.

(15) $$A_x = A_x^0 + r_x \frac{\partial A_x}{\partial x} + r_y \frac{\partial A_x}{\partial y} + r_z \frac{\partial A_x}{\partial z} \cdot$$

Es ist also, wie ein Vergleich mit Gl. 13 zeigt,

(16) $$\mathfrak{A} = \mathfrak{A}_0 + (\mathfrak{r}\,\mathrm{grad})\,\mathfrak{A}\,.$$

An der Gl. 15 können wir leicht eine für eine spätere Betrachtung wichtige Umformung vornehmen. Indem wir nämlich die Komponenten der Dilatation von $\mathfrak{A}$ einführen, setzen wir

(17) $$A_x = A_x^0 + \frac{\partial A_x}{\partial x} r_x + \tfrac{1}{2}\left(\frac{\partial A_x}{\partial y} + \frac{\partial A_y}{\partial x}\right) r_y + \tfrac{1}{2}\left(\frac{\partial A_x}{\partial z} + \frac{\partial A_z}{\partial x}\right) r_z + A_x''$$

und finden dann durch einen Vergleich zwischen den Gl. 17 und 15 für die erst zu ermittelnde Größe A_x''

$$A_x'' = \tfrac{1}{2}\left(\frac{\partial A_x}{\partial y} - \frac{\partial A_y}{\partial x}\right) r_y + \tfrac{1}{2}\left(\frac{\partial A_x}{\partial z} - \frac{\partial A_z}{\partial x}\right) r_z$$

oder

$$2A_x'' = -\,\mathrm{rot}_z\,\mathfrak{A}\cdot r_y + \mathrm{rot}_y\,\mathfrak{A}\cdot r_z\,.$$

Die Größe A_x'' und die in analoger Weise gebildeten Größen A_y'' und A_z'' stellen also die Komponenten eines Vektors $\mathfrak{A}''$ dar, der seinerseits das halbe Vektorprodukt aus der Rotation von $\mathfrak{A}$ und dem Vektor $\mathfrak{r}$ ist. Es ist

(18) $$\mathfrak{A}'' = \tfrac{1}{2}[\mathrm{rot}\,\mathfrak{A}, \mathfrak{r}]\,.$$

Demnach kann gesetzt werden

(19) $$\mathfrak{A} = \mathfrak{A}_0 + \tfrac{1}{2}[\mathrm{rot}\,\mathfrak{A}, \mathfrak{r}] + \mathfrak{A}'\,,$$

wobei der Vektor $\mathfrak{A}'$ eine lineare Funktion des Vektors $\mathfrak{r}$ und der Dilatation von $\mathfrak{A}$ ist.

Von den einfachen wollen wir nun zu den sogenannten kombinierten vektoriellen Differentialoperationen übergehen. Da der Gradient eines ein Feld bildenden Skalars selbst einen Vektor darstellt, können wir von ihm wiederum Divergenz und Rotation bilden. Die Divergenz des Gradienten eines Skalars wird auch als die LAPLACEsche Ableitung des Skalars bezeichnet, und für sie wird das Symbol ΔS gebraucht. Es ist nun

$$\mathrm{div}\,\mathrm{grad}\,S = \Delta S = \frac{\partial}{\partial x}(\mathrm{grad}_x S) + \frac{\partial}{\partial y}(\mathrm{grad}_y S) + \frac{\partial}{\partial z}(\mathrm{grad}_z S)$$

oder (nach Gl. 5 des § 5)

(20) $$\mathrm{div}\,\mathrm{grad}\,S = \Delta S = \frac{\partial^2 S}{\partial x^2} + \frac{\partial^2 S}{\partial y^2} + \frac{\partial^2 S}{\partial z^2} \cdot$$

Betrachten wir nun einen beliebigen Vektor $\mathfrak{A}$, so ist

$$\Delta A_x = \frac{\partial^2 A_x}{\partial x^2} + \frac{\partial^2 A_x}{\partial y^2} + \frac{\partial^2 A_x}{\partial z^2} \cdot$$

Bilden wir die analogen Gleichungen für A_y und A_z und multiplizieren wir sie mit $\mathfrak{i}$, $\mathfrak{j}$, $\mathfrak{k}$ und addieren wir sie sodann, so erhalten wir auf der rechten Seite den Ausdruck

$$\frac{\partial^2 \mathfrak{A}}{\partial x^2} + \frac{\partial^2 \mathfrak{A}}{\partial y^2} + \frac{\partial^2 \mathfrak{A}}{\partial z^2}\,. \tag{21}$$

Da die ein- oder zweimalige Differentiation eines Vektors nach einem Skalar wiederum einen Vektor ergibt, so stellt der Ausdruck (21) die Summe dreier Vektoren, also selbst einen Vektor dar, den wir mit $\Delta \mathfrak{A}$ bezeichnen. Es ist also

$$\Delta \mathfrak{A} = \mathfrak{i} \Delta A_x + \mathfrak{j} \Delta A_y + \mathfrak{k} \Delta A_z\,. \tag{22}$$

Für die **Rotation des Gradienten** finden wir

$$\operatorname{rot}_x (\operatorname{grad} S) = \frac{\partial}{\partial y} (\operatorname{grad}_z S) - \frac{\partial}{\partial z} (\operatorname{grad}_y S) = \frac{\partial}{\partial y} \left(\frac{\partial S}{\partial z}\right) - \frac{\partial}{\partial z} \left(\frac{\partial S}{\partial y}\right) = 0\,.$$

Da Analoges auch für die y- und die z-Komponente der Rotation des Gradienten gilt, ist also

$$\operatorname{rot} \operatorname{grad} S = 0\,. \tag{23}$$

Von der Rotation eines Vektors können wir natürlich abermals die Divergenz und die Rotation bilden. Wir finden, wenn wir zunächst die **Divergenz der Rotation** berechnen,

$$\frac{\partial}{\partial x} (\operatorname{rot}_x \mathfrak{A}) = \frac{\partial}{\partial x} \left(\frac{\partial A_z}{\partial y} - \frac{\partial A_y}{\partial z}\right)$$

und somit, wenn wir auch die Gleichungen hinzufügen, die sich durch zyklische Vertauschung ergeben, und sodann addieren,

$$\operatorname{div} \operatorname{rot} \mathfrak{A} = \left(\frac{\partial^2 A_z}{\partial x \partial y} - \frac{\partial^2 A_y}{\partial x \partial z}\right) + \left(\frac{\partial^2 A_x}{\partial y \partial z} - \frac{\partial^2 A_z}{\partial y \partial x}\right) + \left(\frac{\partial^2 A_y}{\partial z \partial x} - \frac{\partial^2 A_x}{\partial z \partial y}\right)\,.$$

Es ist also

$$\operatorname{div} \operatorname{rot} \mathfrak{A} = 0\,. \tag{24}$$

Andererseits ist

$$\begin{aligned} \operatorname{rot}_x (\operatorname{rot} \mathfrak{A}) &= \frac{\partial}{\partial y} (\operatorname{rot}_z \mathfrak{A}) - \frac{\partial}{\partial z} (\operatorname{rot}_y \mathfrak{A}) \\ &= \frac{\partial}{\partial y} \left(\frac{\partial A_y}{\partial x} - \frac{\partial A_x}{\partial y}\right) - \frac{\partial}{\partial z} \left(\frac{\partial A_x}{\partial z} - \frac{\partial A_z}{\partial x}\right) \\ &= \frac{\partial^2 A_y}{\partial x \partial y} - \frac{\partial^2 A_x}{\partial y^2} - \frac{\partial^2 A_x}{\partial z^2} + \frac{\partial^2 A_z}{\partial x \partial z} \end{aligned}$$

oder

$$\operatorname{rot}_x (\operatorname{rot} \mathfrak{A}) = \frac{\partial}{\partial x} (\operatorname{div} \mathfrak{A}) - \Delta A_x\,.$$

Es ist also

$$\operatorname{rot} \operatorname{rot} \mathfrak{A} = \operatorname{grad} \operatorname{div} \mathfrak{A} - \Delta \mathfrak{A}\,. \tag{25}$$

Weiterhin wollen wir, da dies für spätere Betrachtungen wichtig ist, die Divergenz und die Rotation berechnen einerseits von dem Produkte aus einem Skalar und einem Vektor und andererseits von dem Vektorprodukte zweier Vektoren. Wir berechnen zunächst also $\operatorname{div} (S\mathfrak{A})$, wobei sowohl der Skalar S als auch der Vektor $\mathfrak{A}$ als Funktionen des Ortes gedacht sind. Es ist dann

$$\operatorname{div}(S\mathfrak{A}) = \frac{\partial A_x}{\partial x} S + \frac{\partial A_y}{\partial y} S + \frac{\partial A_z}{\partial z} S + A_x \frac{\partial S}{\partial x} + A_y \frac{\partial S}{\partial y} + A_z \frac{\partial S}{\partial z}$$

oder

(26) $$\operatorname{div}(S\mathfrak{A}) = S \operatorname{div}\mathfrak{A} + \mathfrak{A} \,.\, \operatorname{grad} S \,.$$

In analoger Weise finden wir

$$\operatorname{rot}_x (S\mathfrak{A}) = \frac{\partial A_z}{\partial y} S - \frac{\partial A_y}{\partial z} S + A_z \frac{\partial S}{\partial y} - A_y \frac{\partial S}{\partial z}$$

oder

(27) $$\operatorname{rot}(S\mathfrak{A}) = S \operatorname{rot}\mathfrak{A} + [\operatorname{grad} S, \mathfrak{A}] \,.$$

Um weiterhin die Divergenz eines Vektorproduktes zu finden, gehen wir von der Gleichung aus

$$[\mathfrak{A}\,\mathfrak{B}]_x = A_y B_z - A_z B_y \,.$$

Dann finden wir

$$\frac{\partial}{\partial x}[\mathfrak{A}\,\mathfrak{B}]_x = \frac{\partial A_y}{\partial x} B_z + \frac{\partial B_z}{\partial x} A_y - \frac{\partial A_z}{\partial x} B_y - \frac{\partial B_y}{\partial x} A_z \,,$$

$$\frac{\partial}{\partial y}[\mathfrak{A}\,\mathfrak{B}]_y = \frac{\partial A_z}{\partial y} B_x + \frac{\partial B_x}{\partial y} A_z - \frac{\partial A_x}{\partial y} B_z - \frac{\partial B_z}{\partial y} A_x \,,$$

$$\frac{\partial}{\partial z}[\mathfrak{A}\,\mathfrak{B}]_z = \frac{\partial A_x}{\partial z} B_y + \frac{\partial B_y}{\partial z} A_x - \frac{\partial A_y}{\partial z} B_x - \frac{\partial B_x}{\partial z} A_y \,.$$

Folglich ist

$$\begin{aligned} \operatorname{div}[\mathfrak{A}\,\mathfrak{B}] = &- A_x \operatorname{rot}_x \mathfrak{B} - A_y \operatorname{rot}_y \mathfrak{B} - A_z \operatorname{rot}_z \mathfrak{B} \\ &+ B_x \operatorname{rot}_x \mathfrak{A} + B_y \operatorname{rot}_y \mathfrak{A} + B_z \operatorname{rot}_z \mathfrak{A} \,. \end{aligned}$$

Da wir auf der rechten Seite dieser Gleichung das innere Produkt von $\mathfrak{A}$ und rot $\mathfrak{B}$, bzw. von $\mathfrak{B}$ und rot $\mathfrak{A}$ erkennen, ist also

(28) $$\operatorname{div}[\mathfrak{A}\,\mathfrak{B}] = - \mathfrak{A} \operatorname{rot}\mathfrak{B} + \mathfrak{B} \operatorname{rot}\mathfrak{A} \,.$$

In ähnlicher Weise finden wir

$$\begin{aligned} \operatorname{rot}_x[\mathfrak{A}\,\mathfrak{B}] = \frac{\partial}{\partial y}[\mathfrak{A}\,\mathfrak{B}]_z - \frac{\partial}{\partial z}[\mathfrak{A}\,\mathfrak{B}]_y &= \frac{\partial}{\partial y}(A_x B_y - A_y B_x) \\ &- \frac{\partial}{\partial z}(A_z B_x - A_x B_z) \end{aligned}$$

oder

$$\begin{aligned} \operatorname{rot}_x[\mathfrak{A}\,\mathfrak{B}] = A_x \operatorname{div}\mathfrak{B} &- A_x \frac{\partial B_x}{\partial x} - A_y \frac{\partial B_x}{\partial y} - A_z \frac{\partial B_x}{\partial z} \\ - B_x \operatorname{div}\mathfrak{A} &+ B_x \frac{\partial A_x}{\partial x} + B_y \frac{\partial A_x}{\partial y} + B_z \frac{\partial A_x}{\partial z} \,. \end{aligned}$$

Indem wir die Gl. 13 berücksichtigen, finden wir so

(29) $$\operatorname{rot}[\mathfrak{A}\,\mathfrak{B}] = \mathfrak{A} \operatorname{div}\mathfrak{B} - \mathfrak{B} \operatorname{div}\mathfrak{A} + (\mathfrak{B} \operatorname{grad})\mathfrak{A} - (\mathfrak{A} \operatorname{grad})\mathfrak{B} \,.$$

Endlich möge noch der Gradient des inneren Produktes zweier Vektoren untersucht werden, jedoch nur der spezielle Fall (denn nur dieser wird benötigt), daß das innere Produkt aus einem Vektor mit sich selbst gebildet wird. Wir finden dann zunächst

$$\operatorname{grad}_x (\mathfrak{A}\mathfrak{A}) = 2\left\{A_x \frac{\partial A_x}{\partial x} + A_y \frac{\partial A_y}{\partial x} + A_z \frac{\partial A_z}{\partial x}\right\}.$$

Hierfür können wir aber, indem wir die Gl. 13 zu verwerten suchen, auch schreiben

$$\tfrac{1}{2}\operatorname{grad}_x (A^2) = A_x \frac{\partial A_x}{\partial x} + A_y \frac{\partial A_x}{\partial y} + A_z \frac{\partial A_x}{\partial z} + A_y\left(\frac{\partial A_y}{\partial x} - \frac{\partial A_x}{\partial y}\right) + A_z\left(\frac{\partial A_z}{\partial x} - \frac{\partial A_x}{\partial z}\right)$$

Es ist also

(30) $$\operatorname{grad}\left(\frac{A^2}{2}\right) = (\mathfrak{A}\operatorname{grad})\,\mathfrak{A} + [\mathfrak{A}, \operatorname{rot}\mathfrak{A}]\,.$$

§ 15. Der Satz von Gauss.

Denken wir uns innerhalb eines Vektorfeldes ein Flächenelement von der Größe df und ist $\mathfrak{A}$ der Wert des Vektors an der betreffenden Stelle, so bezeichnen wir mit A_n die Komponente des Vektors in der Richtung der von dem Flächenelement nach außen weisenden Normalen. Das Produkt $A_n df$ nennen wir dann den Fluß des Vektors durch das Flächenelement. Das über eine geschlossene Fläche erstreckte Integral der Normalkomponente des Vektors wird als der gesamte Vektorfluß durch die geschlossene Fläche bezeichnet.

Nun kann A_n aufgefaßt werden als inneres Produkt aus dem Vektor $\mathfrak{A}$ und einem Einheitsvektor $\mathfrak{n}$ in der Richtung der nach außen weisenden Normalen. Die Komponenten dieses Einheitsvektors sind $\cos(\mathfrak{n}, x)$, $\cos(\mathfrak{n}, y)$, $\cos(\mathfrak{n}, z)$, und somit ist (nach Gl. 13 des § 2) der gesamte Vektorfluß

(1) $$\int A_n df = \int A_x \cos(\mathfrak{n}, x)\, df + \int A_y \cos(\mathfrak{n}, y)\, df + \int A_z \cos(\mathfrak{n}, z)\, df\,.$$

Wir denken uns nun, um den Vektorfluß zu berechnen, ein Koordinatensystem konstruiert und sodann den von der Fläche umschlossenen Raum in lauter Scheiben parallel der x-y-Ebene und diese Scheiben dann abermals parallel der x-z-Ebene zerschnitten. Es ergeben sich

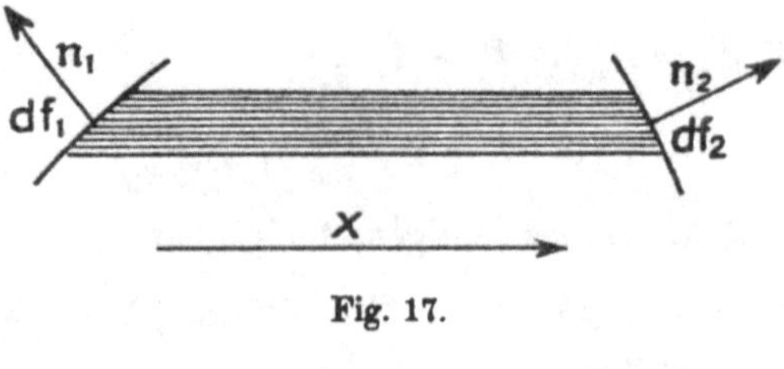

Fig. 17.

derart stangenförmige Elemente, die die Richtung der x-Achse haben. Die Endflächen, die eine solche Stange begrenzen (Fig. 17), mögen die nach außen weisenden normalen Einheitsvektoren $\mathfrak{n}_1$ und $\mathfrak{n}_2$ und die Größen df_1 und df_2 haben. Die Werte, die eine beliebige eindeutige, stetige Funktion der Koordinaten, die wir S nennen wollen, an den Stellen der beiden Flächenelemente hat, mögen mit S_1 und S_2 bezeichnet werden. Dabei soll der Index 1 der Stelle mit kleinerer, der Index 2 der Stelle mit größerer x-Koordinate entsprechen.

Wir wollen nun das Integral berechnen

$$\int S \cos(\mathfrak{n}, x)\, df .$$

Es ist klar, daß wir dieses Integral erhalten, wenn wir für jede einzelne Stange den Ausdruck bilden

$$S_1\, df_1 \cos(\mathfrak{n}_1, x) + S_2\, df_2 \cos(\mathfrak{n}_2, x)$$

und sodann über sämtliche Stangen summieren. Nun ist aber

$$df_1 \cos(\mathfrak{n}_1, x) = -\, dy\, dz ,$$

wobei das negative Vorzeichen deshalb zu nehmen ist, weil die nach außen weisende Normale $\mathfrak{n}_1$ mit der x-Achse jedenfalls einen stumpfen Winkel bilden muß, wenn eben df_1 das Flächenelement mit der kleineren x-Koordinate ist. Hingegen ist

$$df_2 \cos(\mathfrak{n}_2, x) = +\, dy\, dz ,$$

weil $\mathfrak{n}_2$ mit der x-Achse jedenfalls einen spitzen Winkel bildet.

Es ist somit der Anteil, den zu dem über die ganze geschlossene Fläche erstreckten Integral das betrachtete stangenförmige Element liefert, gleich

$$(S_2 - S_1)\, dy\, dz .$$

Nun ist aber

(2) $$S_2 - S_1 = \int_{x_1}^{x_2} \frac{\partial S}{\partial x}\, dx ,$$

wenn x_1 und x_2 die x-Koordinaten der beiden Begrenzungsflächen der Stange sind. Somit findet man für das über die ganze geschlossene Fläche erstreckte Integral

(3) $$\int S \cos(\mathfrak{n}, x)\, df = \iiint \frac{\partial S}{\partial x}\, dx\, dy\, dz = \int \frac{\partial S}{\partial x}\, d\tau ,$$

wenn wir mit $d\tau$ das Volumelement bezeichnen.

Die Gl. 3 gilt für jede beliebige eindeutige stetige Funktion der Koordinaten. Da A_x, A_y, A_z solche Funktionen sind, so können wir somit mittels der Gl. 3 jedes der drei Integrale umformen, die auf der rechten Seite der Gl. 1 stehen. Wir finden so

$$\int A_n\, df = \int \left(\frac{\partial A_x}{\partial x} + \frac{\partial A_y}{\partial y} + \frac{\partial A_z}{\partial z} \right) d\tau$$

oder

(4) $$\int A_n\, df = \int \operatorname{div} \mathfrak{A}\, d\tau .$$

Der Vektorfluß durch eine geschlossene Fläche ist gleich dem Integral der Divergenz des Vektors, erstreckt über das gesamte von der Fläche umschlossene Volumen. Diese wichtige Beziehung wird nach ihrem Entdecker als der Satz von GAUSS bezeichnet.

Aus dem Satze von GAUSS ergibt sich ein anderes wichtiges Theorem, wenn man den beliebig gelassenen Vektor $\mathfrak{A}$ gleich setzt dem Produkte aus einem Skalar und dem Gradienten des Skalars. Nach Gl. 26 und 20 des § 14 ist

$$\operatorname{div}(S \operatorname{grad} S) = S \Delta S + (\operatorname{grad} S)^2 . \tag{5}$$

Andererseits wird nach dem Satze von GAUSS bei der Integration über eine geschlossene Fläche

$$\int \operatorname{div}(S \operatorname{grad} S)\, d\tau = \int S \operatorname{grad}_n S\, df . \tag{6}$$

Ist nun im besonderen das Feld so beschaffen, daß an seinen Grenzen der Gradient des Skalars verschwindet, dann werden beide Seiten der Gl. 6 Null, und nach Gl. 5 wird somit bei der Integration über das ganze Feld

$$\int S \Delta S\, d\tau = - \int (\operatorname{grad} S)^2\, d\tau . \tag{7}$$

Diese wichtige Beziehung wird nach ihrem Entdecker als der Satz von GREEN bezeichnet.[1]

§ 16. Die Vektorlinien.

Durch jeden Punkt eines Vektorfeldes (das wir in einem bestimmten Augenblick betrachten wollen) können wir eine Kurve folgendermaßen konstruieren. Wir schreiten von dem Punkte in der Richtung, die für diesen Punkt der Vektor hat, bis zu einem benachbarten Punkte fort, von diesem in der Richtung weiter, die für diesen neuen Punkt der Vektor hat und so fort. Wir erhalten dann eine Kurve, deren Kurvenelement ($d\mathfrak{s}$) überall dieselbe Richtung hat wie der Vektor selbst. Die Differentialgleichung der Kurve kann somit in der Form dargestellt werden

$$[\mathfrak{A}\, d\mathfrak{s}] = 0 . \tag{1}$$

Eine derartige Kurve bezeichnet man als eine Vektorlinie. Zwei Vektorlinien können einander offenbar nie schneiden. Denn täten sie es, so müßte ja in dem Schnittpunkt der Vektor gleichzeitig zwei verschiedene Richtungen haben, was natürlich unmöglich ist. Ein Bündel von Vektorlinien, das man durch eine kleine Fläche legt, stellt eine sogenannte Vektorröhre dar. Ist ihr Querschnitt sehr klein, so wird sie auch als Vektorfaden bezeichnet.

[1] Außer der Gl. 7 lassen sich aus dem Satze von GAUSS noch andere Integralsätze ableiten, die mit der Gl. 7 unter der Bezeichnung der GREENschen Sätze zusammengefaßt werden.

Wir denken uns nun aus einer derartigen Vektorröhre ein Stück herausgeschnitten, das durch zwei zu der Röhre senkrechte Flächenstücke begrenzt werde (Fig. 18). Durch das eine Flächenstück von der Größe q_1 mögen die Vektorlinien (deren Richtungssinn sich mit dem Richtungssinn des Vektors deckt) eintreten, durch das andere Flächenstück von der Größe q_2 mögen die Vektorlinien austreten. Der Vektor habe an den Stellen der beiden Flächenstücke die Beträge A_1 und A_2. Durch die beiden Flächenstücke und durch die Röhrenwand ist dann ein Volumen umschlossen, und das über dieses Volumen erstreckte Integral der Divergenz des Vektors muß nach dem Satze von GAUSS gleich sein dem gesamten Vektorfluß durch die Begrenzung dieses Volumens. Nun verschwindet aber der Vektorfluß durch die Röhrenwand, weil ja überall die Richtung des Vektors in die Tangentialebene der Röhrenwand fällt, die von Vektorlinien gebildet wird. Da die beiden Flächenstücke wiederum senkrecht auf der Vektorröhre stehen, so ist also

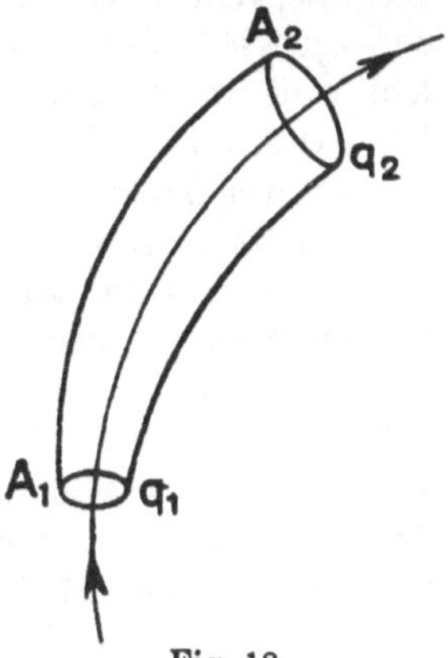

Fig. 18.

$$\int \operatorname{div} \mathfrak{A}\, d\tau = - A_1 q_1 + A_2 q_2 \tag{2}$$

(denn die nach außen weisende Flächennormale des ersten Flächenstückes ist ja der Richtung von $\mathfrak{A}$ entgegengesetzt).

Aus der Gl. 2 ergeben sich wichtige Folgerungen für den besonderen Fall, daß der Vektor $\mathfrak{A}$ seinerseits die Rotation eines anderen Vektors darstellt. Man bezeichnet dann das Feld des Vektors $\mathfrak{A}$ als ein Wirbelfeld und spricht dementsprechend von Wirbellinien, Wirbelröhren und Wirbelfäden. In einem Wirbelfeld muß natürlich (nach Gl. 24 des § 14) überall die Divergenz verschwinden, und für ein Wirbelfeld ergibt sich somit aus der Gl. 2 die einfache Beziehung

$$A_1 q_1 = A_2 q_2 . \tag{3}$$

Längs einer Wirbelröhre ist also das Produkt aus dem Betrage des Vektors und dem Querschnitt der Röhre konstant.[1] Umgekehrt läßt die Konstruktion von Wirbelröhren, in die man das Wirbelfeld zerlegt, es erkennen, wie sich im Felde von Stelle zu Stelle der Betrag des Vektors ändert; er ist an jeder Stelle umso größer, je mehr sich dort die Wirbelröhre verengt. Die Richtung des Vektors stimmt natürlich andererseits überall mit der Richtung der Vektorröhre überein. Aus der Gl. 3 folgt auch ohne weiteres, daß Wirbellinien innerhalb des Wirbelfeldes weder beginnen noch endigen können und somit innerhalb des Feldes geschlossene Kurven darstellen müssen.

[1] Dieses Produkt wird als das Moment der Wirbelröhre bezeichnet.

Ein Wirbelfeld läßt sich also durch die Konstruktion der Wirbelröhren in einfacher Weise graphisch darstellen, und da auf griechisch die Röhre Solen heißt, so wird das Feld eines Vektors, dessen Divergenz überall verschwindet, auch als solenoidales Vektorfeld bezeichnet. Das Gegenstück zu einem Wirbelfeld stellt das Feld eines Vektors dar, der seinerseits der Gradient eines Skalars ist. Ein derartiges Vektorfeld wird am einfachsten graphisch dargestellt durch Konstruktion der Niveauflächen des Skalars. Der Vektor steht dann gemäß der Definition des Gradienten (§ 5) überall senkrecht auf den Niveauflächen, wodurch seine Richtung bestimmt ist. Andererseits erfüllt aber (gemäß Gl. 10 des § 5) der senkrechte Abstand a_{12} zweier benachbarter Niveauflächen (wenn A der Betrag des Vektors ist) die Beziehung

$$a_{12} = \frac{S_2 - S_1}{A} . \tag{4}$$

Denken wir uns also das Vektorfeld durch die Niveauflächen in dünne Scheiben, in sogenannte Lamellen zerlegt, so ist die Dicke der Lamellen nach Gl. 4 überall umgekehrt proportional dem Betrage des Vektors (Fig. 19). Da durch die Konstruktion der Lamellen ein derartiges Vektorfeld einfach graphisch dargestellt werden kann, so bezeichnet man das Feld eines Vektors, der seinerseits den Gradienten eines Skalars bildet, als ein lamellares Vektorfeld.

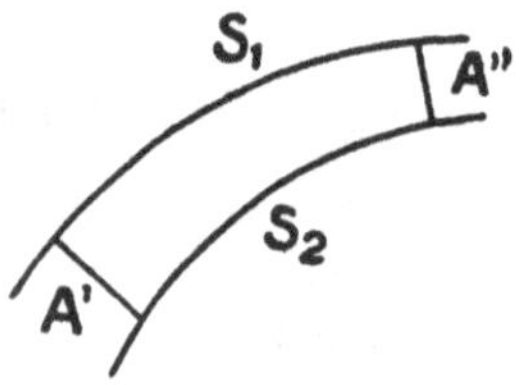

Fig. 19.

Ist uns nun ein ganz beliebiges Vektorfeld gegeben (das also weder solenoidal noch lamellar zu sein braucht), so können wir durch die Vektorlinien nicht nur allenthalben die Richtung des Vektors, sondern mittels einer einfachen Festsetzung auch den Betrag des Vektors graphisch darstellen. Diese Festsetzung braucht bloß zu verlangen, daß die Zahl der Vektorlinien, die irgendein Flächenelement im Felde durchsetzt, bis auf einen für das Feld überall gleich anzunehmenden willkürlichen Proportionalitätsfaktor gleich sei dem Vektorfluß durch dieses Flächenelement. Ist aber das Feld nicht im besonderen solenoidal, so müssen wir dann innerhalb der Vektorröhren auch Vektorlinien beginnen oder enden lassen. Aus einem Röhrenstück, das gemäß Fig. 18 begrenzt ist, müssen ebenso viele Vektorlinien neu entspringen, als, multipliziert mit dem erwähnten Proportionalitätsfaktor, das über das abgegrenzte Volumen erstreckte Integral der Divergenz beträgt. Ist dieses Volumintegral negativ, so bestimmt es die Zahl der Vektorlinien, die in dem Röhrenstück enden.

§ 17. Der Satz von Stokes.

Da der Satz von Gauss eine einfache Möglichkeit bietet, um ein über eine geschlossene Fläche erstrecktes Oberflächenintegral in ein

Integral über das umschlossene Volumen zu verwandeln, so liegt der Gedanke nahe, auch das **über eine geschlossene Kurve erstreckte Linienintegral** dahin zu untersuchen, ob es sich nicht **in ein Flächenintegral verwandeln läßt**, das über die von der Kurve umschlossene Fläche zu erstrecken wäre.

Wir grenzen in einem Vektorfelde um einen Punkt O einen kleinen Bereich ab, der aber so klein sei, daß in ihm die partiellen Differentialquotienten der Vektorkomponenten nach den Koordinaten als konstant angesehen werden können. Mit dem Punkte O als Ursprung legen wir nun ein Koordinatensystem (x, y, z), dessen Achsen den Hauptachsen des Dilatationstensors an dieser Stelle entsprechen mögen. Dann ist nach Gl. 19 des § 14 innerhalb des Bereiches

$$\mathfrak{A} = \mathfrak{A}_0 + \tfrac{1}{2}[\operatorname{rot}\mathfrak{A}, \mathfrak{r}] + \mathfrak{A}' . \tag{1}$$

Hierbei ist (nach Gl. 12 des § 14), weil ja $\mathfrak{A}'$ eine lineare Funktion des Vektors $\mathfrak{r}$ mit den Komponenten x, y, z und des Dilatationstensors ist,

$$A_x' = x\frac{\partial A_x}{\partial x}, \qquad A_y' = y\frac{\partial A_y}{\partial y}, \qquad A_z' = z\frac{\partial A_z}{\partial z} . \tag{2}$$

Wir denken uns nun **in dem kleinen Bereich** eine beliebige **geschlossene ebene Kurve** gezogen, die mit allen ihren Elementen in dem Bereiche liege. Für das **Linienintegral** des **Vektors längs der Kurve** ergibt sich dann nach Gl. 1 der Wert

$$\int \mathfrak{A}\, d\mathfrak{s} = \mathfrak{A}_0 \int d\mathfrak{s} + \tfrac{1}{2}\int [\operatorname{rot}\mathfrak{A}, \mathfrak{r}]\, d\mathfrak{s} + \int A_x' dx + \int A_y' dy + \int A_z' dz . \tag{3}$$

Nun ist das zwischen Anfangs- und Endpunkt einer Kurve genommene Integral

$$\int d\mathfrak{s} = \mathfrak{i}\,(x_2 - x_1) + \mathfrak{j}\,(y_2 - y_1) + \mathfrak{k}\,(z_2 - z_1) , \tag{4}$$

wenn x_1, y_1, z_1 die Koordinaten des Anfangspunktes und x_2, y_2, z_2 die des Endpunktes sind. Für eine geschlossene Kurve fallen aber Anfangs- und Endpunkt zusammen, und somit entfällt das erste Glied auf der rechten Seite der Gl. 3.

Andererseits ist nach Gl. 2, weil innerhalb des Bereiches die partiellen Differentialquotienten der Vektorkomponenten nach den Koordinaten als konstant angesehen werden sollen,

$$\int A_x' dx = \frac{\partial A_x}{\partial x}\int x\,dx . \tag{5}$$

Nun ist aber für eine geschlossene Kurve

$$\int x\,dx = \frac{x_2^2}{2} - \frac{x_1^2}{2} = 0 .$$

Es verschwinden somit auch die letzten drei Integrale der Gl. 3. Die Gl. 3 läßt sich daher auf die Form vereinfachen

$$\int \mathfrak{A}\, d\mathfrak{s} = \tfrac{1}{2}\int [\operatorname{rot}\mathfrak{A}, \mathfrak{r}]\, d\mathfrak{s} . \tag{6}$$

Nach der schon oft benutzten vektoralgebraischen Formel (Gl. 23 des § 2) ist aber nun

$$[\operatorname{rot} \mathfrak{A}, \mathfrak{r}]\, d\mathfrak{s} = [\mathfrak{r}\, d\mathfrak{s}] \operatorname{rot} \mathfrak{A} . \tag{7}$$

Da innerhalb des Bereiches die partiellen Differentialquotienten der Vektorkomponenten nach den Koordinaten als konstant angesehen werden sollen, so gilt dasselbe auch von der Rotation des Vektors, und die Gl. 6 nimmt somit die Form an

$$\int \mathfrak{A}\, d\mathfrak{s} = \operatorname{rot} \mathfrak{A} \int \tfrac{1}{2} [\mathfrak{r}\, d\mathfrak{s}] . \tag{8}$$

Nun ist aber $\frac{1}{2}[\mathfrak{r}\, d\mathfrak{s}]$ dem Betrage nach nichts anderes als der Inhalt eines Dreiecks, das den Punkt O zur Spitze und die Strecke $d\mathfrak{s}$ zur Basis hat (Fig. 20). Es ist daher das Integral auf der rechten Seite der Gl. 8 ein Vektor, dessen Betrag gleich ist dem Inhalt der von der Kurve umschlossenen Fläche, der auf dieser ebenen Fläche senkrecht steht und der einen solchen Richtungssinn hat, daß, von seiner Spitze gesehen, der Umlauf der begrenzten Kurve dem Uhrzeiger entgegengesetzt erscheint.[1]

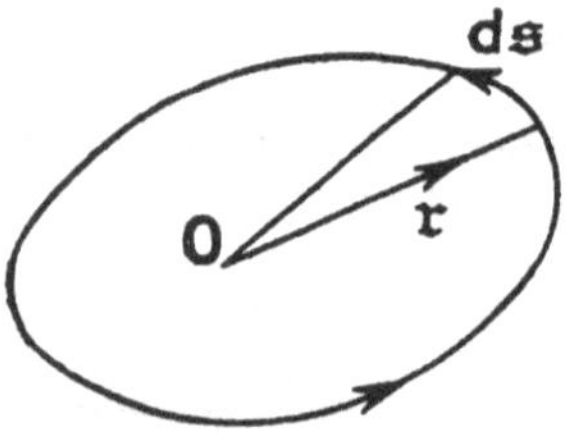

Fig. 20.

Nennt man den in diese Richtung fallenden Einheitsvektor $\mathfrak{n}$ und den Inhalt der von der Kurve umschlossenen Fläche f, so ist also das Integral der rechten Seite der Gl. 8 gleich $\mathfrak{n} f$, und es ist daher für einen hinreichend kleinen Bereich

$$\int \mathfrak{A}\, d\mathfrak{s} = \mathfrak{n} \operatorname{rot} \mathfrak{A}\ f . \tag{9}$$

Das innere Produkt aus der Rotation und dem Einheitsvektor $\mathfrak{n}$ stellt aber nichts anderes dar als die Normalkomponente der Rotation in bezug auf die Fläche. Die Gl. 9 ist um so genauer erfüllt, je kleiner die Fläche ist, die von der Kurve umschlossen wird, über die das Linienintegral zu erstrecken ist.

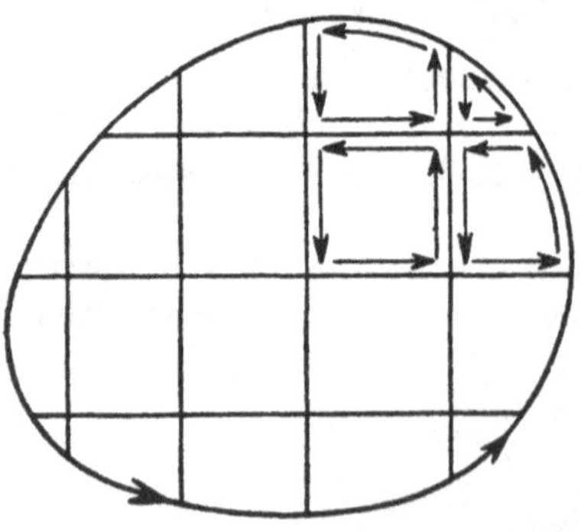

Fig. 21.

Gehen wir nunmehr zu einer beliebig großen, also jedenfalls endlich großen Fläche über, die auch keineswegs mehr eben zu sein braucht, so erkennt man leicht, daß man diesen komplizierteren Fall auf den bereits gelösten einfacheren zurückführen kann, indem man die endliche Fläche in lauter unendlich kleine ebene Flächenelemente zerlegt (Fig. 21). Bildet man das Linienintegral über alle Elemente, so kommt

[1] Dies folgt daraus, daß von der Spitze des Vektors aus gesehen die Drehung dem Uhrzeiger entgegengesetzt erscheinen muß, die auf kürzestem Wege den Vektor $\mathfrak{r}$ in die Richtung des Vektors $d\mathfrak{s}$ überführt.

das Linienintegral über sämtliche Kurvenstücke mit alleiniger Ausnahme der Teile, die die Randkurve bilden, doppelt, und zwar beidemal in entgegengesetzter Richtung vor. Es verschwinden daher sämtliche Elemente des Linienintegrals mit Ausnahme derjenigen Elemente, die sich auf die Randkurve beziehen. Da das Linienintegral über ein Flächenelement aber gleich ist dem Produkte aus dem Flächeninhalt und der Normalkomponente der Rotation des Vektors für die betreffende Stelle, so ergibt sich für das über die Grenzkurve erstreckte Linienintegral die wichtige Beziehung

$$\int \mathfrak{A}\, d\mathfrak{s} = \int \mathfrak{n} \operatorname{rot} \mathfrak{A}\, df. \tag{10}$$

Das Linienintegral eines Vektors über eine geschlossene Kurve ist gleich dem Integral der Normalkomponente seiner Rotation, erstreckt über eine von der Kurve umschlossene Fläche.[2] Diese Beziehung wird nach ihrem Entdecker als der Satz von Stokes bezeichnet.

Mittels dieses Satzes läßt sich auch das über eine Kurve erstreckte Integral eines beliebigen, vom Orte abhängigen Skalars berechnen, also das einen Vektor darstellende Integral

$$\int S d\mathfrak{s}.$$

Um dieses Integral derart umzuformen, daß der Satz von Stokes anwendbar wird, gebrauchen wir den naheliegenden Kunstgriff, daß wir das Integral noch skalar mit einem innerhalb des Feldes konstanten Vektor $\mathfrak{a}$ multiplizieren. Wir finden dann, indem wir den Satz von Stokes anwenden,

$$\mathfrak{a}\int S\, d\mathfrak{s} = \int S\mathfrak{a}\, d\mathfrak{s} = \int \mathfrak{n} \operatorname{rot} (S\mathfrak{a})\, df. \tag{11}$$

Nun ist (nach Gl. 27 des § 14)

$$\operatorname{rot} (S\, \mathfrak{a}) = S \operatorname{rot} \mathfrak{a} - [\mathfrak{a} \operatorname{grad} S]. \tag{12}$$

Das erste Glied auf der rechten Seite der Gl. 12 verschwindet, weil ja der Vektor $\mathfrak{a}$ von den Koordinaten unabhängig sein soll. Es wird daher

$$\mathfrak{a}\int S\, d\mathfrak{s} = -\int \mathfrak{n} [\mathfrak{a} \operatorname{grad} S]\, df. \tag{13}$$

Nach der schon oft benutzten vektoralgebraischen Formel (Gl. 23 des § 2) ist nun

$$\mathfrak{n} [\mathfrak{a} \operatorname{grad} S] = \mathfrak{a} [\operatorname{grad} S, \mathfrak{n}] = -\, \mathfrak{a} [\mathfrak{n} \operatorname{grad} S]. \tag{14}$$

Daher wird, weil der vom Orte unabhängige konstante Vektor $\mathfrak{a}$ vor das Integralzeichen gesetzt werden kann,

$$\mathfrak{a}\int S d\mathfrak{s} = \mathfrak{a}\int [\mathfrak{n} \operatorname{grad} S]\, df. \tag{15}$$

---

[2] Es kommt also nur auf die Begrenzung der Fläche an, ihre Form ist ganz nebensächlich.

Diese Gleichung muß erfüllt sein, welchen Betrag und welche Richtung auch immer der Vektor $\mathfrak{a}$ hat. Daraus folgt die allgemeine Gültigkeit der wichtigen Beziehung

$$\int S\, d\mathfrak{s} = \int [\mathfrak{n} \operatorname{grad} S]\, df. \tag{16}$$

Ebenso wie in Gl. 10 ist dabei die Flächennormale so zu legen, daß, von ihrer Spitze aus gesehen, der Umlauf der Kurve dem Uhrzeiger entgegengesetzt erscheint.

§ 18. Tensorfeld und Vektordivergenz.

Ein Gebiet, über das ein Tensor so verteilt ist, daß die Tensorkomponenten als stetige, differentiierbare Funktionen der Koordinaten erscheinen, wird als Tensorfeld bezeichnet. Die Gesamtzahl der partiellen Differentialquotienten nach den Koordinaten beträgt dann 27.

Wenn wir nun die Komponenten dreier Vektoren tripelweise miteinander multiplizieren, so erhalten wir ebenfalls 27 Größen nach dem Schema

$$F_{xxx} = A_x B_x C_x, \qquad F_{xxy} = A_x B_x C_y \tag{1}$$

usw. Es ist daher

$$F_{xxx} + F_{xyy} + F_{xzz} = A_x\,(\mathfrak{B}\,\mathfrak{C})\,. \tag{2}$$

Sind nun in bezug auf ein Koordinatensystem 27 Größen gegeben k_{xxx}, k_{xxy} usw., so definieren wir diese Größen als die Komponenten eines Tensors dritten Ranges, wenn sie sich so transformieren wie die tripelweise gebildeten Produkte der Komponenten dreier Vektoren.[1] Aus dieser Definition folgt, daß man aus den Komponenten eines Tensors dritten Ranges einen Vektor ableiten kann mittels der Beziehungen

$$\left\{\begin{aligned} V_x &= k_{xxx} + k_{xyy} + k_{xzz}\,, \\ V_y &= k_{yxx} + k_{yyy} + k_{yzz}\,, \\ V_z &= k_{zxx} + k_{zyy} + k_{zzz}\,. \end{aligned}\right. \tag{3}$$

Nach den Betrachtungen des § 10 ist es nun klar, ohne daß die umständlichen Rechnungen in noch viel komplizierterer Form wiederholt werden müßten, daß die 27 partiellen Differentialquotienten der Komponenten eines Tensors nach den Koordinaten die Komponenten eines Tensors dritten Ranges darstellen müssen. Nach den Gl. 3 läßt sich somit aus jedem Tensor (t) durch partielle Differentiation nach den Koordinaten und entsprechende Addition ein Vektor ableiten, der als die Vektordivergenz des Tensors bezeichnet wird. Für sie wird das Symbol $\mathfrak{div}\ t$ gebraucht. (Zum Unterschiede wird die früher besprochene Divergenz eines Vektors auch die skalare Divergenz genannt. Für die

[1] Tensoren im engeren Sinne dieses Wortes kann man als Tensoren zweiten Ranges auffassen, Vektoren und Skalare als Tensoren ersten und nullten Ranges.

skalare Divergenz wird das Symbol stets mit drei lateinischen, hingegen für die Vektordivergenz mit drei deutschen Buchstaben geschrieben.) Es ist also

$$
(4) \qquad \left\{
\begin{aligned}
\mathfrak{div}_x t &= \frac{\partial t_{xx}}{\partial x} + \frac{\partial t_{xy}}{\partial y} + \frac{\partial t_{xz}}{\partial z} \,, \\
\mathfrak{div}_y t &= \frac{\partial t_{yx}}{\partial x} + \frac{\partial t_{yy}}{\partial y} + \frac{\partial t_{yz}}{\partial z} \,, \\
\mathfrak{div}_z t &= \frac{\partial t_{zx}}{\partial x} + \frac{\partial t_{zy}}{\partial y} + \frac{\partial t_{zz}}{\partial z} \,.
\end{aligned}
\right.
$$

Ebenso wie von einem Vektorfluß können wir auch von einem **Tensorfluß** sprechen. Wir verstehen unter dem Fluß eines Tensors durch ein Flächenelement von der Größe df mit dem normalen Einheitsvektor $\mathfrak{n}$ den noch mit df multiplizierten Vektor, der sich ergibt, wenn die Komponenten des Tensors mit dem Einheitsvektor $\mathfrak{n}$ nach dem entsprechenden Schema (Gl. 12 des § 10) multipliziert werden. Den Vektor, den man so erhält, kann man als die **Normalkomponente des Tensors** in bezug auf das Flächenelement und mit dem Symbol $\mathfrak{t}_n$ bezeichnen. Dabei ist aber zu beachten, daß $\mathfrak{t}_n$ nicht ein Skalar, sondern (wie auch durch den deutschen Buchstaben ausgedrückt wird) ein **Vektor** ist.[2] Für seine x-Komponente gilt also die Beziehung

$$
(5) \qquad (\mathfrak{t}_n)_x = t_{xx} \cos(\mathfrak{n}, x) + t_{xy} \cos(\mathfrak{n}, y) + t_{xz} \cos(\mathfrak{n}, z) \,;
$$

zwei analoge Gleichungen gelten für die y- und die z-Komponente.

Nach Gl. 3 des § 15 ist daher

$$
(6) \qquad \int (\mathfrak{t}_n)_x \, df = \int \left(\frac{\partial t_{xx}}{\partial x} + \frac{\partial t_{xy}}{\partial y} + \frac{\partial t_{xz}}{\partial z} \right) d\tau \,.
$$

Indem wir die analogen Gleichungen für die y- und die z-Komponente hinzufügen, die drei Gleichungen mit $\mathfrak{i}$, $\mathfrak{j}$, $\mathfrak{k}$ multiplizieren und addieren, ergibt sich die dem Satze von Gauss analoge Beziehung

$$
(7) \qquad \int \mathfrak{t}_n \, df = \int \mathfrak{div}\, t \, d\tau \,.
$$

Das über eine geschlossene Fläche erstreckte Integral der Normalkomponente eines Tensors ist gleich dem Volumintegral der Vektordivergenz des Tensors, erstreckt über das ganze von der Fläche umschlossene Volumen.

§ 19. Die Dynamik des deformierbaren Körpers.

Denken wir uns innerhalb einer kontinuierlich verbreiteten deformierbaren Masse ein Teilvolumen abgegrenzt, so ist die gesamte Kraft $\mathfrak{Q}'$, die auf die Oberfläche dieses Volumens wirkt, (nach Gl. 7 des § 13) durch die Beziehung bestimmt

[2] Die Normalkomponente eines Tensors ist ebenso ein Vektor, wie die Normalkomponente eines Vektors ein Skalar ist.

$$Q_x' = \int \{p_{xx} \cos(\mathfrak{n}, x) + p_{xy} \cos(\mathfrak{n}, y) + p_{xz} \cos(\mathfrak{n}, z)\} \, df . \tag{1}$$

Es ist also (nach Gl. 5 des § 18)

$$\mathfrak{Q}' = \int \mathfrak{p}_n \, df , \tag{2}$$

wenn der Vektor $\mathfrak{p}_n$ die Normalkomponente des Spannungstensors bedeutet. Infolgedessen ist (nach Gl. 7 des § 18)

$$\mathfrak{Q}' = \int \mathfrak{div}\, p \, d\tau . \tag{3}$$

Bezeichnen wir den Quotienten aus der Größe $\mathfrak{Q}'$ und dem Volumen als die innere Kraftdichte und nennen wir diese $\mathfrak{q}$, so ist also, weil die Gl. 3 für jedes beliebige Volumen gelten muß,

$$\mathfrak{q} = \mathfrak{div}\, p . \tag{4}$$

Die innere Kraftdichte ist gleich der Vektordivergenz der Spannung.

Der Zustand innerhalb einer kontinuierlich verbreiteten Masse ist nun durch skalare und vektorielle Größen darstellbar, die, wofern sie Eigenschaften charakterisieren, deren substantielle Träger bewegte Massenteilchen sind, als Funktionen sowohl des Ortes als auch der Zeit erscheinen. Ist durch einen solchen Skalar S etwa eine Eigenschaft eines bestimmten bewegten Massenteilchens bestimmt, so ist die gesamte Änderung, die dieser Skalar in einem Zeitelement dt erfährt, gegeben durch die Beziehung

$$dS = \frac{\partial S}{\partial t} dt + \frac{\partial S}{\partial x} dx + \frac{\partial S}{\partial y} dy + \frac{\partial S}{\partial z} dz . \tag{5}$$

Hierbei sind dx, dy, dz die Komponenten des Wegelementes, das in dem Zeitelement dt das mit der Geschwindigkeit $\mathfrak{v}$ bewegte Massenteilchen beschreibt, das der substantielle Träger der durch den Skalar S beschriebenen Eigenschaft ist. Es ist also dx gleich $v_x dt$ und daher

$$\frac{dS}{dt} = \frac{\partial S}{\partial t} + \frac{\partial S}{\partial x} v_x + \frac{\partial S}{\partial y} v_y + \frac{\partial S}{\partial z} v_z$$

oder

$$\frac{dS}{dt} = \frac{\partial S}{\partial t} + \mathfrak{v} \operatorname{grad} S . \tag{6}$$

In analoger Weise findet man, wenn es sich nicht um einen Skalar, sondern um einen Vektor $\mathfrak{A}$ handelt, der eine Eigenschaft eines bewegten Massenteilchens darstellt,

$$\frac{dA_x}{dt} = \frac{\partial A_x}{\partial t} + \mathfrak{v} \cdot \operatorname{grad} A_x$$

oder[1] (nach Gl. 14 des § 14)

[1] Die partiellen zeitlichen Differentialquotienten beschreiben die sogenannte lokale, die totalen die sogenannte substantielle Änderung der Eigenschaft, die durch den Skalar S oder den Vektor $\mathfrak{A}$ dargestellt ist; d. h. im ersten Falle die Änderung des Zustandes an einer und derselben Stelle, im zweiten Falle an einem und demselben Teilchen.

(7) $$\frac{d\mathfrak{A}}{dt} = \frac{\partial \mathfrak{A}}{\partial t} + (\mathfrak{v}\,\mathrm{grad})\,\mathfrak{A}\,.$$

Ist im besonderen der Vektor $\mathfrak{A}$ die Geschwindigkeit des bewegten Teilchens, so stellt der totale zeitliche Differentialquotient der Geschwindigkeit die Beschleunigung des Teilchens dar, und für diese ergibt sich somit die Beziehung

(8) $$\mathfrak{b} = \frac{\partial \mathfrak{v}}{\partial t} + (\mathfrak{v}\,\mathrm{grad})\,\mathfrak{v}\,.$$

Multiplizieren wir nun den Beschleunigungsvektor mit der Masse des betreffenden Teilchens und summieren wir sodann über alle Massenteilchen, die in einem abgegrenzten Volumen enthalten sind, so erhalten wir das Volumintegral des Produktes aus der Massendichte ϱ und der Beschleunigung. Nach dem zweiten Newtonschen Bewegungsgesetz muß (bei dem Fehlen äußerer Kräfte) dieses Integral gleich sein dem Volumintegral der inneren Kraftdichte.[2] Da diese Gleichung für jedes beliebige und somit für jedes beliebig kleine Volumen erfüllt sein muß, so gilt somit die Beziehung

(9) $$\varrho\,\mathfrak{b} = \mathfrak{q}\,,$$

wobei die drei in dieser Gleichung miteinander verknüpften Größen als Funktionen des Ortes und der Zeit aufzufassen sind.

Wirkt auf die kontinuierlich verbreitete Masse überdies noch eine äußere Kraft, die der Masse proportional ist, so kann die auf die Volumeinheit bezogene äußere Kraftdichte gleich gesetzt werden dem Produkte aus der Massendichte und der sogenannten Volumkraft, die $\mathfrak{K}$ genannt werde.[2] Es ist also dann

(10) $$\mathfrak{b} = \frac{\mathfrak{q}}{\varrho} + \mathfrak{K}\,,$$

und somit ergibt sich (nach Gl. 4 und 8) die Bewegungsgleichung einer deformierbaren Masse in der Gestalt

(11) $$\frac{\partial \mathfrak{v}}{\partial t} + (\mathfrak{v}\,\mathrm{grad})\,\mathfrak{v} = \frac{1}{\varrho}\,\mathfrak{div}\,p + \mathfrak{K}\,.$$

Zu dieser Bewegungsgleichung kommt nun noch ergänzend eine weitere fundamentale Beziehung, die sich aus dem Prinzip von der Erhaltung der Masse ergibt, wonach Masse weder entstehen noch vergehen kann. Betrachten wir ein abgegrenztes Volumen, so muß für jedes Zeitelement der Überschuß der durch die Oberfläche des Volumens ausströmenden über die in demselben Zeitelement durch die Oberfläche einströmende Masse gleich sein der Verminderung, die in demselben Zeitelement die in dem Volumen enthaltene Masse erfahren hat. Der Überschuß der ausströmenden über die einströmende Masse ist nun gleich dt mal dem Oberflächenintegral von $\varrho\, v_n\, df$ (denn die Flächennormale soll ja definitionsgemäß nach außen weisen, und es kann v_n sowohl

[2] Ist die äußere Kraft die Schwerkraft, so wird die Volumkraft einfach gleich der Beschleunigung der Erdschwere.

positiv als auch negativ sein). Nach dem Satze von GAUSS ist also der Überschuß der ausströmenden über die einströmende Masse gleich

$$dt \int \operatorname{div}(\varrho \mathfrak{v})\, d\tau \,. \tag{12}$$

Andererseits ist die Verminderung, die in dem Zeitelement dt die in dem Volumen enthaltene Masse erfährt, dargestellt durch den Ausdruck

$$- dt \int \frac{\partial \varrho}{\partial t}\, d\tau \,. \tag{13}$$

Da nach dem Prinzip von der Erhaltung der Masse die Ausdrücke (12) und (13) gleich sein müssen, und zwar für jedes beliebige Volumen, so ergibt sich die wichtige Beziehung

$$\operatorname{div}(\varrho \mathfrak{v}) + \frac{\partial \varrho}{\partial t} = 0 \,. \tag{14}$$

In dieser Gleichung, die gewöhnlich als die Kontinuitätsgleichung bezeichnet wird, findet das Prinzip der Erhaltung der Masse seinen vektoranalytischen Ausdruck.

Als ein Spezialfall der Bewegung einer kontinuierlich verbreiteten Masse muß sich die Bewegung einer starren Masse ergeben. Die Bewegung einer starren Masse ist (nach Gl. 13 des § 8) durch die Formel beschreibbar

$$\mathfrak{v} = \mathfrak{v}_t + [\mathfrak{w}\, \mathfrak{r}] \,, \tag{15}$$

wenn $\mathfrak{v}_t$ die Translationsgeschwindigkeit bedeutet und $\mathfrak{w}$ die Winkelgeschwindigkeit ist, mit der sich ein mit der Masse fest verbundenes Koordinatensystem dreht; $\mathfrak{r}$ ist die gerichtete Strecke, die von dem Koordinatenursprung zu der betrachteten Stelle innerhalb der Masse gezogen wird, an der der Geschwindigkeitsvektor den Wert $\mathfrak{v}$ hat. Bilden wir nun für eine starre Masse die Rotation der Geschwindigkeit, so finden wir aus Gl. 15, weil ja die Komponenten von $\mathfrak{r}$ gleich sind den Koordinaten und $\mathfrak{v}_t$ vom Orte unabhängig ist,

$$\operatorname{rot}_x \mathfrak{v} = \frac{\partial}{\partial y}(w_x y - w_y x) - \frac{\partial}{\partial z}(w_z x - w_x z) \,. \tag{16}$$

Nun ist aber der Vektor $\mathfrak{w}$ von den Koordinaten unabhängig, und die partielle Differentiation einer Koordinate nach einer Koordinate ergibt Eins oder Null. Es wird somit die rechte Seite der Gl. 16 einfach gleich $2w_x$, und daher wird ganz allgemein für eine starre Masse

$$\operatorname{rot} \mathfrak{v} = 2\mathfrak{w} \,. \tag{17}$$

Innerhalb einer starren Masse ist überall die Rotation der Geschwindigkeit gleich der doppelten Winkelgeschwindigkeit; und aus dieser Beziehung erklärt es sich auch, warum der Name „Rotation“ für die betreffende vektorielle Differentialoperation eingeführt worden ist. Durch die zunächst willkürlich erscheinende Festsetzung, die hinsichtlich des Vorzeichens der „Rotation“ (in Gl. 11 des § 14) getroffen wurde, wurde es erreicht, daß die Winkelgeschwindigkeit und die Rotation der Geschwindigkeit im Vorzeichen übereinstimmen.

Betrachten wir nun innerhalb einer ganz beliebigen, also nicht mehr starren Masse einen kleinen Bereich, so kann die Bewegung dieses Bereiches (nach Gl. 19 des § 14) durch die Formel beschrieben werden

$$\mathfrak{v} = \mathfrak{v}_t + \tfrac{1}{2}[\operatorname{rot}\mathfrak{v}, \mathfrak{r}] + \mathfrak{v}', \tag{18}$$

wobei $\mathfrak{v}'$ eine lineare Funktion des Vektors $\mathfrak{r}$ und der Dilatation von $\mathfrak{v}$ ist. Wie uns die Gl. 18 und ihr Vergleich mit der Gl. 15 zeigen, kann also die Bewegung eines kleinen Bereiches aufgefaßt werden als Superposition von drei Bewegungen. Die erste ist eine Translation des Bereiches, die zweite ist eine Drehung, bei der der Bereich wie ein starrer Körper ein Stück einer Rotation ausführt. Die dritte Bewegung erfolgt an jeder Stelle des Bereiches mit der vom Orte abhängigen Geschwindigkeit $\mathfrak{v}'$.

Diese dritte Bewegung ist es, die einen nicht starren Körper von einem starren Körper unterscheidet; sie wird als Deformation bezeichnet, wobei das Wort „Deformation" (ähnlich wie das Wort „Verrückung") sowohl die Bewegung selbst als auch deren Ergebnis, nämlich die bewirkte Lagenänderung der Massenteilchen, bezeichnet. Eine Bewegung einer kontinuierlich verbreiteten Masse, bei der Translation und Rotation fehlen, nennt man eine reine Deformation.

Wir wollen nun ein Massenteilchen betrachten, das sich zu Beginn eines Zeitelementes an einer Stelle mit den Koordinaten x, y, z befinde, am Ende des Zeitelementes infolge einer reinen und zwar kleinen Deformation an einer Stelle mit den Koordinaten $x + \xi$, $y + \eta$, $z + \zeta$. Durch die Komponenten ξ, η, ζ ist der Vektor $\mathfrak{a}$ der kleinen Verrückung bestimmt, die durch die reine Deformation das Massenteilchen erfahren hat. Nun ist der Vektor $\mathfrak{a}$ gleich dem Produkt aus dem Vektor $\mathfrak{v}'$ und dem Zeitelement. Wenn also nach dem früher Gesagten $\mathfrak{v}'$ eine lineare Funktion von $\mathfrak{r}$ und von der Dilatation von $\mathfrak{v}$ ist, so muß ebenso $\mathfrak{a}$ eine lineare Funktion von $\mathfrak{r}$ und von der Dilatation von $\mathfrak{a}$ sein. Nach der Definition der Dilatation eines Vektors (Gl. 12 des § 14) gelten also die Gleichung

$$\xi = \frac{\partial \xi}{\partial x}\, x + \tfrac{1}{2}\left(\frac{\partial \xi}{\partial y} + \frac{\partial \eta}{\partial x}\right) y + \tfrac{1}{2}\left(\frac{\partial \xi}{\partial z} + \frac{\partial \zeta}{\partial x}\right) z \tag{19}$$

und zwei analoge Gleichungen für η und ζ. Wegen der Kleinheit des Bereiches werden (ebenso wie in § 17) innerhalb des Bereiches die partiellen Differentialquotienten von ξ, η, ζ nach den Koordinaten als konstant angesehen werden dürfen.

Um die physikalische Bedeutung zu erkennen, die der Dilatation der Verrückung zukommt, nehmen wir zunächst an, daß von den neun Komponenten der Dilatation alle verschwinden mögen bis auf die x-x-Komponente. Dann wird nach Gl. 19

$$\xi = \frac{\partial \xi}{\partial x}\, x, \qquad \eta = 0, \qquad \zeta = 0. \tag{20}$$

Die Deformation besteht in diesem speziellen Falle also darin, daß alle Massenpunkte eine Vergrößerung oder Verkleinerung ihrer x-Koordinate erfahren, die der Koordinate selbst (wegen der Konstanz des partiellen Differentialquotienten) proportional ist. Der ganze Bereich dehnt sich also in der x-Richtung aus oder zieht sich in dieser Richtung zusammen. Eine derartige Deformation wird als eine Dehnung in der x-Richtung bezeichnet (wobei eben die Dehnung positiv oder als Kontraktion negativ sein kann).

Um nun weiterhin auch die Bedeutung der Tensorkomponenten zweiter Art zu erkennen, nehmen wir an, daß alle Komponenten der Dilatation verschwinden mögen mit Ausnahme der x-y-Komponente und der ihr infolge der Tensorsymmetrie stets gleichen y-x-Komponente. Dann wird nach Gl. 19

$$(21)\qquad \xi = \tfrac{1}{2}\left(\frac{\partial \xi}{\partial y} + \frac{\partial \eta}{\partial x}\right) y, \qquad \eta = \tfrac{1}{2}\left(\frac{\partial \eta}{\partial x} + \frac{\partial \xi}{\partial y}\right) x, \qquad \zeta = 0,$$

wobei wieder wegen der Kleinheit des Bereiches nach dem früher Gesagten die beiden identischen Klammerausdrücke für den Bereich als konstant anzusehen sind. Es erfahren also zunächst einmal alle Massenpunkte in der x-Richtung eine Verrückung, die der y-Koordinate proportional ist. Infolge einer derartigen Verrückung verwandelt sich z. B. in Fig. 22 das Rechteck $ABCD$ in das Rhomboid $ABC'D'$. Über diese Verrückung superponiert sich aber nach Gl. 21 noch eine analoge, bei der alle Massenpunkte in der y-Richtung eine Verrückung erfahren, die der x-Koordinate proportional ist. Wäre nur diese Verrückung vorhanden, so würde sich (Fig. 23) das Rechteck $ABCD$ in das Rhomboid $AB'C''D$ verwandeln. Das Gesamtergebnis der durch die Gl. 21. beschriebenen

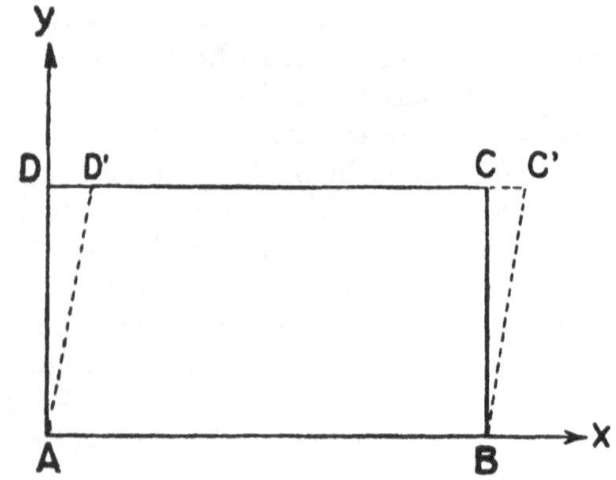

Fig. 22.

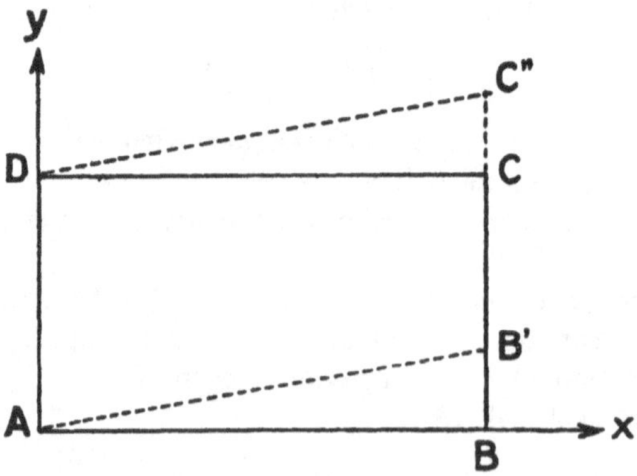

Fig. 23.

Deformation besteht also darin, daß gemäß Fig. 24 das Rechteck $ABCD$ eine Umwandlung erfährt in das Viereck $AB'C'''D'$, wobei die Verrückung CC''' die geometrische Summe aus den Verrückungen CC' und CC'' darstellt. (Dabei ist aber vorausgesetzt, daß die Verrückungen nur sehr klein

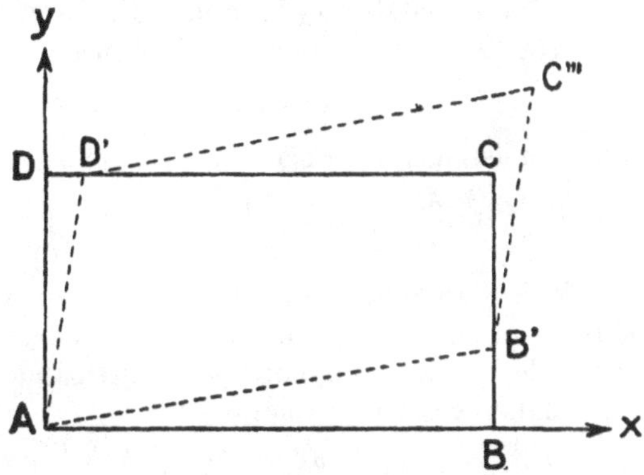

Fig. 24.

sind.) Eine derartige durch Gl. 21 beschriebene Deformation wird als eine Scherung in der x-y-Ebene bezeichnet.

In bezug auf ein bestimmtes Koordinatensystem erscheint also eine Deformation als Dehnung oder Kontraktion in den Richtungen der Koordinatenachsen und als Scherung entlang den Koordinatenebenen. Wird aber im besonderen das Koordinatensystem so gelegt, daß seine Achsen mit den Hauptdilatationsachsen zusammenfallen, so stellt sich die Deformation als eine reine Dehnung entlang den Koordinatenachsen dar. Nur der Deformation als solcher kommt, wenn wir das Innere eines deformierbaren Körpers betrachten, eine von dem Koordinatensystem unabhängige Bedeutung zu, während die Spaltung in Dehnung und Scherung nur von der Orientierung des benutzten Koordinatensystems abhängt. In der Tat, betrachten wir in Fig. 25 das aus einem deformierbaren Körper herausgeschnittene Quadrat $ABCD$, das durch eine Deformation in das Rechteck $A'B'C'D'$ übergehe, so erscheint diese Deformation als Dehnung. Bezeichnen wir aber nun die Halbierungspunkte der Quadratseiten (Fig. 26)

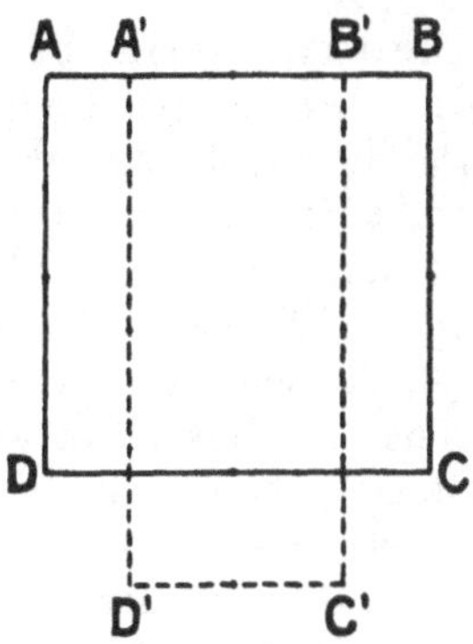

Fig. 25.

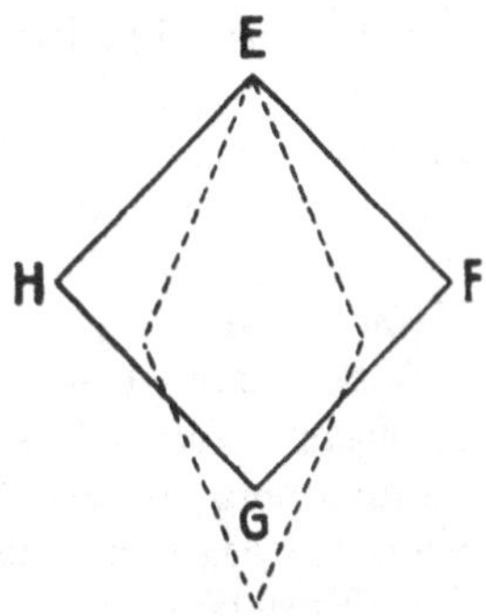

Fig. 26.

mit *EFGH*, so verwandelt sich durch dieselbe Deformation das Quadrat *EFGH* in einen Rhombus, welche Umwandlung wieder als Scherung interpretiert würde.

Innerhalb eines deformierbaren Körpers denken wir uns nun ein kleines rechtwinkliges Parallelepiped herausgeschnitten, dessen Kanten die Richtungen der Hauptdilatationsachsen und die Längen a, b, c haben mögen. Dann ist vor der Deformation das Volumen

$$V = a\,b\,c\,.$$

Nach der Deformation ist das Volumen

$$V' = \left(a + \frac{\partial \xi}{\partial x} a\right)\left(b + \frac{\partial \eta}{\partial y} b\right)\left(c + \frac{\partial \zeta}{\partial z} c\right).$$

Da wir nur sehr kleine Deformationen betrachten, so können in dem dreifachen Produkte die Glieder vernachlässigt werden, in denen zwei oder gar drei partielle Differentialquotienten miteinander multipliziert sind, und es kann daher gesetzt werden

$$V' = a\,b\,c\left(1 + \frac{\partial \xi}{\partial x} + \frac{\partial \eta}{\partial y} + \frac{\partial \zeta}{\partial z}\right) \tag{22}$$

oder

$$\frac{V' - V}{V} = \operatorname{div} \mathfrak{a}\,. \tag{23}$$

Die Divergenz des Vektors der Verrückung stellt also die durch die Deformation bewirkte und auf die Volumeinheit bezogene Vergrößerung des Volumens oder die sogenannte Volumdilatation dar.

§ 20. Die ideale Flüssigkeit.

Eine ideale Flüssigkeit kann definiert werden als ein deformierbarer Körper, der keine bestimmte Form besitzt, so daß Änderungen seiner Gestalt, die nicht zugleich mit einer Änderung des Volumens verbunden sind, keine Arbeit erfordern. Denken wir uns nun eine ganz beliebige kontinuierlich verbreitete Masse in lauter ganz kleine Würfel zerlegt (deren Ebenen den Koordinatenebenen eines Systems parallel seien), so können wir uns eine ohne Volumänderung erfolgende Formänderung des Körpers (etwa wie bei einem Haufen von Sandkörnern) derart zustande gebracht denken, daß sich diese Würfelelemente gegeneinander verschieben. Da diese Verschiebungen parallel den Würfelflächen, also senkrecht zu den Normalspannungen erfolgen, so kann die Arbeit, die bei einer solchen Formänderung eines deformierbaren Körpers verrichtet wird, nur von den Tangentialspannungen herrühren.

Soll nun, wie wir dies definitionsgemäß bei den idealen Flüssigkeiten annehmen, diese Formänderungsarbeit immer Null sein, so kann dies nur darin begründet sein, daß für einen deformierbaren Körper von solcher Beschaffenheit in bezug auf jedes Koordinatensystem sämtliche Tangentialspannungen verschwinden. Es muß also, da dann (nach § 11) jede Richtung eine Hauptachse des Spannungstensors darstellt, für eine ideale Flüssigkeit das Spannungsellipsoid zu einer Kugel werden. Dann müssen aber wiederum, auf jedes beliebige Koordinatensystem bezogen, die drei Tensorkomponenten erster Art denselben Wert haben, der mit $-p$ bezeichnet werde[1], indem wir unter p den (dem positiv zu rechnenden Zuge entgegengesetzten) Flüssigkeitsdruck verstehen. Für eine ideale Flüssigkeit ist also der Druck völlig unabhängig von der Richtung[2]; es wird daher stets

$$(1)\qquad \begin{cases} p_{xx} = p_{yy} = p_{zz} = -p\,, \\ p_{xy} = p_{yx} = p_{yz} = p_{zy} = p_{zx} = p_{xz} = 0\,. \end{cases}$$

Nach den Beziehungen, die die Vektordivergenz eines Tensors mit diesem selbst verknüpfen (Gl. 4 des § 18), wird daher für eine ideale Flüssigkeit die innere Kraftdichte als die Vektordivergenz der Spannung gleich dem negativen Gradienten des Drucks, also

$$(2)\qquad \mathfrak{q} = -\operatorname{grad} p\,.$$

Daher lautet (nach Gl. 11 des § 19) die hydrodynamische Grundgleichung

$$(3)\qquad \frac{\partial \mathfrak{v}}{\partial t} + (\mathfrak{v}\operatorname{grad})\,\mathfrak{v} = -\frac{1}{\varrho}\operatorname{grad} p + \mathfrak{K}\,.$$

Löst man diese Gleichung in analytischer Schreibweise in drei Gleichungen auf, so ergeben sich die nach ihrem Entdecker so benannten Eulerschen Gleichungen.[3]

Ist im besonderen die ideale Flüssigkeit inkompressibel (was z. B. mit großer Annäherung bei Wasser, nicht aber bei Gasen der Fall ist), so erscheint die Dichte als konstant und die Kontinuitätsgleichung (Gl. 14 des § 19) nimmt daher dann die einfache Form an

$$(4)\qquad \operatorname{div} \mathfrak{v} = 0\,.$$

Zu den drei Gleichungen, die sich aus der Gl. 3 durch Übertragung in die analytische Schreibweise ergeben, kommt als vierte Gleichung noch die Gl. 4 hinzu. Ist die konstante Dichte der Flüssigkeit bekannt, so erscheinen also in den vier Gleichungen, die sich so ergeben, vier unbekannte Größen miteinander verknüpft, nämlich die drei Komponenten

---

[1] Die Bezeichnung p hat also in diesem Abschnitt (§ 20) eine andere Bedeutung als in den anderen Abschnitten, was wohl zu beachten ist.

[2] Eine Flüssigkeit, für die dies nicht zutrifft, wird als zäh bezeichnet.

[3] Sie lauten also:

$$\frac{\partial v_x}{\partial t} + v_x\frac{\partial v_x}{\partial x} + v_y\frac{\partial v_x}{\partial y} + v_z\frac{\partial v_x}{\partial z} = -\frac{1}{\varrho}\frac{\partial p}{\partial x} + K_x \quad \text{usw.}$$

der Geschwindigkeit und der Druck, wobei aber alle diese vier Unbekannten Funktionen sowohl des Ortes als auch der Zeit sind.[4]

An der hydrodynamischen Grundgleichung kann eine wichtige Transformation[5] mittels der Gl. 30 des § 14 vorgenommen werden. Danach ist

$$(5)\qquad (\mathfrak{v}\,\mathrm{grad})\,\mathfrak{v} = \mathrm{grad}\left(\frac{v^2}{2}\right) - [\mathfrak{v},\ \mathrm{rot}\,\mathfrak{v}]\,.$$

Man bezeichnet nun bei einer Flüssigkeit die halbe Rotation der Geschwindigkeit als die Wirbelgeschwindigkeit (gemäß Gl. 17 des § 19); sie möge mit $\mathfrak{w}$ bezeichnet werden. Ferner wollen wir die speziellen Annahmen machen, daß die Flüssigkeit inkompressibel sei und daß die Volumkraft $\mathfrak{K}$ ein Potential besitze, das mit Φ bezeichnet werde. Setzen wir für die linke Seite der Gl. 5 den Wert ein, der sich aus Gl. 3 ergibt, so erhalten wir also die Beziehung

$$(6)\qquad -\,\mathrm{grad}\left(\frac{p}{\varrho} + \Phi + \frac{v^2}{2}\right) = \frac{\partial \mathfrak{v}}{\partial t} - 2\,[\mathfrak{v}\,\mathfrak{w}]\,.$$

Da aber nun die Rotation des Gradienten eines Skalars stets verschwinden muß (nach Gl. 23 des § 14), so müssen wir auch Null erhalten, wenn wir von der rechten Seite der Gl. 6 die Rotation bilden. Es muß also die Beziehung bestehen

$$(7)\qquad \mathrm{rot}\,\frac{\partial \mathfrak{v}}{\partial t} = 2\,\mathrm{rot}\,[\mathfrak{v}\,\mathfrak{w}]\,.$$

Nun ist

$$(8)\qquad \mathrm{rot}\,\frac{\partial \mathfrak{v}}{\partial t} = 2\,\frac{\partial \mathfrak{w}}{\partial t}\,.$$

Andererseits ist (nach Gl. 29 des § 14)

$$(9)\qquad \mathrm{rot}\,[\mathfrak{v}\,\mathfrak{w}] = \mathfrak{v}\,\mathrm{div}\,\mathfrak{w} - \mathfrak{w}\,\mathrm{div}\,\mathfrak{v} + (\mathfrak{w}\,\mathrm{grad})\,\mathfrak{v} - (\mathfrak{v}\,\mathrm{grad})\,\mathfrak{w}\,.$$

Auf der rechten Seite dieser Gleichung fällt nun nach Gl. 4 das zweite Glied weg; es entfällt aber auch das erste Glied, weil ja $\mathfrak{w}$ gleich ist der halben Rotation von $\mathfrak{v}$ und für jeden beliebigen Vektor, also auch für $\mathfrak{v}$, die Divergenz der Rotation (nach Gl. 24 des § 14) verschwindet. Die Gl. 7 nimmt also die Form an

$$(10)\qquad 2\,\frac{\partial \mathfrak{w}}{\partial t} = 2\,(\mathfrak{w}\,\mathrm{grad})\,\mathfrak{v} - 2\,(\mathfrak{v}\,\mathrm{grad})\,\mathfrak{w}\,.$$

Nun ist wiederum (nach Gl. 7 des § 19)

$$(11)\qquad \frac{d\mathfrak{w}}{dt} = \frac{\partial \mathfrak{w}}{\partial t} + (\mathfrak{v}\,\mathrm{grad})\,\mathfrak{w}\,.$$

[4] Bei Gasen tritt an die Stelle der Gl. 4 das Boylesche Gesetz oder die kompliziertere Zustandsgleichung.

[5] Diese Transformation wird nach ihrem Entdecker Heinrich Weber gewöhnlich als die Webersche Transformation bezeichnet. Mittels ihrer ergibt sich aus der Gl. 3 die Gl. 6.

Somit läßt sich die Gl. 10 auf die einfache Form bringen

$$\frac{d\mathfrak{w}}{dt} = (\mathfrak{w}\,\mathrm{grad})\,\mathfrak{v}\,. \tag{12}$$

Diese Gleichung wurde zuerst von HELMHOLTZ gewonnen[6] und von ihm zur Ableitung wichtiger Sätze über die Wirbelbewegung benutzt. Unter Wirbelbewegung verstehen wir eine Bewegung eines Flüssigkeitsbereiches, bei der dieser wie ein starrer Körper rotiert. Von einem Flüssigkeitsteilchen, für das (als substantiellen Träger) der Vektor $\mathfrak{w}$ einen von Null verschiedenen Wert hat, sagt man dann, daß es wirbelt. Aus Gl. 12 erkennt man nun ohne weiteres, daß ein Flüssigkeitsteilchen, das nicht bereits von Anfang an wirbelt, auch im Verlauf der Zeit nicht zu wirbeln beginnen kann. Umgekehrt kann, wie auch aus der Gl. 12 folgt, ein Teilchen, das einmal wirbelt, nie zu wirbeln aufhören. In einer idealen, inkompressibeln Flüssigkeit, auf die nur solche äußere Kräfte wirken, die ein Potential besitzen, kann daher eine Wirbelbewegung weder entstehen noch, wenn sie einmal vorhanden ist, vergehen.

Für die Wirbelbewegung gelten im übrigen natürlich im besonderen die Sätze, die ganz allgemein in § 16 für quellenfreie Felder abgeleitet wurden. Auch die Wirbelfäden in einer Flüssigkeit können nicht innerhalb der Flüssigkeit beginnen oder enden, und auch für sie muß entlang eines Fadens das Produkt aus dem Querschnitt des Fadens und aus der Wirbelgeschwindigkeit konstant sein.[7]

Sind in einer Flüssigkeit keine Wirbelbewegungen vorhanden, verschwindet also überall die Rotation der Geschwindigkeit, so ist die Geschwindigkeit (gemäß Gl. 23 des § 14) darstellbar als negativer Gradient eines Skalars, der das Geschwindigkeitspotential genannt wird. Eine wirbelfreie Bewegung einer Flüssigkeit wird als Strömung bezeichnet. Ändert sich im besonderen auch nicht der Wert des Geschwindigkeitsvektors an einer bestimmten Stelle, ist also

$$\frac{\partial\mathfrak{v}}{\partial t} = 0\,, \tag{13}$$

so spricht man von einer stationären Strömung. Für sie wird der Klammerausdruck der linken Seite der Gl. 6 konstant. Man bezeichnet nun als hydrostatischen Druck (p_0) den Wert, den p für $v = 0$ annimmt; p selbst nennt man den hydraulischen Druck. Für eine stationäre Strömung wird also nach Gl. 6

$$p = p_0 - \frac{\varrho v^2}{2}\,. \tag{14}$$

[6] In analytischer Schreibweise lautet also die Gleichung von HELMHOLTZ:

$$\frac{dw_x}{dt} = w_x \frac{\partial v_x}{\partial x} + w_y \frac{\partial v_x}{\partial y} + w_z \frac{\partial v_x}{\partial z} \quad \text{usw.}$$

[7] Auf andere Sätze, die HELMHOLTZ aus seiner Gleichung abgeleitet hat, soll hier nicht eingegangen werden.

Der hydraulische Druck ist also stets kleiner als der hydrostatische. Er wird negativ, sobald eine „kritische“ Geschwindigkeit überschritten wird, die keinesfalls größer sein kann als die Quadratwurzel aus dem mit $2/\varrho$ multiplizierten Luftdruck.[8]

Da in einer inkompressibeln Flüssigkeit nach Gl. 4 die Divergenz der Geschwindigkeit verschwindet, ist also in einer inkompressibeln Flüssigkeit der Geschwindigkeitsvektor solenoidal (im Sinne des § 16). Die Vektorlinien der Geschwindigkeit bezeichnet man als Strömungslinien; sie können nach § 16 innerhalb der Flüssigkeit nicht anfangen oder enden. Betrachten wir die Strömung einer Flüssigkeit in einer Röhre, so können wir, da die Strömung parallel zu den Röhrenwänden erfolgt, die Röhre als eine Vektorröhre der Geschwindigkeit ansehen. Aus Gl. 3 des § 16 folgt dann unmittelbar der wichtige Satz, daß die Strömungsgeschwindigkeit in einer Röhre dem Röhrenquerschnitt umgekehrt proportional ist.

§ 21. Das elastische Medium.

Für die wirklichen Körper erscheint der Zusammenhang zwischen Deformation und Spannung durch ein Gesetz beschrieben, das auf empirischem Wege zuerst von Hooke (1678) gewonnen und dann von Navier (1822) ergänzt worden ist. Das Gesetz von Hooke sagt aus, daß jeder Zug eine diesem Zuge proportionale Dehnung in der Richtung des Zuges hervorbringt. Bezeichnen wir den reziproken Wert des Proportionalitätsfaktors als den Elastizitätsmodul[1] und nennen wir ihn E, so ist also, wenn p_1 die Größe des Zuges ist und dieser die Richtung der x-Achse hat,

$$\frac{\partial \xi}{\partial x} = \frac{p_1}{E}. \tag{1}$$

Das Gesetz von Navier ergänzt nun das Hookesche Gesetz durch die Aussage, daß mit jeder Dehnung in allen zu der Dehnung senkrechten Richtungen eine Querkontraktion verbunden ist, die wiederum der Dehnung proportional ist. Nennen wir den Proportionalitätsfaktor k, so ist also zu setzen

$$\frac{\partial \eta}{\partial y} = \frac{\partial \zeta}{\partial z} = -\frac{k p_1}{E}. \tag{2}$$

Die Größe k, die als der Koeffizient der Querkontraktion[2] bezeichnet wird, liegt, wie die Erfahrung zeigt, bei den meisten Substanzen zwischen $^1/_4$ und $^1/_2$.

---

[8] Für Wasser beträgt diese kritische Geschwindigkeit, bei der z. B. ein Wasserstrahl zerreißt, etwa 14 m in der Sekunde.

[1] Oder als Youngschen Modul.

[2] Oder auch als Poissonsche Konstante.

Eine kontinuierlich verbreitete Masse wird nun als **elastisch** definiert, wenn an jeder Stelle die Hauptachsen der Dilatation mit den Hauptachsen der Spannung zusammenfallen und die Hauptspannungen gemäß dem Gesetze von Hooke und Navier Dehnungen und Querkontraktionen hervorbringen. Wir wollen die Hauptwerte des Dilatationstensors mit t_1, t_2, t_3 bezeichnen und die Hauptspannungen mit p_1, p_2, p_3; dann müssen, da sich die von den drei Hauptspannungen hervorgebrachten Deformationen superponieren, nach den Gl. 1 und 2 die Beziehungen gelten

$$(3)\qquad \left\{\begin{aligned} t_1 &= \frac{p_1}{E} - \frac{k p_2}{E} - \frac{k p_3}{E}\,, \\ t_2 &= -\frac{k p_1}{E} + \frac{p_2}{E} - \frac{k p_3}{E}\,, \\ t_3 &= -\frac{k p_1}{E} - \frac{k p_2}{E} + \frac{p_3}{E}\,. \end{aligned}\right.$$

Die Summe der drei Hauptwerte des Dilatationstensors stellt aber nun (da sie ja gleich ist der Divergenz der Verrückung) die **Volumdilatation** dar, die mit Θ bezeichnet werde. Addieren wir die drei Gl. 3, so finden wir also

$$(4)\qquad \Theta = (p_1 + p_2 + p_3)\,\frac{1-2k}{E}\,.$$

Die Gl. 3 können nun auch in der Form geschrieben werden

$$t_1 = p_1\,\frac{1+k}{E} - \frac{k}{E}\,(p_1 + p_2 + p_3)$$

oder nach Gl. 4

$$(5)\qquad t_1 = p_1\,\frac{1+k}{E} - \frac{k}{1-2k}\,\Theta\,.$$

Wir wollen nunmehr die Gl. 5 nach p_1 auflösen, vorher aber zur Abkürzung die Bezeichnungen einführen

$$(6)\qquad \frac{E}{1+k} = 2\mu\,, \qquad \frac{E k}{(1+k)(1-2k)} = \lambda\,.$$

Dann wird

$$(7)\qquad \left\{\begin{aligned} p_1 &= 2\,\mu\, t_1 + \lambda\Theta\,, \\ p_2 &= 2\,\mu\, t_2 + \lambda\Theta\,, \\ p_3 &= 2\,\mu\, t_3 + \lambda\Theta\,. \end{aligned}\right.$$

Von dem Koordinatensystem, dessen Achsen mit den Richtungen der Hauptspannungen zusammenfallen, gehen wir nunmehr zu einem ganz beliebigen (x, y, z) über. Dann gelten (nach Gl. 5 des § 11) die Transformationsformeln

$$(8)\qquad \left\{\begin{aligned} p_{xx} &= \alpha_1^2\, p_1 + \beta_1^2\, p_2 + \gamma_1^2\, p_3\,, \\ t_{xx} &= \alpha_1^2\, t_1 + \beta_1^2\, t_2 + \gamma_1^2\, t_3\,. \end{aligned}\right.$$

Dabei ist (nach Gl. 9 des § 4)

$$(9)\qquad \alpha_1^2 + \beta_1^2 + \gamma_1^2 = 1\,.$$

Wir multiplizieren nun die drei Gl. 7 mit α_1^2, β_1^2, γ_1^2 und addieren sie. Dann finden wir

$$p_{xx} = 2\,\mu\, t_{xx} + \lambda\,\Theta\,. \tag{10}$$

Für die Transformation der Tensorkomponenten zweiter Art gelten (nach Gl. 5 des § 11) die Beziehungen

$$\left\{\begin{aligned} p_{xy} &= \alpha_1\,\alpha_2\, p_1 + \beta_1\,\beta_2\, p_2 + \gamma_1\,\gamma_2\, p_3\,, \\ t_{xy} &= \alpha_1\,\alpha_2\, t_1 + \beta_1\,\beta_2\, t_2 + \gamma_1\,\gamma_2\, t_3\,. \end{aligned}\right. \tag{11}$$

Dabei ist (nach Gl. 10 des § 4)

$$\alpha_1\,\alpha_2 + \beta_1\,\beta_2 + \gamma_1\,\gamma_2 = 0\,. \tag{12}$$

Wir multiplizieren nunmehr die drei Gl. 7 mit $\alpha_1\,\alpha_2$ oder $\beta_1\,\beta_2$ oder $\gamma_1\,\gamma_2$ und addieren dann. Wir finden so

$$p_{xy} = 2\,\mu\, t_{xy}\,. \tag{13}$$

Setzen wir für die Komponenten des Dilatationstensors ihre Werte ein, so erhalten wir daher die Gleichungen

$$\left\{\begin{aligned} p_{xx} &= 2\,\mu\,\frac{\partial \xi}{\partial x} + \lambda\,\Theta\,, \\ p_{xy} &= \mu\left(\frac{\partial \xi}{\partial y} + \frac{\partial \eta}{\partial x}\right), \\ p_{xz} &= \mu\left(\frac{\partial \xi}{\partial z} + \frac{\partial \zeta}{\partial x}\right). \end{aligned}\right. \tag{14}$$

Somit wird, wenn wir zu der Bildung der Vektordivergenz übergehen,

$$\left\{\begin{aligned} \frac{\partial p_{xx}}{\partial x} + \frac{\partial p_{xy}}{\partial y} + \frac{\partial p_{xz}}{\partial z} &= \mu\left(\frac{\partial^2 \xi}{\partial x^2} + \frac{\partial^2 \xi}{\partial y^2} + \frac{\partial^2 \xi}{\partial z^2}\right) \\ &\quad + \mu\,\frac{\partial}{\partial x}\left(\frac{\partial \xi}{\partial x} + \frac{\partial \eta}{\partial y} + \frac{\partial \zeta}{\partial z}\right) + \lambda\,\frac{\partial \Theta}{\partial x} \end{aligned}\right. \tag{15}$$

Der Ausdruck in der ersten Klammer der rechten Seite ist $\Delta\,\xi$, der Ausdruck in der zweiten Klammer aber gleich Θ. Es wird daher

$$\mathfrak{div}_x\, \mathfrak{p} = \mu\,\Delta\,\xi + (\mu + \lambda)\,\frac{\partial \Theta}{\partial x}\,. \tag{16}$$

Ist nun das elastische Medium frei von Translation und Rotation (oder sehen wir davon ab), so bleibt die durch die Koordinaten x, y, z dargestellte Normallage der einzelnen Massenteilchen ungeändert, und es kann daher der Vektor $\mathfrak{a}$ der Verrückung mit den Komponenten ξ, η, ζ als Funktion von x, y, z und t angesehen werden. Die Komponenten der Beschleunigung an einer Stelle sind dann gegeben durch die zweiten partiellen zeitlichen Differentialquotienten $\partial^2\xi/\partial t^2$, $\partial^2\eta/\partial t^2$, $\partial^2\zeta/\partial t^2$.

Nun muß aber (nach Gl. 4 und 9 des § 19) das Produkt aus Massendichte und Beschleunigung gleich sein der Vektordivergenz der Spannung, und es folgt somit aus Gl. 16 die Beziehung

(17) $$\varrho \frac{\partial^2 \xi}{\partial t^2} = \mu \Delta \xi + (\mu + \lambda) \frac{\partial \Theta}{\partial x} \cdot$$

Zwei analoge Gleichungen gelten für η und ζ.

Wir denken uns nun diese drei Gleichungen partiell nach x, y, z differentiiert und sodann addiert. Derart finden wir

$$\varrho \frac{\partial^2}{\partial t^2} \left(\frac{\partial \xi}{\partial x} + \frac{\partial \eta}{\partial y} + \frac{\partial \zeta}{\partial z} \right) = \mu \Delta \left(\frac{\partial \xi}{\partial x} + \frac{\partial \eta}{\partial y} + \frac{\partial \zeta}{\partial z} \right) + (\mu + \lambda) \Delta \Theta$$

oder

(18) $$\varrho \frac{\partial^2 \Theta}{\partial t^2} = (2 \mu + \lambda) \Delta \Theta .$$

Zu den elastischen Medien können wir auch die tropfbaren oder gasförmigen Flüssigkeiten rechnen. Da für sie die Tangentialspannungen (nach § 20) immer verschwinden sollen, so erkennen wir aus den Gl. 14, daß in elastizitätstheoretischer Hinsicht die Flüssigkeiten durch das Verschwinden der Konstanten μ charakterisiert sind.

IV. Kapitel.

Die Potentiale.

§ 22. Quellpunkt und Feldstärke.

Ein sehr einfacher und für die Physik besonders wichtiger Spezialfall eines Feldes liegt vor, wenn jedem beliebigen Punkte P des Feldes ein Skalar zugeordnet werden kann, der umgekehrt proportional ist der Entfernung von einem bestimmten Punkte O. Man bezeichnet dann den Punkt P als den Aufpunkt, hingegen den Punkt O als den Quellpunkt. Den Proportionalitätsfaktor zwischen Skalar und reziproker Entfernung können wir wiederum auffassen als Produkt aus einer universellen Konstanten, deren Wert von dem benutzten Maßsystem abhängt, und einer Größe, die wir als die Ergiebigkeit des Quellpunktes bezeichnen wollen. Für die folgenden Betrachtungen wollen wir einfach die Konstante gleich Eins setzen. Dann wird, wenn wir den Skalar mit Ψ und die Ergiebigkeit mit g bezeichnen,

$$\Psi = \frac{g}{r} \,. \tag{1}$$

Wir wollen nun in bezug auf ein beliebiges Koordinatensystem die Koordinaten des Aufpunktes mit x_a, y_a, z_a bezeichnen, hingegen die des Quellpunktes mit x_q, y_q, z_q. Wir können uns dann entweder den Quellpunkt festgehalten und den Aufpunkt veränderlich denken (wie es in § 5 geschah) oder aber auch den Aufpunkt festgehalten und den Quellpunkt veränderlich. Im ersten Fall wollen wir von einem Gradienten bei veränderlichem Aufpunkt sprechen; wir kennzeichnen ihn dadurch, daß wir dem Symbol des Gradienten noch den Index a hinzufügen. Es ist also (wenn $\mathfrak{i}$, $\mathfrak{j}$, $\mathfrak{k}$ die Grundvektoren des Koordinatensystems sind)

$$\operatorname{grad}_a \Psi = \mathfrak{i}\,\frac{\partial \Psi}{\partial x_a} + \mathfrak{j}\,\frac{\partial \Psi}{\partial y_a} + \mathfrak{k}\,\frac{\partial \Psi}{\partial z_a} \,. \tag{2}$$

Der Gradient bei veränderlichem Quellpunkt, der durch den Index q charakterisiert werde, ist hingegen

$$\operatorname{grad}_q \Psi = \mathfrak{i}\,\frac{\partial \Psi}{\partial x_q} + \mathfrak{j}\,\frac{\partial \Psi}{\partial y_q} + \mathfrak{k}\,\frac{\partial \Psi}{\partial z_q} \,. \tag{3}$$

Nun ist, wie bereits gezeigt wurde (Gl. 18 des § 5) und wie auch ohne weiteres aus der Gl. 2 folgt, bei festgehaltenem Quellpunkte (wie dies in § 5 angenommen wurde)

$$\text{grad}_a\left(\frac{1}{r}\right) = -\frac{1}{r^2}\frac{\mathfrak{r}}{r}, \tag{4}$$

wenn $\mathfrak{r}$ die gerichtete Verbindungsstrecke von dem Quellpunkte zu dem Aufpunkte darstellt. Ebenso ist natürlich (wenn wir uns vorübergehend O als Aufpunkt und P als Quellpunkt denken)

$$\text{grad}_q\left(\frac{1}{r}\right) = -\frac{1}{r^2}\frac{\mathfrak{r}'}{r}, \tag{5}$$

wobei $\mathfrak{r}'$ jetzt die Verbindungsstrecke von dem Aufpunkt zu dem Quellpunkt bedeutet. Es ist aber nun $\mathfrak{r}'$ entgegengesetzt gleich $\mathfrak{r}$, und daher ist

$$\text{grad}_q\left(\frac{1}{r}\right) = -\text{grad}_a\left(\frac{1}{r}\right). \tag{6}$$

Den negativen Gradienten des Skalars bei veränderlichem Aufpunkt definiert man nun als die Feldstärke, so daß andererseits diese in dem Skalar ein Potential besitzt (nach dessen Definition in § 6). Es ist also die Feldstärke, die wir mit $\mathfrak{F}$ bezeichnen wollen,

$$\mathfrak{F} = -\text{grad}_a \Psi \tag{7}$$

oder nach Gl. 1 und 4

$$\mathfrak{F} = \frac{g}{r^2}\frac{\mathfrak{r}}{r}. \tag{8}$$

Eine einfache Beziehung gilt für den Fluß der Feldstärke durch ein beliebiges Flächenelement. Nach der Definition des Flusses (§ 15) und nach Gl. 8 ist der Fluß

$$F_n\,df = \mathfrak{F}\,\mathfrak{n}\,df = \frac{g}{r^2}\frac{\mathfrak{r}}{r}\,\mathfrak{n}\,df, \tag{9}$$

wenn $\mathfrak{n}$ der zu dem Flächenelement normale, nach außen weisende Einheitsvektor ist. Nun ist aber das innere Produkt aus dem Einheitsvektor $\mathfrak{n}$ und dem Einheitsvektor $\mathfrak{r}/r$ nichts anderes als der Kosinus des Winkels zwischen $\mathfrak{r}$ und $\mathfrak{n}$. Es ist also

$$F_n\,df = g\,\frac{df\cos(\mathfrak{r},\mathfrak{n})}{r^2}. \tag{10}$$

Um die Bedeutung des Ausdruckes zu erkennen, mit dem auf der rechten Seite der Gl. 10 die Ergiebigkeit g multipliziert ist, denken wir uns um den Quellpunkt mit der Längeneinheit als Radius eine Kugelfläche, eine sogenannte Einheitskugel konstruiert. Es ist dann ohne weiteres klar, daß der Ausdruck, mit dem in der Gl. 10 die Größe g multipliziert ist, nichts anderes darstellt als das Stück, das aus der Einheitskugel der Kegel herausschneidet, der den Quellpunkt als Spitze und das Flächenelement df als Basis hat. Bezeichnen wir das aus der Einheitskugel herausgeschnittene Flächenstück mit $d\omega$, so ist also $d\omega$

der sogenannte räumliche Winkel, unter dem, von dem Quellpunkte aus gesehen, das Flächenelement df erscheint (Fig. 27). Es wird also

$$\frac{df}{r^2}\,\frac{\mathfrak{r}}{r}\,\mathfrak{n} = d\omega\,. \tag{11}$$

Dabei ist $d\omega$ mit positivem oder negativem Vorzeichen zu nehmen, je nachdem, ob die Verlängerung des von dem Quellpunkte aus gezogenen Vektors $\mathfrak{r}$ mit der nach außen weisenden Flächennormalen $\mathfrak{n}$ einen spitzen oder stumpfen Winkel bildet. Andererseits ergibt sich mit Rücksicht auf Gl. 4 und 6 die für eine spätere Betrachtung wichtige Beziehung

$$-\,\mathfrak{n}\,\mathrm{grad}_a\left(\frac{1}{r}\right)df = \mathfrak{n}\,\mathrm{grad}_q\left(\frac{1}{r}\right)df = d\omega\,. \tag{12}$$

Es wird somit nach Gl. 9 und 11

$$F_n\,df = g\,d\omega\,. \tag{13}$$

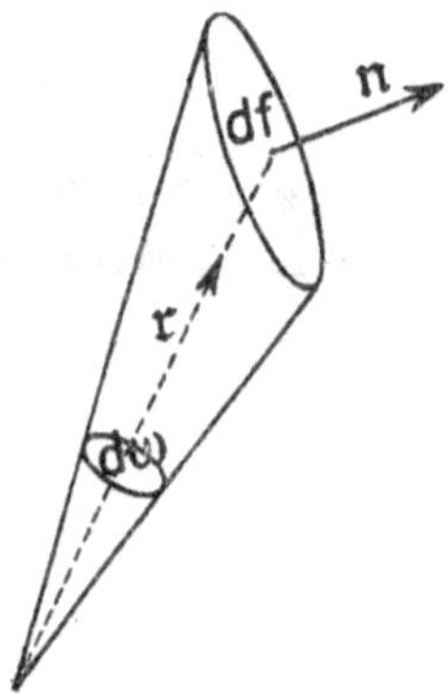

Fig. 27.

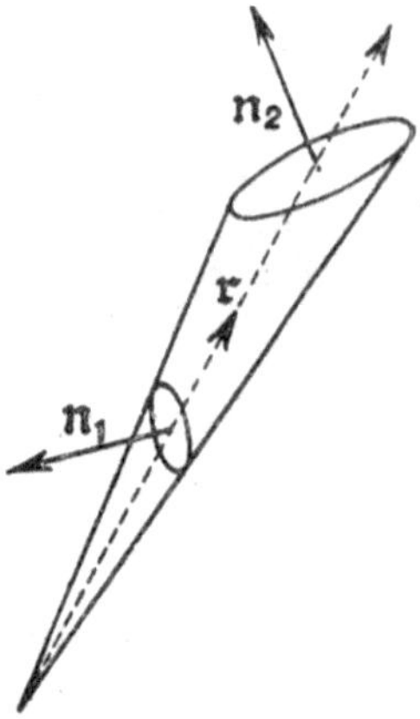

Fig. 28.

Denken wir uns nun um den Quellpunkt eine ganz beliebige Fläche konstruiert, die den Quellpunkt umschließt, so wird das über diese Fläche erstreckte Integral des räumlichen Winkels gleich dem gesamten Oberflächeninhalt der Einheitskugel, also gleich $4\,\pi$. Für eine solche Fläche gilt also die Beziehung

$$\int F_n\,df = 4\,\pi\,g\,. \tag{14}$$

Der Fluß der Feldstärke durch eine einen Quellpunkt umschließende Fläche ist gleich der mit $4\,\pi$ multiplizierten Ergiebigkeit des Quellpunktes.

Wird hingegen der Quellpunkt von der Fläche nicht umschlossen, dann schneidet (Fig. 28) jeder Elementarkegel, den man von dem Quellpunkte zu einem Element der geschlossenen Fläche legt, aus der Fläche zugleich noch ein zweites Flächenelement heraus, wobei der Winkel zwischen der Verlängerung von $\mathfrak{r}$ und $\mathfrak{n}$ bei dem dem Quellpunkt näheren Flächenelement df_1 stumpf, bei dem anderen Flächenelement df_2 hingegen spitz ist. Es ist also

$$\frac{df_1}{r_1^2}\cos(\mathfrak{n}_1, \mathfrak{r}) + \frac{df_2}{r_2^2}\cos(\mathfrak{n}_2, \mathfrak{r}) = -d\omega + d\omega = 0\,.$$

In einem von einem Quellpunkt erzeugten Felde ist also der Fluß der Feldstärke durch eine geschlossene, den Quellpunkt jedoch nicht umschließende Fläche gleich Null.

Stellt man demnach das Vektorfeld der Feldstärke durch Vektorlinien derart dar, daß man die Dichte der Vektorlinien überall proportional macht dem auf die Flächeneinheit bezogenen Vektorfluß (§ 16), so muß man also von einem Quellpunkte 4π mal so viel Vektorlinien ausgehen lassen, als die Ergiebigkeit des Quellpunktes beträgt (überdies noch multipliziert mit dem willkürlich zu wählenden Proportionalitätsfaktor). Hieraus erklären sich auch die Bezeichnungen „Quellpunkt" und „Ergiebigkeit". Ist die Ergiebigkeit negativ, so müssen natürlich umgekehrt in den Quellpunkt $4\pi g$ Vektorlinien einmünden.

Superponieren sich nun n Felder, die von je einem einzelnen Quellpunkte herrühren, so entspricht jedem Aufpunkt des Feldes ein Potential

(15) $$\Psi = \sum_{h=1}^{h=n} \frac{g_h}{r_h}\,.$$

Betrachten wir dann eine ganz beliebige geschlossene Fläche, so wird für diese Fläche

(16) $$\int F_n\, df = 4\pi \sum{}' g_h,$$

wobei aber die Summe (wie durch den Strich neben dem Summenzeichen angedeutet werden soll) nur über diejenigen Quellpunkte zu erstrecken ist, die innerhalb der geschlossenen Fläche liegen.

§ 23. Die Gleichung von Poisson.

Nachdem wir bisher nur diskrete Quellpunkte unseren Untersuchungen zugrunde gelegt haben, wollen wir nunmehr zu der Betrachtung einer kontinuierlichen Quellenverteilung übergehen. Die auf die Volumeinheit bezogene Ergiebigkeit bezeichnen wir dann einfach als die Dichte und nennen sie ϱ. Es kann also jedes Volumelement $d\tau$ aufgefaßt werden als Quellpunkt von der Ergiebigkeit $\varrho\, d\tau$, wobei ϱ der Wert ist, den an der Stelle des Volumelements die Dichte besitzt. Nach Gl. 15 des § 22 wird dann das Potential

(1) $$\Psi = \int \frac{\varrho\, d\tau}{r}\,,$$

wobei r die Entfernung des Volumelementes von dem Aufpunkte bedeutet.

Nun ist allerdings für den Aufpunkt selbst $1/r$ unendlich groß. Aber trotzdem wird auch dann, wenn im Aufpunkt ganz allgemein ϱ von Null verschieden ist, der Anteil nicht unendlich groß, den zu dem

Integral der Gl. 1 das Volumelement liefert, das den Aufpunkt selbst enthält. Um dies einzusehen, brauchen wir uns nur um den Aufpunkt eine kleine Kugel vom Radius a konstruiert zu denken, innerhalb deren wegen ihrer Kleinheit ϱ als konstant angesehen werden darf. Das Integral über diese kleine Kugel wird dann, indem wir uns die Kugel in Kugelschalen zerlegt denken,

$$\varrho \int_0^a \frac{4r^2 \pi \, dr}{r} = 4 \varrho \pi \frac{a^2}{2} \, .$$

Wird a unendlich klein von der ersten Ordnung, so wird also der Anteil, den zu dem Integral der Gl. 1 die kleine, den Aufpunkt umschließende Kugel liefert, unendlich klein von der zweiten Ordnung.

Für eine kontinuierliche Quellenverteilung nimmt die Gl. 16 des § 22 die Form an

$$\int F_n \, df = 4 \pi \int \varrho \, d\tau \, . \tag{2}$$

Andererseits kann aber nach dem Satze von Gauss das Flächenintegral der linken Seite dieser Gleichung ersetzt werden durch das Volumintegral der Divergenz der Feldstärke; und da die Gl. 2 für jedes beliebige Volumen erfüllt sein muß, so muß somit die allgemein gültige, wichtige Beziehung bestehen

$$\operatorname{div} \mathfrak{F} = 4 \pi \varrho \, . \tag{3}$$

Potential und Dichte sind daher (nach Gl. 7 des § 22 und Gl. 20 des § 14) durch die Beziehung miteinander verknüpft

$$\Delta \Psi = - 4 \pi \varrho \, . \tag{4}$$

Diese Gleichung wird nach ihrem Entdecker (1813) als die Gleichung von Poisson bezeichnet. Verschwindet in dem Aufpunkt die Dichte, so wird

$$\Delta \Psi = 0 \, , \tag{5}$$

eine Beziehung, die bereits vor Poisson von Laplace (1789) gewonnen wurde und die darum als Spezialfall der Poissonschen Gleichung die Gleichung von Laplace genannt wird.

Die Gleichung von Laplace ergibt sich in der Tat direkt durch eine sehr einfache mathematische Betrachtung. Wir gehen dazu von der Formel aus

$$r^2 = (x_a - x_q)^2 + (y_a - y_q)^2 + (z_a - z_q)^2 \, , \tag{6}$$

wobei sich die Indizes auf Aufpunkt und Quellpunkt beziehen.[1] Aus der Gl. 6 folgt

[1] Die Gl. 6 kann natürlich auch in der Form geschrieben werden

$$r^2 = (x_q - x_a)^2 + \ldots + \ldots$$

Dann ist nur in Gl. 7, nicht aber in Gl. 8 das Vorzeichen anders.

$$\frac{\partial}{\partial x_a}\left(\frac{1}{r}\right) = -\frac{1}{r^2}\frac{\partial r}{\partial x_a} = -\frac{1}{r^2}\frac{x_a - x_q}{r} = -\frac{x_a - x_q}{r^3}\,. \tag{7}$$

Hieraus ergibt sich durch abermalige partielle Differentiation

$$\frac{\partial^2}{\partial x_a^2}\left(\frac{1}{r}\right) = -\frac{1}{r^3} + \frac{3\,(x_a - x_q)}{r^4}\frac{\partial r}{\partial x_a} = -\frac{1}{r^3} + \frac{3\,(x_a - x_q)^2}{r^5}\,. \tag{8}$$

Bilden wir in analoger Weise die zweiten partiellen Differentialquotienten nach y_a und z_a und addieren wir dann, so finden wir

$$\Delta_a\left(\frac{1}{r}\right) = -\frac{3}{r^3} + \frac{3\,r^2}{r^5}\,,$$

also

$$\Delta_a\left(\frac{1}{r}\right) = 0\,. \tag{9}$$

Aus dieser Gleichung (die in einer späteren Untersuchung verwertet werden wird) folgt in der Tat durch Multiplikation mit der Ergiebigkeit eines Quellpunktes, daß in dem Felde eines einzelnen Quellpunktes in jedem Aufpunkt die LAPLACEsche Ableitung des Potentials verschwindet Dasselbe gilt natürlich auch für ein System von beliebig vielen Quellpunkten, woferne der Aufpunkt nicht zugleich selbst ein Quellpunkt ist; somit gilt es auch bei einer kontinuierlichen Quellenverteilung für einen Aufpunkt, in dem die Dichte Null ist.

Da wir bezüglich der skalaren Größe ϱ keinerlei besonderen Voraussetzungen gemacht haben, so ergibt sich aus den Gl. 1 und 4 die für jeden beliebigen Skalar S erfüllte Gleichung

$$\Delta_a \int \frac{S\,d\tau}{r} = -4\pi S\,, \tag{10}$$

wobei eben auf der rechten Seite der Gleichung S den Wert des Skalars im Aufpunkt bedeutet. In der Gl. 10 können wir natürlich auch S durch die drei Komponenten eines Vektors $\mathfrak{A}$ ersetzen; indem wir die drei Gleichungen, die sich so ergeben, mit den drei Grundvektoren des Koordinatensystems multiplizieren und addieren, erhalten wir die wichtige, für einen beliebigen Vektor erfüllte Beziehung

$$\Delta_a \int \frac{\mathfrak{A}\,d\tau}{r} = -4\pi\mathfrak{A}\,. \tag{11}$$

§ 24. Die Quellenflächen.

Ein wichtiger Spezialfall einer kontinuierlichen Quellenverteilung liegt vor, wenn das Quellengebiet eine Schale von so geringer Dicke darstellt, daß die Dicke vernachlässigt werden kann neben den anderen Dimensionen des Quellengebietes. Man spricht dann von einer Quellenfläche und bezeichnet die auf die Flächeneinheit bezogene Ergiebigkeit als die Flächendichte. Es sei nun der Wert der Feldstärke unmittelbar zu beiden Seiten der Quellenfläche $\mathfrak{F}_1$ und $\mathfrak{F}_2$, und wir wollen es untersuchen, in welchen Beziehungen die beiden Werte der Feldstärke unmittelbar zu beiden Seiten der Quellenfläche zueinander stehen, wenn die Flächendichte σ gegeben ist.

Wir zerlegen dazu die Vektoren der Feldstärke in je zwei Komponenten. Die einen mögen die Richtung der nach außen weisenden Flächennormalen haben und bezeichnet werden mit $\mathfrak{F}_1'$ und $\mathfrak{F}_2'$. Die anderen Komponenten sind dann tangential; sie mögen bezeichnet werden mit $\mathfrak{F}_1''$ und $\mathfrak{F}_2''$ (Fig. 29).

Wir denken uns nun über einem Elemente der Quellenfläche nach beiden Seiten einen Zylinder konstruiert, dessen Höhe sehr klein sei gegenüber seiner Basis (Fig. 30). Dann ist die vom Zylinder nach außen weisende Normalkomponente in bezug auf die äußere Basis gleich F_1', und die vom Zylinder nach außen weisende Normalkomponente in bezug auf die innere Basis gleich $(-F_2')$. Wegen der beliebig kleinen Höhe

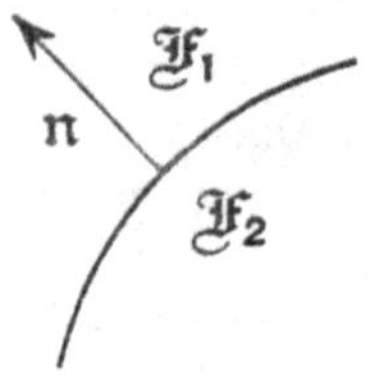

Fig. 29.

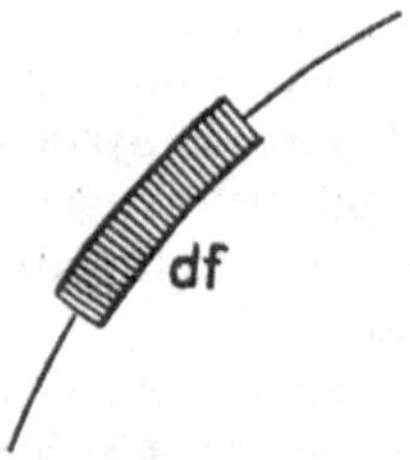

Fig. 30.

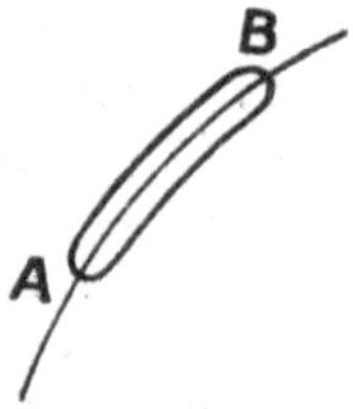

Fig. 31.

des Zylinders kann somit mit beliebiger Annäherung der Fluß der Feldstärke durch die Oberfläche des Zylinders gleich gesetzt werden

$$(F_1' - F_2')\, df .$$

Andererseits muß (nach Gl. 16 des § 22) dieser Fluß der Feldstärke gleich sein 4π mal der in dem Zylinder enthaltenen Quellenergiebigkeit. Diese ist aber gleich $\sigma\, df$, und es ergibt sich somit die wichtige Beziehung

$$F_1' - F_2' = 4\pi\sigma . \tag{1}$$

Die Normalkomponente der Feldstärke durchsetzt eine Quellenfläche nicht stetig, sondern erfährt einen Sprung, der gleich ist der mit 4π multiplizierten Flächendichte; um so viel ist die Komponente in der Richtung der nach außen weisenden Normalen an der Außenseite größer als an der Innenseite.

Andererseits denken wir uns nun eine die Quellenfläche senkrecht schneidende Ebene konstruiert und in ihr eine Kurve gezogen, die sich auf das engste an die Quellenfläche anschmiege und sie in zwei einander nahen Punkten A und B senkrecht durchsetze (Fig. 31). Da die Normalkomponente der Feldstärke auch in der Fläche selbst nach Gl. 1 nicht unendlich wird, so kann das Linienintegral der Feldstärke längs der geschlossenen Kurve gleich gesetzt werden

$$(2)\qquad \int \mathfrak{F}\, d\mathfrak{s} = \int_A^B \mathfrak{F}_1'' d\mathfrak{s} + \int_B^A \mathfrak{F}_2'' d\mathfrak{s}\,.$$

Nun kann aber nach dem Satze von Stokes das Linienintegral von $\mathfrak{F}$ ersetzt werden durch ein Flächenintegral der Rotation von $\mathfrak{F}$. Die Rotation von $\mathfrak{F}$ muß aber (nach Gl. 23 des § 14) verschwinden, weil ja $\mathfrak{F}$ als Gradient eines Skalars darstellbar ist. Es wird also die linke Seite der Gl. 2 gleich Null, und daher wird

$$(3)\qquad \int_A^B \mathfrak{F}_1'' d\mathfrak{s} = \int_A^B \mathfrak{F}_2'' d\mathfrak{s}\,.$$

Diese Gleichung muß bestehen, welche Form und Länge auch immer die Kurve hat und wie immer auch die zu der Quellenfläche senkrechte Ebene gelegt wird, die diese Kurve enthält. Dies ist nur dann möglich, wenn ganz allgemein die Beziehung besteht

$$(4)\qquad \mathfrak{F}_1'' = \mathfrak{F}_2''\,.$$

Die Tangentialkomponente der Feldstärke hat also zu beiden Seiten der Quellenfläche denselben Wert.

Für das Potential einer Quellenfläche ergibt sich (nach Gl. 15 des § 22) die Beziehung

$$(5)\qquad \Psi = \int \frac{\sigma\, df}{r}\,.$$

§ 25. Quellenpaar und Doppelschichte.

Als Quellenpaar definieren wir ein System von zwei miteinander starr verbundenen und benachbarten Quellpunkten, die eine entgegengesetzt gleiche Ergiebigkeit aufweisen. Das Produkt aus dem Betrage der Ergiebigkeit und der gerichteten Verbindungsstrecke, die von der negativen zu der positiven Quelle führt, wird definiert als das Moment des Quellenpaares. Es stellt einen Vektor dar und werde mit $\mathfrak{M}$ bezeichnet.

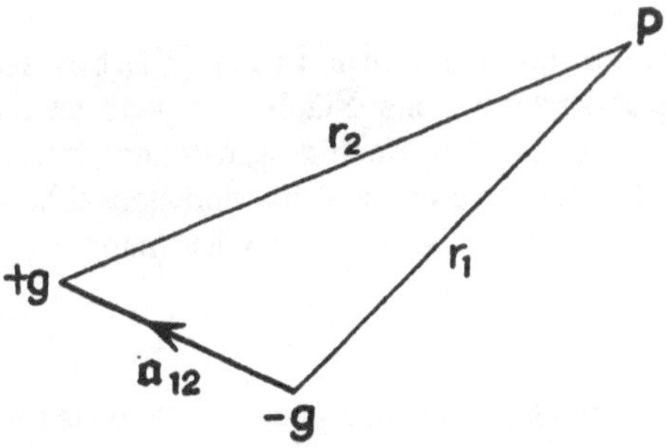

Fig. 32.

Wir betrachten nun einen beliebigen Aufpunkt P; die Entfernung, die er von der negativen Quelle hat, sei r_1, seine Entfernung von der positiven Quelle r_2 (Fig. 32). Die Verbindungsstrecke, die von der negativen zu der positiven Quelle führt, sei $\mathfrak{a}_{12}$. Dann ist (nach Gl. 15 des § 22)

$$\Psi = g\left(\frac{1}{r_2} - \frac{1}{r_1}\right). \tag{1}$$

Nun kann aber, wenn wir uns den Aufpunkt vorübergehend festgehalten denken, wegen der geringen Entfernung der beiden (nach der Definition benachbarten) Quellpunkte gesetzt werden

$$\frac{1}{r_2} - \frac{1}{r_1} = \mathfrak{a}_{12} \cdot \mathrm{grad}_q\left(\frac{1}{r}\right) \tag{2}$$

(gemäß Gl. 10 des § 5). Das Produkt $g\,\mathfrak{a}_{12}$ stellt aber das Moment $\mathfrak{M}$ nach dessen Definition dar. Es ist also

$$\Psi = \mathfrak{M}\,\mathrm{grad}_q\left(\frac{1}{r}\right). \tag{3}$$

Eine Doppelfläche, die in ihren beiden Einzelflächen entgegengesetzt gleiche und überall konstante Flächendichte aufweist, können wir als ein flächenhaftes Quellenpaar oder als eine sogenannte Doppelschichte auffassen. Aus der Doppelfläche wollen wir einen Zylinder herausschneiden von der Basis df; der Abstand der beiden Flächen sei a (Fig. 33). Der zu der Doppelfläche normale Einheitsvektor, der von der negativen zu der positiven Fläche weist, sei $\mathfrak{n}$. Dann wird das Potential $d\Psi$, das von dem betrachteten Element der Doppelschichte in einem Aufpunkt P in der Entfernung r erzeugt wird, nach Gl. 3

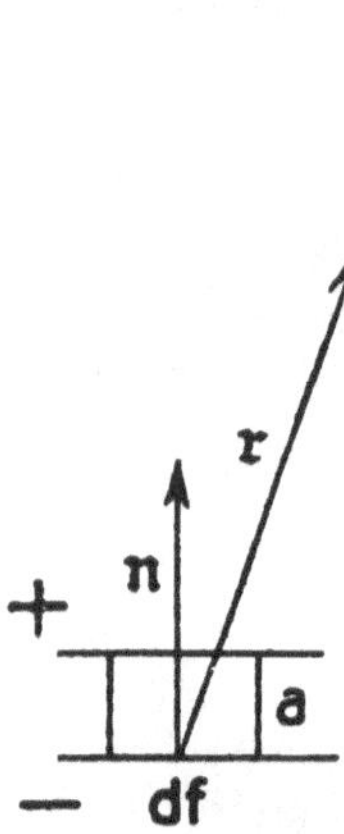

Fig. 33.

$$d\Psi = \mathfrak{n}\,a\,\sigma\,df\,\mathrm{grad}_q\left(\frac{1}{r}\right). \tag{4}$$

Nach Gl. 12 des § 22 können wir dafür aber schreiben

$$d\Psi = a\sigma\,d\omega, \tag{5}$$

wenn $d\omega$ den räumlichen Winkel bedeutet, unter dem von dem Aufpunkte aus das Flächenelement erscheint.

Es ist nun noch festzustellen, wann $d\omega$ positiv, und wann es negativ ist. Bezeichnen wir die von dem Flächenelement zu dem Aufpunkt gezogene Strecke mit $\mathfrak{r}$, so ist (nach Gl. 5 des § 22)

$$\mathrm{grad}_q\left(\frac{1}{r}\right) = +\frac{1}{r^2}\,\frac{\mathfrak{r}}{r}.$$

Es ist also $d\omega$ dann positiv, wenn das innere Produkt aus $\mathfrak{r}$ und $\mathfrak{n}$ positiv ist, wenn also die von der negativen zu der positiven Schichte weisende Normale einen spitzen Winkel mit dem Vektor $\mathfrak{r}$ bildet. Das ist aber dann der Fall, wenn dem Aufpunkt die positive Schichte zugewendet ist. Im entgegengesetzten Falle ist $d\omega$ negativ.

Das Produkt $a\sigma$ stellt den auf die Flächeneinheit bezogenen Betrag des Momentes dar; dieses Produkt möge kurz die Momentendichte genannt und mit χ bezeichnet werden. Durch Integration der Gl. 5 über die ganze Doppelfläche ergibt sich somit die einfache und wichtige Beziehung

$$\Psi = \chi \omega . \tag{6}$$

Das von einer Doppelschichte in einem Aufpunkte erzeugte Potential ist gleich dem Produkte aus der Momentendichte und dem räumlichen Winkel, unter dem von dem Aufpunkte aus die Doppelschichte erscheint. Das Vorzeichen ist dabei positiv oder negativ, je nachdem, ob dem Aufpunkt die positive oder die negative Schichte zugewendet ist. Das Potential hängt also außer von der Momentendichte nur von der Begrenzungskurve ab, während es völlig unabhängig ist von der Gestalt, die innerhalb dieser Begrenzung die Doppelfläche hat.

§ 26. Das vektorielle Potential.

Ebenso wie sich das bisher betrachtete skalare Potential zurückführen läßt auf die Funktion $1/r$, wenn r die Entfernung zwischen Aufpunkt und Quellpunkt ist, so läßt sich das sogenannte vektorielle Potential zurückführen auf den Vektor

$$\mathfrak{P} = \int \frac{d\mathfrak{s}}{r} ; \tag{1}$$

dabei bedeutet $d\mathfrak{s}$ das Element einer gewissermaßen aus Quellpunkten zusammengesetzten geschlossenen Kurve und r die Entfernung des Aufpunktes von dem Kurvenelement. Das durch den Vektor $\mathfrak{P}$ dargestellte Integral möge im folgenden kurz das Kurvenpotential genannt werden.

Nun ist nach Gl. 16 des § 17

$$\int \frac{d\mathfrak{s}}{r} = \int \left[\mathfrak{n} \operatorname{grad}_a \left(\frac{1}{r}\right)\right] df , \tag{2}$$

wenn df das Element einer von der Kurve umschlossenen Fläche ist. Denn bei der Integration müssen wir uns ja den Aufpunkt festgehalten denken. Dabei muß gemäß dem Satze von Stokes der Flächennormalen ein derartiger Richtungssinn gegeben werden, daß von ihrer Spitze der Umlauf der Integration dem Uhrzeiger entgegengesetzt erscheint.

Wir stellen uns nun zunächst die Aufgabe, die Rotation des Kurvenpotentials zu berechnen (natürlich bei veränderlichem Aufpunkt). Wir finden dann aus Gl. 1 und 2

$$\operatorname{rot}_a \mathfrak{P} = - \int \operatorname{rot}_a \mathfrak{b}\, df , \tag{3}$$

wenn wir zur Abkürzung setzen

$$\mathfrak{b} = \left[\mathfrak{n} \operatorname{grad}_a \left(\frac{1}{r}\right)\right] \tag{4}$$

(unter Benutzung von Gl. 6 des § 22). Nun ist

$$\left\{\begin{aligned} b_x &= n_y \frac{\partial}{\partial z_a}\left(\frac{1}{r}\right) - n_z \frac{\partial}{\partial y_a}\left(\frac{1}{r}\right), \\ b_y &= n_z \frac{\partial}{\partial x_a}\left(\frac{1}{r}\right) - n_x \frac{\partial}{\partial z_a}\left(\frac{1}{r}\right); \\ b_z &= n_x \frac{\partial}{\partial y_a}\left(\frac{1}{r}\right) - n_y \frac{\partial}{\partial x_a}\left(\frac{1}{r}\right). \end{aligned}\right. \tag{5}$$

Ferner ist

$$\operatorname{rot}_{xa} \mathfrak{b} = \frac{\partial b_z}{\partial y_a} - \frac{\partial b_y}{\partial z_a}.$$

Nun ist aber $\mathfrak{n}$ ganz unabhängig von den Koordinaten des Aufpunktes, und somit finden wir

$$\operatorname{rot}_{xa} \mathfrak{b} = n_x \frac{\partial^2}{\partial y_a^2}\left(\frac{1}{r}\right) - n_y \frac{\partial^2}{\partial x_a \partial y_a}\left(\frac{1}{r}\right) - n_z \frac{\partial^2}{\partial x_a \partial z_a}\left(\frac{1}{r}\right) + n_x \frac{\partial^2}{\partial z_a^2}\left(\frac{1}{r}\right). \tag{6}$$

Es ist aber (nach Gl. 9 des § 23)

$$\frac{\partial^2}{\partial y_a^2}\left(\frac{1}{r}\right) + \frac{\partial^2}{\partial z_a^2}\left(\frac{1}{r}\right) = -\frac{\partial^2}{\partial x_a^2}\left(\frac{1}{r}\right).$$

Mittels dieser Beziehung wollen wir die Gl. 6 umformen. Nun sind aber ja die Komponenten von $\mathfrak{n}$ völlig unabhängig von den Koordinaten des Aufpunktes, und sie können daher bei der partiellen Differentiation nach x_a, y_a, z_a als konstant angesehen werden. Es wird somit

$$\left\{\begin{aligned} \operatorname{rot}_{xa} \mathfrak{b} &= -\frac{\partial}{\partial x_a}\left\{n_x \frac{\partial}{\partial x_a}\left(\frac{1}{r}\right) + n_y \frac{\partial}{\partial y_a}\left(\frac{1}{r}\right) + n_z \frac{\partial}{\partial z_a}\left(\frac{1}{r}\right)\right\} \\ &= -\frac{\partial}{\partial x_a}\left\{\mathfrak{n} \operatorname{grad}_a \left(\frac{1}{r}\right)\right\}. \end{aligned}\right. \tag{7}$$

Wenn wir zu der Gl. 3 zurückkehren und die Gl. 6 des § 22 benutzen, finden wir daher[1]

$$\operatorname{rot}_{xa} \mathfrak{P} = -\int \frac{\partial}{\partial x_a}\left\{\mathfrak{n} \operatorname{grad}_q \left(\frac{1}{r}\right)\right\} df. \tag{8}$$

Da sich die Integration auf die Quellpunkte, die partielle Differentiation hingegen auf den Aufpunkt bezieht, so kann endlich in Gl. 8 die Reihenfolge dieser beiden Operationen vertauscht werden, und so ergibt sich die wichtige Beziehung

$$\operatorname{rot}_a \int \frac{d\mathfrak{s}}{r} = -\operatorname{grad}_a \int \mathfrak{n} \operatorname{grad}_q \left(\frac{1}{r}\right) df. \tag{9}$$

Dabei muß, wie schon erwähnt, gemäß dem Satze von Stokes dem normalen Einheitsvektor ein derartiger Richtungssinn gegeben werden,

[1] Es ist zu beachten, daß der Ausdruck in der geschlungenen Klammer der Gl. 8 das innere Produkt zweier Vektoren, nämlich des normalen Einheitsvektors und des Gradienten, darstellt.

daß, von seiner Spitze gesehen, der Integrationsumlauf dem Uhrzeiger entgegengesetzt erscheint.

Von der rein geometrischen Gl. 9 können wir nun sogleich eine wichtige Anwendung auf die Doppelschichten machen. Die von einer Doppelschichte mit der Momentendichte χ erzeugte Feldstärke ist ja als negativer Gradient des Potentials (gemäß Gl. 4 des § 25)

$$\mathfrak{F} = -\chi \operatorname{grad}_a \int \mathfrak{n} \operatorname{grad}_q \left(\frac{1}{r}\right) df, \tag{10}$$

wobei der normale Einheitsvektor $\mathfrak{n}$ von der negativen zu der positiven Schichte weist. Mittels der Gl. 9 kann die Gl. 10 nun aber auch in die Form gebracht werden

$$\mathfrak{F} = \chi \operatorname{rot}_a \int \frac{d\mathfrak{s}}{r}. \tag{11}$$

Die von einer Doppelschichte herrührende Feldstärke läßt sich also nicht nur als Gradient des skalaren Potentials darstellen, sondern auch als Rotation des noch mit der Momentendichte multiplizierten Kurvenpotentials der Begrenzung. Längs der Kurve ist dabei in einem derartigen Umlaufssinn zu integrieren, daß der Umlauf entgegengesetzt dem Uhrzeiger von der Spitze der Normalen erscheint, die von der negativen zu der positiven Schichte führt.

Die Gl. 11 können wir auch in der Differentialform schreiben

$$d\mathfrak{F} = \chi \operatorname{rot}_a \left(\frac{d\mathfrak{s}}{r}\right), \tag{12}$$

wobei sich die gesamte Feldstärke in dem Aufpunkt durch Integration über die Begrenzungskurve der Doppelschichte ergibt. Nun ist (nach Gl. 27 des § 14)

$$\operatorname{rot}_a \left(\frac{d\mathfrak{s}}{r}\right) = \frac{1}{r} \operatorname{rot}_a (d\mathfrak{s}) - \left[d\mathfrak{s}, \operatorname{grad}_a \left(\frac{1}{r}\right)\right]. \tag{13}$$

Da die Komponenten des Kurvenelementes ganz unabhängig sind von den Koordinaten des Aufpunktes, so verschwindet das erste Glied der rechten Seite dieser Gleichung, und es wird, wenn wir die Gl. 4 des § 22 benutzen,

$$d\mathfrak{F} = \frac{\chi}{r^2}\left[d\mathfrak{s}, \frac{\mathfrak{r}}{r}\right]. \tag{14}$$

Nachdem wir nun vorhin die Rotation des Kurvenpotentials ermittelt haben, wollen wir noch die Divergenz des Kurvenpotentials berechnen (und zwar natürlich auch bei veränderlichem Aufpunkt). Wir finden zunächst

$$\frac{\partial P_x}{\partial x_a} = \frac{\partial}{\partial x_a} \int \frac{d x_q}{r}. \tag{15}$$

Nun bezieht sich aber die partielle Differentiation auf den Aufpunkt, hingegen die Integration auf den Quellpunkt. Es kann somit die Reihenfolge der beiden voneinander unabhängigen Operationen vertauscht und somit auch gesetzt werden

$$(16) \qquad \frac{\partial P_x}{\partial x_a} = \int \frac{\partial}{\partial x_a}\left(\frac{1}{r}\right) d x_q \,.$$

Andererseits sind aber wieder (nach Gl. 6 des § 22) die partiellen Differentialquotienten nach x_a und x_q entgegengesetzt gleich, und es wird daher

$$(17) \quad \operatorname{div}_a \mathfrak{P} = -\int \left\{ \frac{\partial}{\partial x_q}\left(\frac{1}{r}\right) d x_q + \frac{\partial}{\partial y_q}\left(\frac{1}{r}\right) d y_q + \frac{\partial}{\partial z_q}\left(\frac{1}{r}\right) d z_q \right\} .$$

Der Ausdruck in der geschlungenen Klammer stellt aber nun nichts anderes dar als das vollständige Differential von $(1/r)$ bei festgehaltenem Aufpunkt und veränderlichem Quellpunkt. Es wird also

$$(18) \qquad \operatorname{div}_a \mathfrak{P} = 0 \,,$$

wofern die Kurve geschlossen ist.

Wir denken uns nun die bisher betrachtete geschlossene Kurve erweitert zu einer Röhre von zwar geringem, aber immerhin endlichem Querschnitt. Betrachten wir für eine solche Röhre mit dem Querschnitt q das noch mit einem konstanten Skalar S multiplizierte Kurvenpotential, so können wir setzen

$$(19) \qquad S\, d\mathfrak{s} = \mathfrak{A}\, d\tau \,,$$

wenn $d\tau$ ein Volumelement der Röhre bedeutet und

$$(20) \qquad \mathfrak{A} = \frac{S}{q} \frac{d\mathfrak{s}}{ds}$$

ist.[2] Der Vektor $\mathfrak{A}$, der in die Gl. 19 eingeführt wurde, hat also die Richtung des Kurvenelementes und einen Betrag, der gleich ist dem Quotienten aus dem Skalar S und dem Querschnitt der Röhre.

Es ist dann

$$(21) \qquad S\, \mathfrak{P} = \int \frac{S\, d\mathfrak{s}}{r} = \int \frac{\mathfrak{A}\, d\tau}{r} \,,$$

und aus der Gl. 11 des § 23 folgt dann (wegen der Konstanz von S innerhalb der Röhre) ohne weiteres die Beziehung

$$(22) \qquad S \Delta \mathfrak{P} = -4\pi \mathfrak{A} \,.$$

Nun ist aber andererseits (nach Gl. 25 des § 14)

$$(23) \qquad \operatorname{rot}\operatorname{rot} \mathfrak{P} = \operatorname{grad}\operatorname{div} \mathfrak{P} - \Delta \mathfrak{P} \,.$$

Nach Gl. 18 ergibt sich also für eine geschlossene Röhre die wichtige Beziehung

$$(24) \qquad S \operatorname{rot}\operatorname{rot} \mathfrak{P} = 4\pi \mathfrak{A} \,,$$

wobei der Vektor $\mathfrak{A}$ gemäß Gl. 20 durch den Skalar S und den Röhrenquerschnitt bestimmt ist. Da die Divergenz einer Rotation (nach Gl. 24 des § 14) immer verschwindet, so folgt aus der Gl. 24, daß stets

$$(25) \qquad \operatorname{div} \mathfrak{A} = 0$$

sein muß, wofern die Röhre geschlossen ist.

[2] Es ist ja $d\tau$ gleich $q \cdot ds$.

§ 27. Die Coulombschen Fernkräfte.

Eine zwischen zwei Quellpunkten wirkende Kraft wollen wir als eine Coulombsche Fernkraft bezeichnen, wenn die Kraft $\mathfrak{K}$, die ein Quellpunkt *II* von der Ergiebigkeit g' seitens eines Quellpunktes *I* erfährt, gleich ist

(1) $$\mathfrak{K} = g' \mathfrak{F},$$

wobei $\mathfrak{F}$ die Feldstärke bedeutet, die der erste Quellpunkt an der Stelle erzeugt, an der sich der zweite Quellpunkt befindet.

Der Kraft entspricht eine potentielle Energie, die V genannt werde und als deren negativer Gradient die Kraft erscheint. Die potentielle Energie hängt daher mit dem Potential Ψ der Feldstärke durch die Beziehung zusammen

(2) $$V = g' \Psi,$$

wenn Ψ das Potential an der Stelle ist, an der sich der zweite Quellpunkt befindet.

Für die potentielle Energie eines Systems von Quellpunkten folgt daraus

(3) $$V = \tfrac{1}{2} \sum_{k=1}^{k=n} g_k \Psi_k = \tfrac{1}{2} \sum_{h=1}^{h=n} \sum_{k=1}^{k=n} \frac{g_h g_k}{r_{hk}}.$$

Der Faktor $\frac{1}{2}$ muß noch hinzugefügt werden, weil ja in der Doppelsumme jede Kombination von zwei Quellpunkten doppelt vorkommt (es wird z. B. $g_h g_k$ gleich $g_4 g_7$ sowohl, wenn $h = 4$ und $k = 7$, als auch, wenn $h = 7$ und $k = 4$ ist).

Betrachten wir nun ein Feld mit kontinuierlicher Quellenverteilung, so wird entsprechend der Gl. 3

(4) $$V = \tfrac{1}{2} \int \varrho \Psi \, d\tau$$

oder nach der Poissonschen Gleichung

(5) $$V = -\frac{1}{8\pi} \int \Psi \Delta \Psi \, d\tau.$$

Denken wir uns das Feld unbegrenzt, und nehmen wir an, daß im Unendlichen das Potential und somit auch die Feldstärke verschwinde (und das ist der Fall, wenn die Quellen durchwegs im Endlichen liegen), so trifft die Voraussetzung zu, die für die Gültigkeit des speziellen Satzes von Green notwendig ist (Gl. 7 des § 15). Es wird dann

(6) $$\int \Psi \Delta \Psi \, d\tau = -\int (\operatorname{grad} \Psi)^2 \, d\tau$$

oder, weil der negative Gradient von Ψ die Feldstärke $\mathfrak{F}$ darstellt,

(7) $$V = \frac{1}{8\pi} \int F^2 \, d\tau.$$

Die auf die Volumeinheit bezogene Energie, die sogenannte Energiedichte, ergibt sich also zu

(8) $$\eta = \frac{F^2}{8\pi}.$$

Das Potential der mechanischen Kraft, die in einem Felde auf ein Quellenpaar von der Ergiebigkeit g' wirkt, ist nach Gl. 2

$$V = g'(\Psi_2 - \Psi_1)\,, \tag{9}$$

wenn Ψ_1 das Potential an der Stelle der negativen und Ψ_2 das an der Stelle der positiven Quelle ist. Andererseits ist (nach Gl. 10 des § 5)

$$\Psi_2 - \Psi_1 = \mathfrak{a}_{12}\,\mathrm{grad}_{\mathfrak{a}}\,\Psi\,. \tag{10}$$

Da das Produkt aus der Verbindungsstrecke $\mathfrak{a}_{12}$ und g' aber das Moment $\mathfrak{M}'$ des Quellenpaares darstellt, so wird

$$V = \mathfrak{M}'\,\mathrm{grad}_a\,\Psi\,. \tag{11}$$

Auf Grund dieser Formel kann nun auch leicht das Potential der mechanischen Kraft berechnet werden, mit der zwei Doppelschichten aufeinander wirken. Wir betrachten ein Flächenelement df' der zweiten Doppelschichte, deren Momentendichte χ' und deren (von der negativen zur positiven Schichte weisende) Einheitsnormale $\mathfrak{n}'$ sei. Dann wird nach Gl. 11

$$dV = \mathfrak{n}'\,\chi'\,\mathrm{grad}_a\,\Psi\,df'\,. \tag{12}$$

Andererseits ist aber nun $\mathrm{grad}_a\,\Psi$ entgegengesetzt gleich der Feldstärke $\mathfrak{F}$, und $(-\mathfrak{F})$ ist wieder nach Gl. 11 des § 26 gleich $-\chi\,\mathrm{rot}\,\mathfrak{P}$, wenn χ die Momentendichte der ersten Doppelschichte ist und $\mathfrak{P}$ das Kurvenpotential, das über die Begrenzung der ersten Doppelschichte erstreckt wird. Es wird also

$$V = -\chi\chi'\int \mathfrak{n}'\,\mathrm{rot}\,\mathfrak{P}\,df'\,. \tag{13}$$

Nach dem Satze von Stokes ist aber das Integral, das in dieser Gleichung auftritt, nichts anderes als das Linienintegral des Vektors $\mathfrak{P}$, erstreckt über die Begrenzung der zweiten Doppelschichte. Nennen wir das Element dieser Begrenzung $d\mathfrak{s}'$, so wird also

$$V = -\chi\chi'\int \mathfrak{P}\,d\mathfrak{s}'\,. \tag{14}$$

Setzen wir schließlich in dieser Gleichung für das Kurvenpotential der ersten Doppelschichte seinen Wert ein, indem wir das Element der Begrenzung der ersten Doppelschichte mit $d\mathfrak{s}$ bezeichnen, so wird

$$V = -\chi\chi'\iint \frac{d\mathfrak{s}\,d\mathfrak{s}'}{r}\,. \tag{15}$$

§ 28. Elektrische Ladung und elektrischer Strom.

Die Grundlage der Elektrizitätstheorie bildet die von Coulomb im Jahre 1785 entdeckte Erfahrungstatsache, daß zwischen elektrisch geladenen Körpern eine Kraft wirkt, die dem Produkte der Ladungen direkt, dem Quadrate der Entfernung umgekehrt proportional ist, die in die Richtung der Verbindungslinie fällt und abstoßend oder anziehend ist, je nachdem, ob die beiden Ladungen von gleicher oder entgegengesetzter Art sind. Es ist also die Kraft $\mathfrak{K}$, die eine Ladung e' seitens einer Ladung e erfährt,

$$\mathfrak{K} = \frac{e\,e'}{r^2}\,\frac{\mathfrak{r}}{r}, \tag{1}$$

wenn $\mathfrak{r}$ die gerichtete Strecke bedeutet, die von der Ladung e zu der Ladung e' führt. Bezeichnen wir die elektrische Feldstärke, die an der Stelle der Ladung e' die Ladung e hervorruft, mit $\mathfrak{E}$, so ist also (nach Gl. 8 des § 22)

$$\mathfrak{K} = e'\,\mathfrak{E}. \tag{2}$$

Wir können demnach die bisher gewonnenen Ergebnisse ohne weiteres auch auf elektrische Felder übertragen, indem wir an die Stelle der Ergiebigkeit die elektrische Ladung setzen, an die Stelle der allgemeinen Feldstärke die elektrische Feldstärke $\mathfrak{E}$ und an die Stelle der Dichte die Ladungsdichte, für die in üblicher Weise der Buchstabe ϱ beibehalten werde. Die Vektorlinien der elektrischen Feldstärke wollen wir als die elektrischen Kraftlinien bezeichnen.

Elektrische Feldstärke und Ladungsdichte sind dann (nach Gl. 3 des § 23) durch die Beziehung verknüpft

$$\operatorname{div}\mathfrak{E} = 4\pi\varrho. \tag{3}$$

Andererseits ist (nach Gl. 8 des § 27) die Energiedichte im elektrischen Felde gleich dem durch 8π dividierten Quadrate der elektrischen Feldstärke.

Da die elektrische Feldstärke als negativer Gradient des elektrischen Potentials einen lamellaren Vektor darstellt, so ist (nach § 16) das elektrostatische Feld am einfachsten graphisch darstellbar durch Konstruktion der von den Potentialflächen gebildeten Lamellen. Die elektrische Feldstärke ist überall senkrecht zu den Potentialflächen und in ihrem Betrage der Dicke der Lamellen umgekehrt proportional. Von jeder Ladung e entspringen $4\pi e$ Kraftlinien (noch multipliziert mit einem willkürlichen Proportionalitätsfaktor), bzw. münden ebensoviel Kraftlinien in die Ladung ein, wenn sie negativ ist.

Ist ein Körper so beschaffen, daß in ihm die Elektrizität frei beweglich ist, so bezeichnet man den Körper als einen Leiter oder Konduktor. In einem Leiter kann Gleichgewicht nur vorhanden sein, wenn in seinem Inneren die elektrische Feldstärke überhaupt verschwindet. Das ist trotz des Vorhandenseins einer Ladung aber nur dann möglich, wenn das elektrische Potential innerhalb des Leiters konstant ist. Nach Gl. 3 muß dann natürlich auch innerhalb des Körpers überall ϱ verschwinden; die Elektrizität, mit der der Konduktor geladen ist, kann also ihren Sitz nur auf der Oberfläche des Konduktors haben.

Größe und Richtung der Feldstärke an der Oberfläche sind nun leicht auf Grund der beiden früher (§ 24) ermittelten Beziehungen bestimmbar, wonach die tangentiale Komponente der Feldstärke zu beiden Seiten der Oberfläche denselben Wert hat, während die Normalkomponente in der Richtung der nach außen weisenden Normalen an der Außenseite um $4\pi\sigma$ größer ist als an der Innenseite. Da im Innern des Konduktors die Feldstärke überhaupt verschwindet, so verschwindet auch an der Außenseite die Tangentialkomponente; die nach außen gerichtete Normalkomponente ist aber $4\pi\sigma$. Bezeichnen wir also den nach außen weisenden normalen Einheitsvektor mit $\mathfrak{n}$, so wird an der Oberfläche des Konduktors

$$\mathfrak{E} = 4\pi\sigma\mathfrak{n}. \tag{4}$$

Bewegte Elektrizität stellt eine elektrische Strömung dar. Im besonderen spricht man von einem elektrischen Strom, wenn die Bewegung innerhalb eines röhrenförmigen Gebildes, also etwa innerhalb eines Drahtes erfolgt. Die Elektrizitätsmenge, die in der Zeiteinheit den Querschnitt einer solchen Röhre passiert, nennt man die Stromstärke; sie werde mit J bezeichnet. Der Stromstärke kann dann (gemäß Gl. 20 des § 26) ein Vektor zugeordnet werden, dessen Betrag gleich ist dem Quotienten aus der Stromstärke und dem Röhrenquerschnitt und der die Richtung der Röhre hat. Dieser Vektor wird die Stromdichte genannt und mit $\mathfrak{i}$ bezeichnet. Es ist also

$$\mathfrak{i} = \frac{J}{q}\frac{d\mathfrak{s}}{ds}, \tag{5}$$

wenn $d\mathfrak{s}$ das Kurvenelement der Röhre bedeutet. Aus der Definition der Stromdichte folgt, daß (gemäß Gl. 25 des § 26) für geschlossene Ströme

$$\operatorname{div}\mathfrak{i} = 0 \tag{6}$$

sein muß. Die Stromrichtung aber soll mit der Bewegungsrichtung der Elektrizität zusammenfallen oder ihr entgegengesetzt sein, je nachdem, ob die bewegte Elektrizität positiv oder negativ ist.

Sind A und B zwei Querschnitte einer Stromröhre, so ist die Arbeit, die bei der Bewegung einer Elektrizitätsmenge e von A nach B verrichtet wird, gegeben durch das Produkt aus e und aus dem Potentialunterschied zwischen A und B. (Denn die Feldstärke ist ja der negative Gradient des Potentials.) Man bezeichnet nun bei einem geschlossenen Strom, in dem durch Einschaltung einer Stromquelle ständig ein Potentialgefälle erhalten wird, den Unterschied zwischen dem höchsten und dem niedrigsten Werte des Potentials als die elektromotorische Kraft des Stromes. Da die Elektrizitätsmenge, die einen Querschnitt in der Zeiteinheit passiert, gleich J ist, so stellt das Produkt aus Stromstärke und elektromotorischer Kraft die in der Zeiteinheit seitens des Stromes verrichtete Arbeit dar.

Andererseits ist die elektromotorische Kraft als Potentialunterschied gleich dem Linienintegral der elektrischen Feldstärke entlang der Stromröhre, wobei in dem Richtungssinn der Feldstärke integriert werde, so daß das Linienintegral stets positiv ist. Für die in der Zeiteinheit geleistete Arbeit, die w genannt werde, gilt also die Beziehung

$$w = J \int \mathfrak{E}\, d\mathfrak{s}\,. \tag{7}$$

§ 29. Der Magnetismus.

Wir wollen einen geschlossenen Strom von der Stromstärke J und das Vektorfeld betrachten, das von der Rotation des Kurvenpotentials des Stroms gebildet wird. Nach Gl. 11 des § 26 stimmt dieses Feld bis auf einen Proportionalitätsfaktor überein mit dem Felde der Feldstärke, die von einer von dem Strome umgrenzten Doppelschichte erzeugt wird.

Neben das Gesetz der elektrostatischen Anziehung tritt nun als zweites Axiom der Elektrizitätstheorie ein Gesetz hinzu, das man etwa folgendermaßen aussprechen könnte: Zwei geschlossene elektrische Ströme üben aufeinander eine mechanische Kraft aus, die ebenso groß ist wie die COULOMBsche Fernkraft zwischen zwei von den Strömen umgrenzten Doppelschichten, wofern man die Momentendichte jeder Doppelschichte gleich setzt dem Quotienten aus der Stromstärke und einer universellen Konstanten, die sich als eine Geschwindigkeit von $3 \cdot 10^{10}$ cm/sec ergibt.

Nennen wir die universelle Konstante c, so kann also jeder geschlossene ebene Strom ersetzt werden durch eine Doppelschichte von dem gesamten Momente

$$\mathfrak{M} = \mathfrak{n} \frac{J}{c} f, \tag{1}$$

wenn f die von dem Strome umgrenzte Fläche, die sogenannte Stromfläche bedeutet.[1] Dabei muß (nach § 26) der normale Einheitsvektor $\mathfrak{n}$ einen solchen Richtungssinn haben, daß, von seiner Spitze gesehen, der Umlaufssinn, in dem das Kurvenpotential des Stromes gebildet wird, entgegengesetzt dem Uhrzeiger erscheint; da aber bei der Bildung des Kurvenpotentials im Sinne des Stromes integriert wird, so muß der Strom, von der Spitze des Vektors $\mathfrak{n}$ gesehen, entgegengesetzt dem Uhrzeiger fließen.

Unter Benutzung eines alt hergebrachten Ausdruckes bezeichnet man nun die äquivalente Doppelschichte, durch die man sich jeden elektrischen Strom hinsichtlich seiner Wirkung auf andere Ströme ersetzt denken kann, als magnetische Doppelschichte. Dementsprechend spricht man von dem magnetischen Moment eines Stromes, das eben durch die Gl. 1 dargestellt ist. Indem man der Doppelschichte eine bestimmte willkürliche Dicke a gibt, kann man den Quotienten aus dem

[1] Den allgemeinen Fall einer nicht ebenen Stromfläche kann man im Sinne der Fig. 21 auf den speziellen Fall ebener Ströme zurückführen.

Betrage des Momentes $\mathfrak{M}$ und der Dicke a als die Magnetismusmenge bezeichnen, die jeder der beiden entgegengesetzten Schichten in gleichem Betrage zukommt. Verbinden wir die beiden Schichten durch einen normalen Vektor von dem Richtungssinn des Vektors $\mathfrak{n}$, von dessen Spitze gesehen der Strom entgegengesetzt dem Uhrzeiger kreist, so werden wir (gemäß § 25) die Schichte, von der der Vektor ausgeht, als negativ magnetisch und diejenige, zu der er weist, als positiv magnetisch bezeichnen müssen.

Als Seitenstück zu der Elektrizität kann also die theoretische Physik ein fingiertes Agens annehmen, das eben als Magnetismus bezeichnet wird, das ebenso wie die Elektrizität dualer Natur ist und das ebenso wie die Elektrizität zwischen seinen Teilen Coulombsche Fernkräfte (im Sinne des § 27) ausübt. Die Analogie zwischen Elektrizität und Magnetismus ist jedoch durch eine aus der Definition des Magnetismus notwendigerweise folgende Tatsache beschränkt. Es kann keine einzelnen magnetischen Quellen geben, sondern nur Quellenpaare, die überdies stets von flächenhafter Art sein müssen. Aber jedenfalls können wir auch auf den Magnetismus die Ergebnisse der früheren allgemeinen Betrachtungen anwenden, wenn wir an die Stelle der Ergiebigkeit im allgemeinen die Magnetismusmenge setzen und an die Stelle der Feldstärke im allgemeinen nunmehr die magnetische Feldstärke, die mit $\mathfrak{H}$ bezeichnet werde.

Die universelle Konstante c wollen wir als die elektromagnetische Konstante bezeichnen. Daß sie die Dimension einer Geschwindigkeit haben muß, folgt ohne weiteres aus der Gl. 1. Denn da Magnetismusmenge und Elektrizitätsmenge dieselbe Dimension haben, ist die Dimension der linken Seite der Gl. 1 Elektrizitätsmenge mal Länge. Auf der rechten Seite der Gl. 1 ist $\mathfrak{n}$ dimensionslos, die Stromstärke J ist nach ihrer Definition gleich einer Elektrizitätsmenge durch eine Zeit. Daher muß in der Tat die elektromagnetische Konstante die Dimension einer Geschwindigkeit haben. Den Quotienten J/c wollen wir kurz die elektromagnetisch gemessene Stromstärke nennen.

Wir denken uns nun einen Körper, der in seinem Inneren eine sehr, sehr große Zahl winzig kleiner Ströme enthalte. Wir betrachten sodann ein Volumelement des Körpers $d\tau$, das jedoch noch immer eine sehr große Zahl dieser Elementarströme umfassen soll. Wir können dann die Momente aller in dem Volumelement enthaltenen Elementarströme vektoriell addieren; indem wir den Vektor, den wir so erhalten, durch die Größe des Volumelementes dividieren, ergibt sich ein Vektor, der als der spezifische Magnetisierungsvektor und mit dem Buchstaben $\mathfrak{h}$ bezeichnet werde. Hat dieser Vektor innerhalb des Körpers überall denselben Wert, so bezeichnen wir denselben als homogen magnetisiert.

Für einen homogen magnetisierten Körper wollen wir nun das magnetische Potential berechnen, das er in einem beliebigen Aufpunkt erzeugt. Das Potential eines Volumelementes ist (nach Gl. 3 des § 25)

$$(2)\qquad d\Psi = \mathfrak{h} \operatorname{grad}_q \left(\frac{1}{r}\right) d\tau .$$

Andererseits ist (nach Gl. 26 des § 14)

$$(3)\qquad \mathfrak{h} \operatorname{grad}_q \left(\frac{1}{r}\right) = \operatorname{div}_q \left(\frac{\mathfrak{h}}{r}\right) - \frac{1}{r} \operatorname{div}_q \mathfrak{h} .$$

Für einen homogen magnetisierten Körper verschwindet aber wegen der Konstanz von $\mathfrak{h}$ das letzte Glied der Gl. 3, und durch Integration der Gl. 2 ergibt sich somit die Beziehung

$$(4)\qquad \Psi = \int \operatorname{div}_q \left(\frac{\mathfrak{h}}{r}\right) d\tau$$

oder nach dem Satze von Gauss

$$(5)\qquad \Psi = \int \frac{h_n}{r}\, df ,$$

wenn df ein Element der Oberfläche des homogen magnetisierten Körpers bedeutet und die Normalkomponente in bezug auf die nach außen weisende Oberflächennormale genommen wird.

Wie ein Vergleich dieser Gleichung mit der Gl. 5 des § 24 zeigt, verhält sich also ein homogen magnetisierter Körper so, als ob der Magnetismus seinen Sitz nur an der Oberfläche hätte und hierbei die Oberflächendichte überall gleich wäre der Normalkomponente des spezifischen Magnetisierungsvektors. Betrachten wir im besonderen einen zylindrischen Stab, dessen Achse mit der Richtung des Magnetisierungsvektors zusammenfällt, so verschwindet die Normalkomponente und somit auch die Oberflächendichte entlang dem Mantel. Die nach außen weisende Normale hat aber nun an den beiden Grundflächen entgegengesetzten Richtungssinn und im übrigen die Richtung des Vektors $\mathfrak{h}$. Ein derartiger zylindrischer Stab, den man als einen Stabmagneten bezeichnet, weist also nur an den beiden Enden Magnetismus auf. Die beiden Endflächen bezeichnet man auch als die beiden Pole des Magneten und die ihnen zukommende Magnetismusmenge als die Polstärke. Sie ist mit positivem oder negativem Vorzeichen gleich dem Produkte aus der Grundfläche und dem Betrag des spezifischen Magnetisierungsvektors.

Dieselben Eigenschaften wie ein Stabmagnet muß natürlich auch eine geradachsige Stromspirale, ein sogenanntes Solenoid, zeigen, da jeder Stromwindung ein Moment entspricht, das durch die Gl. 1 gegeben ist. Bezeichnen wir die Gesamtzahl der Windungen mit Z, so ist das gesamte Moment des Solenoids

$$(6)\qquad \mathfrak{M} = \mathfrak{n}\, Z \frac{J}{c} f .$$

Dividieren wir den Betrag des Vektors $\mathfrak{M}$ durch die Länge der Spirale, so erhalten wir die Magnetismusmenge m, deren Träger die beiden Endflächen sind. Nun ergibt aber die Division der Zahl Z durch die Länge der Spirale die Zahl der Windungen, die auf die Längeneinheit entfallen. Nennen wir diese Zahl z, so ist also

$$m = \pm z \frac{J}{c} f. \tag{7}$$

Dabei muß nach der früheren Definition der positive Pol so liegen, daß, von ihm gesehen, der Strom die Spirale entgegengesetzt dem Uhrzeiger durchfließt.

Hängt man nun eine solche Stromspirale so auf, daß sie sich in einer Horizontalebene frei bewegen kann, so stellt sie sich unter dem Einflusse des Erdmagnetismus so, daß ihr positiver Pol nach Norden weist. Unterscheidet man also in traditioneller Weise die beiden Pole eines Magneten als Nord- und Südpol (je nachdem, ob der Pol nach Norden oder Süden weist), so deckt sich der früher definierte Begriff des positiven Magnetismus mit dem konventionellen Begriff des Nordmagnetismus.

§ 30. Das Gesetz von Biot und Savart.

Die magnetische Feldstärke, die ein geschlossener elektrischer Strom in einem beliebigen Aufpunkt erzeugt, ergibt sich ohne weiteres aus der Gl. 11 des § 26, indem wir statt der Momentendichte χ nunmehr (nach § 29) die elektromagnetisch gemessene Stromstärke J/c einsetzen. Für die magnetische Feldstärke erhalten wir derart den Wert

$$\mathfrak{H} = \frac{J}{c} \operatorname{rot}_a \int \frac{d\mathfrak{s}}{r}, \tag{1}$$

wobei das Integral also das Kurvenpotential des Stromes bedeutet.

Hierfür können wir (nach Gl. 14 des § 26) auch in der Differentialform schreiben

$$d\mathfrak{H} = \frac{J}{c\,r^2}\left[d\mathfrak{s}, \frac{\mathfrak{r}}{r}\right]. \tag{2}$$

Dabei bedeutet also $d\mathfrak{H}$ die Feldstärke, die von einem einzelnen Stromelement $d\mathfrak{s}$ hervorgerufen wird. In ihrem Betrage ist demnach diese Feldstärke

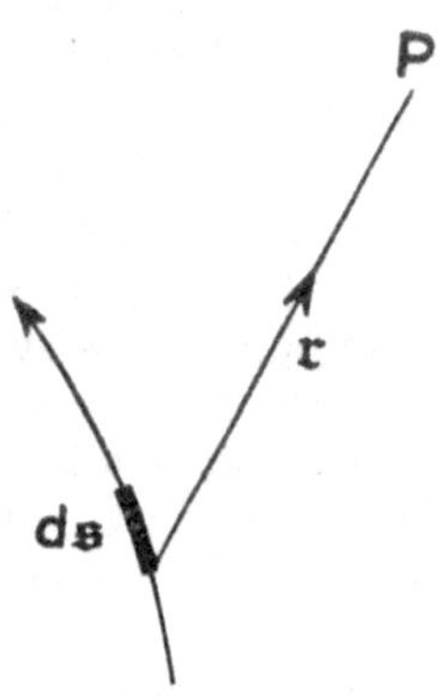

Fig. 34.

$$dH = \frac{J}{c} \frac{ds \sin \vartheta}{r^2}, \tag{3}$$

wenn ϑ der Winkel ist, den die von dem Stromelement zu dem Aufpunkt gezogene Strecke mit der Richtung des Stromelementes einschließt (Fig. 34). Das durch die Gl. 3 ausgedrückte Gesetz wurde bereits im Jahre 1820 von Biot und Savart aus ihren Versuchsergebnissen erschlossen, die sich aber natürlich nicht auf Stromelemente, sondern nur auf ganze Ströme beziehen konnten.

Die Richtung des Vektors $d\mathfrak{H}$ bestimmt sich dadurch, daß der Vektor senkrecht steht auf der Ebene, die von dem Kurvenelement und dem Aufpunkt gebildet wird. Denken wir uns die den Aufpunkt enthaltende Ebene mit dem Aufpunkt um das Kurvenelement gedreht, so erkennen wir es also ohne weiteres, daß die magnetischen Kraftlinien, die ein geradliniges Stück eines Stromleiters erzeugt, Kreise sein müssen, deren Mittelpunkte in den Stromleiter fallen.

Der Richtungssinn von $d\mathfrak{H}$ bestimmt sich endlich nach der Definition des Vektorproduktes dadurch, daß nach Gl. 2, von der Spitze des Vektors $d\mathfrak{H}$ gesehen, die Drehung dem Uhrzeiger entgegengesetzt erscheint, die das Kurvenelement $d\mathfrak{s}$ in die Richtung des Vektors $\mathfrak{r}$ überführt. In Fig. 34 muß also der Vektor $d\mathfrak{H}$ nach hinten gerichtet sein. Denken wir uns daher etwa im Strome eine menschliche Figur schwimmend, die ihr Gesicht dem Aufpunkte zuwendet, so gibt sie die Richtung des Vektors $d\mathfrak{H}$ mit ihrem ausgestreckten linken Arm an. Diese den Richtungssinn der magnetischen Ablenkung festlegende sogenannte Schwimmerregel wurde bereits im Jahre 1820 von Ampère aufgestellt.

Für die magnetische Feldstärke, die ein kreisförmiger Strom von dem Halbmesser a im Zentrum hervorruft, folgt aus der Gl. 3 (weil $\sin\vartheta$ dann gleich Eins wird)

$$H = \frac{J}{c}\,\frac{2\pi}{a}\,. \tag{4}$$

Da Polstärken auf Grund des Coulombschen Gesetzes aus der Größe der Anziehung oder Abstoßung ermittelt werden können, so liefert die Gl. 4 ein einfaches Mittel, um (unter Benutzung sogenannter Galvanometer) die Stromstärke in elektromagnetischem Maß zu bestimmen, also den Quotienten J/c zu ermitteln. Im Jahre 1856 gelang es nun Weber und Kohlrausch, für den Entladungsstrom einer Leidener Flasche außer der Größe J/c auch die Größe J selbst zu ermitteln, indem sie die Ladung der Leidener Flasche vor der Entladung und das Zeitintegral der Stromstärke des Entladungsstromes maßen. Damit war natürlich auch die elektromagnetische Konstante c ermittelt, für die eben Weber und Kohlrausch einen Wert von $3\cdot 10^{10}$ cm/sec fanden.

Aus der Gl. 1 ergibt sich (weil die Divergenz einer Rotation stets verschwinden muß) die sehr wichtige Beziehung

$$\operatorname{div}\mathfrak{H} = 0\,. \tag{5}$$

Andererseits gilt ja für das Kurvenpotential $\mathfrak{P}$ eines geschlossenen Stromes nach Gl. 24 des § 26 und Gl. 5 des § 28 die Beziehung

$$J\operatorname{rot}\operatorname{rot}\mathfrak{P} = 4\pi\mathfrak{i}\,. \tag{6}$$

Nach Gl. 1 ist aber

$$\frac{J}{c}\operatorname{rot}\mathfrak{P} = \mathfrak{H}\,, \tag{7}$$

und somit erhalten wir, wenn wir die Gl. 6 noch durch c dividieren, die bedeutungsvolle Formel

$$\operatorname{rot}\mathfrak{H} = \frac{4\pi}{c}\,\mathfrak{i}\,. \tag{8}$$

Diese Gleichung kann auch in eine andere Form gebracht werden, in der an die Stelle der Stromdichte die Stromstärke tritt. Betrachten wir nämlich eine Kurve, die den Stromleiter einmal umschlingt (Fig. 35), so ist das Linienintegral der magnetischen Feldstärke längs dieser Kurve nach dem Satze von Stokes

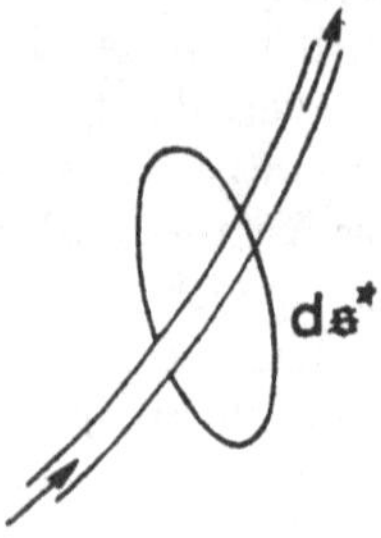

Fig. 35.

$$\int \mathfrak{H}\, d\mathfrak{s}^* = \int \mathfrak{n}^* \operatorname{rot} \mathfrak{H}\, df^* , \tag{9}$$

wenn wir unter $d\mathfrak{s}^*$ das Element der den Stromleiter umschließenden Kurve verstehen, unter df^* das Element einer von dieser Kurve umschlossenen Fläche und unter $\mathfrak{n}^*$ die Einheitsnormale dieser Fläche; nach dem Satze von Stokes muß diese einen solchen Richtungssinn haben, daß, von ihrer Spitze gesehen, der Integrationsumlauf des Linienintegrals dem Uhrzeiger entgegengesetzt erscheint. Setzen wir auf der rechten Seite der Gl. 9 für die Rotation der magnetischen Feldstärke den Wert aus Gl. 8 ein, so finden wir

$$\int \mathfrak{H}\, d\mathfrak{s}^* = \frac{4\pi}{c} \int i_n\, df^* . \tag{10}$$

Nun ist aber das Flächenintegral der Normalkomponente der Stromdichte nichts anderes als die Elektrizitätsmenge, die in der Zeiteinheit die Fläche passiert; und das ist, weil ja die Elektrizität nur in dem Leiter fließt, die Stromstärke J (und zwar mit positivem Vorzeichen, wenn, von der Spitze des Vektors $\mathfrak{i}$ gesehen, der Umlauf, in dem das Linienintegral gebildet wird, dem Uhrzeiger entgegengesetzt erscheint). Es wird also

$$\int \mathfrak{H}\, d\mathfrak{s}^* = \frac{4\pi}{c} J . \tag{11}$$

Es ist somit die Arbeit, die bei dem einmaligen Herumführen eines Einheitspoles um einen Strom verrichtet wird, gleich der mit 4π multiplizierten elektromagnetisch gemessenen Stromstärke.

Diese Beziehung können wir auch dazu verwenden, um sehr einfach die magnetische Feldstärke im Inneren eines langen Solenoids zu berechnen. Wir betrachten eine geschlossene Kurve, die im Inneren des Solenoids zu dessen Achse parallel sei und die die beiden Endflächen des Solenoids durchsetzte. Ist das Solenoid sehr lang, so können wir die Feldstärke in seinem Inneren als konstant ansehen und ferner näherungsweise das Linienintegral der Feldstärke längs der geschlossenen Kurve gleichsetzen dem Produkt aus dieser konstanten Feldstärke und der Länge a der Achse des Solenoids. Ist die Gesamtzahl der Windungen Z, so wird also nach Gl. 11, weil ja jede Stromwindung von der Kurve einmal umschlungen wird.

$$H\, a = 4\pi Z \frac{J}{c} \cdot \tag{12}$$

Bezeichnen wir wiederum die Zahl der auf die Längeneinheit entfallenden Windungen mit z, so wird also im Innern des Solenoids

$$H = 4\pi z \frac{J}{c}, \tag{13}$$

wobei der Richtungssinn der zur Achse parallelen Feldstärke durch die AMPÈREsche Schwimmerregel bestimmt ist.

§ 31. Das elektrodynamische Grundgesetz von AMPÈRE.

Das Potential der mechanischen Kraft, mit der zwei elektrische Ströme aufeinander wirken, ergibt sich ohne weiteres aus der Gl. 15 des § 27, indem wir (gemäß § 29) die Momentendichte durch die elektromagnetisch gemessene Stromstärke ersetzen. Wir erhalten so die von AMPÈRE aufgefundene Beziehung

$$V = -\frac{JJ'}{c^2}\int\int \frac{d\mathfrak{s}\, d\mathfrak{s}'}{r}. \tag{1}$$

Hierfür können wir, indem wir auf die Gl. 13 des § 27 zurückgreifen und die Gl. 7 des § 30 berücksichtigen, auch schreiben

$$V = -\frac{J'}{c}\int \mathfrak{n}'\,\mathfrak{H}\, df'. \tag{2}$$

Die potentielle Energie, die einem Strome in einem Magnetfeld zukommt, ist also entgegengesetzt gleich dem Produkte aus der elektromagnetisch gemessenen Stromstärke und aus dem magnetischen Kraftfluß durch die Stromfläche.

Die Gl. 1 läßt sich in der Differentialform schreiben, wenn wir die Wirkung betrachten, die zwei Elemente zweier Ströme aufeinander ausüben. Wir wollen den speziellen Fall untersuchen, daß die beiden Stromelemente in gleichem oder entgegengesetztem Richtungssinn parallel seien. Dann wird das innere Produkt der Gl. 1 einfach gleich dem arithmetischen Produkt, und zwar mit positivem Vorzeichen, wenn die beiden Stromelemente in gleichem Sinn parallel sind. Es ist also dann

$$dV = -\frac{JJ'}{c^2}\,\frac{ds\, ds'}{r}. \tag{3}$$

Wir wollen nun mit $d\mathfrak{K}$ die Kraft bezeichnen, die von dem ersten Stromelement (ds) auf das zweite (ds') ausgeübt wird und mit $\mathfrak{r}$ die gerichtete Strecke, die von dem ersten zu dem zweiten Stromelement führt. Weil dV bei gegebenen Strömen nur als eine Funktion von r erscheint, so wird (nach Gl. 18 des § 5) die mechanische Kraft als negativer Gradient des Potentials

$$d\mathfrak{K} = -\frac{JJ'}{c^2}\,\frac{ds\, ds'}{r^2}\,\frac{\mathfrak{r}}{r}. \tag{4}$$

Sind also die beiden Stromelemente gleich gerichtet, so hat die Kraft, die das erste Element auf das zweite ausübt, entgegengesetzten

Richtungssinn wie die Verbindungsstrecke, die von dem ersten zu dem zweiten Stromelement führt. Gleich gerichtete Stromteile ziehen also einander an, während entgegengesetzt gerichtete einander abstoßen. Diese wichtige Tatsache hat auf experimentellem Wege AMPÈRE im Jahre 1820 entdeckt. Er hat zugleich aber auch gefunden, daß, wie es die Gl. 4 ausdrückt, die anziehende oder abstoßende Kraft dem Produkte der Stromstärken und der Längen direkt, hingegen dem Quadrate der Entfernung umgekehrt proportional ist.

§ 32. Das Induktionsgesetz von NEUMANN.

Ändert sich der magnetische Kraftfluß, der durch die Fläche eines Stromleiters hindurchgeht, so bedeutet dies nach Gl. 2 des § 31 stets zugleich eine Änderung potentieller Energie, die ihr Äquivalent, wie die Erfahrung zeigt, in dem Entstehen eines Induktionsstroms in dem Stromleiter findet. Die quantitativen Gesetzmäßigkeiten, die für diese Erfahrungstatsache gelten, ergeben sich aber nun sehr einfach mittels des Satzes von der Erhaltung der Energie. Nach diesem Satze muß offenbar die Arbeit, die der induzierte Strom in einem Zeitelement dt leistet, gleich sein der Änderung, die in diesem Zeitelement die potentielle Energie erfährt. Woferne wir den Induktionsstrom als stationär, seine Stärke also als konstant ansehen, ist die Änderung der potentiellen Energie (nach Gl. 2 des § 31, wenn wir die Striche bei den Größen $\mathfrak{n}$ und df als in diesem Abschnitte nicht mehr erforderlich weglassen)

$$dV = -\frac{J}{c} dt \frac{d}{dt} \int \mathfrak{n}\, \mathfrak{H}\, df. \tag{1}$$

Dabei muß der normale Einheitsvektor $\mathfrak{n}$ einen solchen Richtungssinn haben, daß, von seiner Spitze gesehen, der Induktionsstrom entgegengesetzt dem Uhrzeiger fließt.

Andererseits ist aber (gemäß Gl. 7 des § 28)

$$dV = J\, dt \int \mathfrak{E}\, d\mathfrak{s}. \tag{2}$$

Ein Vergleich der Gl. 1 und 2 ergibt somit die wichtige Beziehung

$$\int \mathfrak{E}\, d\mathfrak{s} = -\frac{1}{c} \frac{d}{dt} \int \mathfrak{n}\, \mathfrak{H}\, df. \tag{3}$$

Die induzierte elektromotorische Kraft ist also bis auf einen Proportionalitätsfaktor gleich der auf die Zeiteinheit bezogenen Änderung des magnetischen Kraftflusses durch die Leiterfläche. Dieses sogenannte Induktionsgesetz wurde im Jahre 1845 von FRANZ NEUMANN aufgestellt. Der Induktionsstrom ist also, wie die Gl. 3 zeigt, um so stärker, je rascher sich der magnetische Kraftfluß (oder, wie man auch sagen kann, die Zahl der durch die Leiterfläche gehenden magnetischen Kraftlinien) ändert.

Auch der Umlaufssinn des induzierten Stromes ist aus der Gl. 3 erkennbar. Da wir die elektromotorische Kraft (nach § 28) gleich setzen dem Linienintegral der Feldstärke, in deren Richtungssinn erstreckt, und das Linienintegral somit immer positiv sein muß, so muß auf der rechten Seite der Gl. 3 der zeitliche Differentialquotient des Integrals immer negativ sein. Der normale Einheitsvektor $\mathfrak{n}$, von dessen Spitze gesehen der Induktionsstrom entgegengesetzt dem Uhrzeiger fließen soll, muß also stets einen solchen Richtungssinn haben, daß der auf ihn bezogene magnetische *Kraftfluß abnimmt.*

Nähern wir nun beispielsweise dem Induktionsleiter den positiven Pol eines Magneten, so wird hierbei der auf die Normale $\mathfrak{n}$ bezogene magnetische Kraftfluß nur dann abnehmen können, wenn der normale Einheitsvektor dem angenäherten positiven Pole zugewendet ist, also mit den von dem Pole kommenden Kraftlinien einen *stumpfen Winkel* bildet (Fig. 36). Hat aber die Normale $\mathfrak{n}$ einen solchen Richtungssinn, dann wendet auch die dem induzierten Strome äquivalente magnetische Doppelschichte (nach § 29) ihre positive Seite dem angenäherten Magnetpol zu; sie wirkt also nach dem COULOMBschen Gesetz durch eine abstoßende Kraft der *Annäherung des Poles entgegen.*

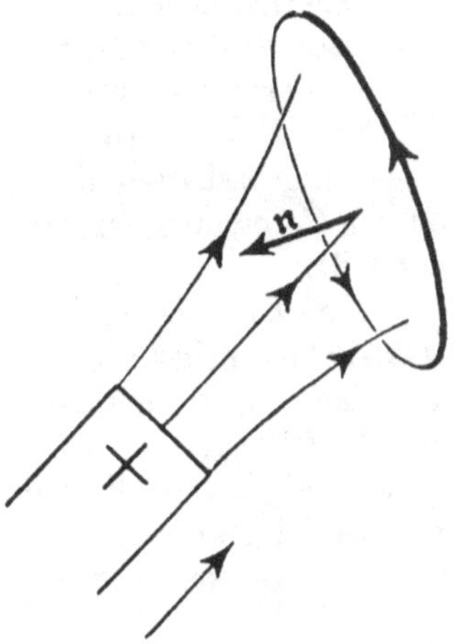

Fig. 36.

Auf den betrachteten Spezialfall läßt sich jeder beliebige Fall zurückführen, sei es nun, daß der Induktionsstrom durch Annäherung oder Entfernung eines Magneten oder eines Stromes entsteht oder durch Verstärkung oder Schwächung eines Magneten oder eines Stromes oder auch durch Öffnung oder Schließung eines primären Stromes. Aus der Gl. 3 erkennen wir somit ein allgemein gültiges Gesetz, das auf empirischem Wege bereits im Jahre 1834 LENZ aufgestellt hat und das nach ihm gewöhnlich als die LENZsche Regel bezeichnet wird; der induzierte Strom hat stets einen solchen Umlaufssinn, daß er durch die von ihm ausgehende magnetische Kraft den *induzierenden Vorgang zu hemmen* sucht.

Eine besonders einfache Form nimmt die Gl. 3 in dem speziellen Fall an, daß die *Stromfläche ruht und starr* ist. Dann kann in Gl. 1 der totale zeitliche Differentialquotient durch einen partiellen ersetzt werden, und weiterhin kann dann auch die Reihenfolge der beiden voneinander unabhängigen Rechenoperationen der partiellen zeitlichen Differentiation und der Flächenintegration vertauscht werden. Es wird also dann

(4) $$\frac{d}{dt}\int \mathfrak{n}\,\mathfrak{H}\,df = \int \mathfrak{n}\,\frac{\partial \mathfrak{H}}{\partial t}\,df .$$

Andererseits ist nach dem *Satze von* STOKES

(5) $$\int \mathfrak{E}\,d\mathfrak{s} = \int \mathfrak{n}\,\mathrm{rot}\,\mathfrak{E}\,df .$$

Setzen wir in die Gl. 3 die Werte aus den Gl. 4 und 5 ein, so ergibt sich, weil die nun erhaltene Gleichung für jede beliebige Gestalt und Lage der Stromfläche erfüllt sein muß, die wichtige Beziehung

$$\text{rot}\,\mathfrak{E} = -\frac{1}{c}\frac{\partial \mathfrak{H}}{\partial t}\,. \tag{6}$$

§ 33. Die Maxwellschen Gleichungen.

Zu den beiden Axiomen der elektrostatischen Anziehung und der zwischen geschlossenen Strömen bestehenden magnetischen Anziehung sowie zu der Erfahrungstatsache der Induktionsströme kommt durch die Maxwellsche Theorie als eine weitere fundamentale Annahme der Elektrizitätslehre das Gesetz der Verschiebungsströme hinzu. Man kann es etwa in der folgenden Form aussprechen: Jeder Änderung der elektrischen Feldstärke entspricht in einem elektromagnetischen Felde ein elektrischer Verschiebungsstrom, der dieselben Eigenschaften besitzt wie ein Leiterstrom und der entweder selbst oder in Verbindung mit einem Leiterstrom eine geschlossene Strömung darstellt.

Der Zusammenhang, der zwischen der zeitlichen Änderung der elektrischen Feldstärke an einer bestimmten Stelle und der Dichte des Verschiebungsstromes an dieser Stelle besteht, ergibt sich aber nun aus der Beziehung, wonach der elektrische Kraftfluß durch eine geschlossene Fläche, die wir uns starr und unbewegt denken, gleich ist 4π mal der gesamten von der Fläche umschlossenen Elektrizitätsmenge. Es ist (nach Gl. 16 des § 22)

$$\int \mathfrak{n}\,\mathfrak{E}\,df = 4\pi\,\Sigma\,e\,. \tag{1}$$

Denken wir uns die Fläche starr und unbewegt, so können wir die partielle Differentiation nach der Zeit und die Integration über die Fläche als voneinander unabhängig in der Reihenfolge vertauschen, und wir finden somit dann

$$\int \mathfrak{n}\,\frac{\partial \mathfrak{E}}{\partial t}\,df = 4\pi\,\frac{\partial(\Sigma e)}{\partial t}\,. \tag{2}$$

Der partielle zeitliche Differentialquotient von Σe stellt nun nichts anderes dar als die gesamte Elektrizitätsmenge, die in der Zeiteinheit durch die starre Fläche einströmt. Da diese Strömung aber geschlossen sein soll, so muß ebenso groß, aber entgegengesetzt die Verschiebungsströmung sein, die durch die Fläche in derselben Zeit austritt. Bezeichnen wir die Dichte des hypothetischen Verschiebungsstroms mit $\mathfrak{g}$, so ergibt sich also die Beziehung

$$\int \mathfrak{n}\,\frac{\partial \mathfrak{E}}{\partial t}\,df = 4\pi \int \mathfrak{n}\,\mathfrak{g}\,df\,. \tag{3}$$

Da diese Beziehung aber ganz allgemein für jede beliebige Größe und

Form der starren Fläche erfüllt sein muß, so ergibt sich der Zusammenhang zwischen Verschiebungsstrom und Feldstärke in der Form

(4) $$\mathfrak{g} = \frac{1}{4\pi}\frac{\partial \mathfrak{E}}{\partial t}\,.$$

Die Verschiebungsströme sollen nun nach MAXWELLS Annahme dieselben Eigenschaften besitzen wie die geschlossenen Leiterströme. Es muß also (nach Gl. 8 des § 30) die Beziehung bestehen

(5) $$\operatorname{rot}\mathfrak{H} = \frac{4\pi}{c}(\mathfrak{i} + \mathfrak{g})\,,$$

wenn $\mathfrak{i}$ die Dichte des Leitungsstromes ist. Im leeren Raume, in dem keine Leiterströme auftreten, nimmt daher die Gl. 5 bei Berücksichtigung der Gl. 4 die Form an

(6) $$\operatorname{rot}\mathfrak{H} = \frac{1}{c}\frac{\partial \mathfrak{E}}{\partial t}\,.$$

Betrachten wir nun das elektromagnetische Feld als ein kontinuierliches räumliches Gebiet, so können wir uns auch die Stromfläche als starr und unbeweglich im Raume abgegrenzt denken und somit auch die Gl. 6 des § 32 anwenden. Wir haben dann zusammen mit der Gl. 6 zwei Gleichungen, die sich auf die Rotationen der magnetischen und der elektrischen Feldstärke beziehen. Zu diesen können wir schließlich noch die beiden früher abgeleiteten hinzufügen, die sich auf die Divergenzen der elektrischen und der magnetischen Feldstärke beziehen (Gl. 3 des § 28 und Gl. 5 des § 30). Wir erhalten so insgesamt vier Gleichungen, die zuerst (1873) von MAXWELL aufgestellt wurden und die daher als die MAXWELLschen Gleichungen bezeichnet werden[1], nämlich

(7) $$\left\{\begin{aligned} &\operatorname{div}\mathfrak{E} = 4\pi\varrho\,,\\ &\operatorname{div}\mathfrak{H} = 0\,,\\ &\operatorname{rot}\mathfrak{E} = -\frac{1}{c}\frac{\partial \mathfrak{H}}{\partial t}\,,\\ &\operatorname{rot}\mathfrak{H} = \frac{1}{c}\frac{\partial \mathfrak{E}}{\partial t}\,.\end{aligned}\right.$$

Betrachten wir den von Ladungen freien leeren Raum, so verschwindet außer $\operatorname{div}\mathfrak{H}$ auch $\operatorname{div}\mathfrak{E}$, und es wird dann (nach Gl. 25 des § 14)

[1] Die Gl. 7 und die aus ihnen abgeleiteten Gleichungen gelten in dieser Form genau eigentlich nur für den sogenannten leeren Raum. In materiellen Medien äußert sich der Einfluß der in den Atomen enthaltenen elektrischen Ladungen. Man kann diesem Einfluß, wie ein bereits von FARADAY entdecktes empirisches Gesetz zeigt, einfach näherungsweise Rechnung tragen, indem man annimmt, daß in den materiellen Medien die elektrische und die magnetische Feldstärke in einem bestimmten, für das Medium charakteristischen Verhältnis verkleinert erscheinen gegenüber den Werten, die die Feldstärken unter sonst gleichen Umständen im leeren Raum hätten. Der Verkleinerungsfaktor wird als die Dielektrizitätskonstante, bzw. als die magnetische Permeabilität bezeichnet.

$$(8)\quad \begin{cases} \Delta\,\mathfrak{E} = -\operatorname{rot}\operatorname{rot}\mathfrak{E}\,, \\ \Delta\,\mathfrak{H} = -\operatorname{rot}\operatorname{rot}\mathfrak{H}\,. \end{cases}$$

Nun ist aber, weil die voneinander unabhängigen Operationen der Rotationsbildung und der partiellen zeitlichen Differentiation in der Reihenfolge vertauscht werden können, nach den Gl. 7

$$(9)\quad \begin{cases} \operatorname{rot}\operatorname{rot}\mathfrak{E} = -\frac{1}{c}\frac{\partial}{\partial t}(\operatorname{rot}\mathfrak{H}) = -\frac{1}{c^2}\frac{\partial^2\mathfrak{E}}{\partial t^2}\,, \\ \operatorname{rot}\operatorname{rot}\mathfrak{H} = \frac{1}{c}\frac{\partial}{\partial t}(\operatorname{rot}\mathfrak{E}) = -\frac{1}{c^2}\frac{\partial^2\mathfrak{H}}{\partial t^2}\,. \end{cases}$$

Setzen wir die Werte aus den Gl. 9 in die Gl. 8 ein, so nehmen diese die Form an

$$(10)\quad \Delta\,\mathfrak{E} = \frac{1}{c^2}\frac{\partial^2\mathfrak{E}}{\partial t^2}\,,\qquad \Delta\,\mathfrak{H} = \frac{1}{c^2}\frac{\partial^2\mathfrak{H}}{\partial t^2}\,.$$

§ 34. Der Satz von Poynting.

Die Energiedichte im elektromagnetischen Felde ist (nach Gl. 8 des § 27) durch die Beziehung gegeben

$$(1)\quad \eta = \frac{1}{8\pi}(E^2 + H^2)\,.$$

Für die Maxwellsche Theorie ist dabei die Vorstellung wesentlich, daß jedes Volumelement $d\tau$ Träger einer Energiemenge $\eta\,d\tau$ ist, wobei der Wert von η gemäß der Gl. 1 vollkommen bestimmt sein soll durch die Werte, die an der betreffenden Stelle der elektrischen und der magnetischen Feldstärke zukommen.

Zu einem bedeutungsvollen Satze gelangen wir nun, wenn wir von den Maxwellschen Gleichungen (Gl. 7 des § 33) die vierte skalar mit $\mathfrak{E}$ multiplizieren, die dritte skalar mit $\mathfrak{H}$ und sodann subtrahieren. Wir finden dann

$$(2)\quad \mathfrak{E}\operatorname{rot}\mathfrak{H} - \mathfrak{H}\operatorname{rot}\mathfrak{E} = \frac{1}{c}\frac{\partial}{\partial t}\left(\frac{E^2 + H^2}{2}\right)\,.$$

Unter Benutzung der Gl. 1 sowie der Gl. 28 des § 14 können wir dafür auch schreiben

$$(3)\quad -\operatorname{div}[\mathfrak{E}\,\mathfrak{H}] = \frac{4\pi}{c}\frac{\partial\eta}{\partial t}\,.$$

In durchaus analoger Weise wie das Prinzip von der Erhaltung der Masse läßt sich nun auch (gemäß Gl. 14 des § 19) das Prinzip von der Erhaltung der Energie vektoranalytisch ausdrücken, nämlich in der Form

$$(4)\quad \operatorname{div}(\eta\,\mathfrak{v}) + \frac{\partial\eta}{\partial t} = 0\,;$$

dabei bedeutet $\mathfrak{v}$ die Geschwindigkeit der Energieströmung. Führen wir also einen Vektor ein

$$\mathfrak{S} = \frac{c}{4\pi}[\mathfrak{E}\,\mathfrak{H}], \tag{5}$$

so stellt dieser Vektor nach Betrag, Richtung und Richtungssinn die Dichte der Energieströmung dar.

Der Vektor $\mathfrak{S}$ wird nach dem Forscher, der ihn zuerst (1885) in die Theorie einführte, als der Poyntingsche Vektor bezeichnet. Die Gl. 3 läßt sich aber als Satz von Poynting auch in der Form aussprechen, daß an jeder Stelle eines elektromagnetischen Feldes eine Strömung von Energie senkrecht zu den Richtungen der elektrischen und der magnetischen Feldstärke stattfindet.

V. Kapitel.

Die Vektorwellen.

§ 35. Die Vektorschwingung.

Für viele Probleme der theoretischen Physik besitzt eine grundlegende Bedeutung die vektorielle Differentialgleichung von der Form

$$\frac{d^2\mathfrak{B}}{dt^2} = -a^2\mathfrak{B}\,; \tag{1}$$

dabei bedeutet a^2 eine beliebige Konstante. Man erkennt es ohneweiters, daß sowohl die Funktion $\mathfrak{A}\sin(at)$ als auch die Funktion $\mathfrak{B}\cos(at)$ Lösungen der Differentialgleichung darstellen, wenn $\mathfrak{A}$ und $\mathfrak{B}$ vektorielle Konstanten sind. Denn in der Tat wird

$$\frac{d^2}{dt^2}\{\mathfrak{A}\sin(at)\} = -a^2\mathfrak{A}\sin(at)\,,$$

und eine analoge Beziehung gilt natürlich auch für $\mathfrak{B}\cos(at)$. Die allgemeine Lösung der Gl. 1 lautet daher[1]

$$\mathfrak{B} = \mathfrak{A}\sin(at) + \mathfrak{B}\cos(at) \tag{2}$$

Ein Vorgang, der durch diese Gleichung beschrieben wird, wird als eine Vektorschwingung bezeichnet.

Der schwingende Vektor $\mathfrak{B}$ ändert Betrag und Richtung periodisch. Er nimmt nach Gl. 2 denselben Wert an in Perioden von der Dauer

$$\tau = \frac{2\pi}{a}\,. \tag{3}$$

Denn in der Tat ändert sich der Wert von $\mathfrak{B}$ nach Gl. 2 nicht, wenn wir die Zeit t um die Größe τ (oder um ein ganzzahliges Vielfaches von τ) vermehren, weil ja $\sin(x + 2\pi)$ gleich $\sin x$ und ebenso $\cos(x + 2\pi)$ gleich $\cos x$ ist. Die Größe τ wird als die Schwingungsdauer bezeichnet.

Wie aus der Gl. 2 folgt, muß der schwingende Vektor stets in der Ebene bleiben, die durch die beiden konstanten Vektoren $\mathfrak{A}$ und $\mathfrak{B}$

[1] Man kann allerdings in Gl. 2 zu dem Argument der Sinus- und Kosinusfunktion noch eine Phasenkonstante ε bzw. ε' hinzufügen. Doch kann man andererseits diese Phasenkonstanten auch wiederum durch entsprechende Abänderung der Beträge der vektoriellen Konstanten $\mathfrak{A}$ und $\mathfrak{B}$ beseitigen (vgl. Gl. 10 und 11).

bestimmt ist. Denkt man sich also den schwingenden Vektor $\mathfrak{B}$ von einem bestimmten Anfangspunkte aus aufgetragen, so beschreibt sein Endpunkt eine ebene Kurve, und es läßt sich auch leicht erkennen, von welcher Art diese Kurve ist.

Wir wollen die Richtung, die zu der Zeit $t = 0$ der Vektor $\mathfrak{B}$ hat, als x-Achse eines ebenen Koordinatensystems wählen, dessen Ebene mit der Ebene zusammenfalle, in der der Vektor $\mathfrak{B}$ schwingt. Es fällt also nach Gl. 2 die x-Richtung zusammen mit der Richtung des Vektors $\mathfrak{B}$, so daß also B_y verschwindet.[2] Im übrigen wollen wir setzen

$$(4) \qquad A_x = F\,, \quad B_x = G\,, \quad A_y = H\,.$$

Dann nimmt in analytischer Schreibweise die Gl. 2 die Form an

$$(5) \qquad \begin{cases} V_x = F\sin(at) + G\cos(at)\,, \\ V_y = H\sin(at)\,. \end{cases}$$

Den bisher noch ganz willkürlich gelassenen Nullpunkt der Zeitmessung wollen wir nun so wählen, daß für $t = 0$ der sich periodisch ändernde Betrag des schwingenden Vektors ein Extremum wird. Es soll also sein

$$(6) \qquad \left|\frac{dV}{dt}\right|_{t=0} = 0\,.$$

Nun ist aber

$$V^2 = V_x^2 + V_y^2$$

und daher

$$(7) \qquad V\frac{dV}{dt} = V_x\frac{dV_x}{dt} + V_y\frac{dV_y}{dt}\,.$$

Für $t = 0$ verschwindet zufolge der Gl. 6 die linke Seite der Gl. 7. Aber auch das letzte Glied fällt für $t = 0$ weg, weil ja nach Gl. 5 V_y für $t = 0$ verschwindet. Da V_x somit den Betrag des Vektors zur Zeit $t = 0$ darstellt, so folgt aus der Gl. 7, daß für $t = 0$ auch dV_x/dt Null werden muß. Nach Gl. 5 wird aber dV_x/dt für $t = 0$ gleich aF. Der Differentialquotient dV_x/dt kann also nur dann verschwinden, wenn die Konstante F gleich Null ist. Wählen wir also den willkürlichen Nullpunkt der Zeitmessung so, daß für ihn der Betrag des schwingenden Vektors ein Extremum wird, so wird die Konstante F gleich Null, und die Gl. 5 lassen sich dann in die einfache Form bringen

$$(8) \qquad V_x = G\cos(at)\,, \quad V_y = H\sin(at)\,.$$

Nun muß aber

$$\cos^2(at) + \sin^2(at) = 1$$

sein, und aus den Gl. 8 folgt somit

$$(9) \qquad \frac{V_x^2}{G^2} + \frac{V_y^2}{H^2} = 1\,.$$

[2] Denn für $t = 0$ fällt das erste Glied auf der rechten Seite der Gl. 2 weg.

Da G und H Konstanten sind, so erkennen wir aus dieser Gleichung ohneweiters, daß die ebene Kurve, die der Endpunkt des schwingenden Vektors beschreibt, eine Ellipse sein muß. Durch die Gl. 1 ist also im allgemeinen eine elliptische Vektorschwingung dargestellt.

Wird im besonderen die Ellipse zu einer Geraden oder zu einem Kreise, so spricht man von einer linearen oder von einer zirkularen Vektorschwingung. Nur bei einer linearen Schwingung kann der Betrag des Vektors periodisch völlig verschwinden; linear ist aber die Schwingung dann, wenn entweder G oder H gleich Null ist. Hingegen wird die Schwingung zirkular, wenn G gleich oder entgegengesetzt gleich H ist, in welch beiden Fällen natürlich die zirkularen Schwingungen entgegengesetzt sind.

Die spezielle Form der Gl. 8 gilt für eine elliptische Schwingung nur dann, wenn wir den willkürlichen Nullpunkt der Zeitmessung so wählen, daß für ihn der Betrag des schwingenden Vektors ein Extremum wird, wenn also die Koordinatenachsen mit den Achsen der Ellipse zusammenfallen. Sonst gelten allgemein die Gl. 5. Es läßt sich indessen leicht zeigen, daß auch ganz allgemein eine elliptische Schwingung stets in zwei zueinander senkrechte lineare Schwingungen von beliebiger Schwingungsrichtung zerlegt werden kann. Wir brauchen dazu nur zwei Größen D und ε mittels der Beziehungen einzuführen[3]

$$(10) \qquad F = D \cos \varepsilon\,, \qquad G = D \sin \varepsilon\,.$$

Dann nehmen die Gl. 5 die Gestalt an

$$(11) \qquad V_x = D \sin(at + \varepsilon), \qquad V_y = H \sin(at)\,.$$

Die beiden linearen Schwingungen, in die man nach den vorgegebenen Richtungen die elliptische Schwingung zerlegt, haben dann im allgemeinen nicht nur eine verschiedene Amplitude, sondern sie weisen gegeneinander auch eine durch die Konstante ε bestimmte sogenannte Phasendifferenz auf.

§ 36. Die ebenen Vektorwellen.

Nachdem wir in dem letzten Abschnitt die sogenannte Schwingungsgleichung betrachtet haben, wollen wir nunmehr zu einer für die Physik ebenfalls sehr wichtigen partiellen Differentialgleichung von der Form übergehen

$$(1) \qquad \frac{\partial^2 S}{\partial t^2} = \varkappa^2 \frac{\partial^2 S}{\partial x^2}\,;$$

$\varkappa$ bedeute dabei eine Konstante. Es ist leicht ersichtlich, daß jede beliebige Funktion des Argumentes $(x \pm \varkappa t)$ der Differentialgleichung

[3] Man setzt dazu

$$D^2 = F^2 + G^2\,, \qquad \operatorname{tg} \varepsilon = \frac{G}{F}\,.$$

genügt. Bezeichnen wir nämlich die zweite Ableitung der Funktion f mit f'', so wird

$$\frac{\partial^2 S}{\partial t^2} = \varkappa^2 f'', \quad \frac{\partial^2 S}{\partial x^2} = f'',$$

womit in der Tat die Gl. 1 erfüllt ist.

Von besonderer Wichtigkeit ist nun der spezielle Fall, daß die beliebig gelassene Funktion eine Sinus- oder Kosinusfunktion ist. Ist im besonderen

(2) $$S = A \sin[a(x \pm \varkappa t)],$$

wobei A und a Konstanten sind (und überdies noch eine Phasenkonstante hinzutreten und statt des Sinus natürlich auch der Kosinus gesetzt werden kann), so bezeichnet man den durch diese Gleichung beschriebenen Vorgang als eine harmonische Welle oder auch als Sinuswelle oder auch als Welle schlechthin. Der durch den Skalar S dargestellte Zustand ist dann in doppelter Hinsicht periodisch, sowohl zeitlich als auch räumlich. An einer und derselben Stelle kehrt der Zustand in Perioden wieder von der Dauer[1]

(3) $$\tau = \frac{2\pi}{\varkappa a}.$$

In einem und demselben Augenblick ist hingegen derselbe Zustand vorhanden in Abständen von der Länge

(4) $$\lambda = \frac{2\pi}{a}.$$

Denn wird t um τ oder x um λ vermehrt, so ändert sich nicht der Wert von S, weil sich ja der Sinus eines Winkels nicht ändert, wenn der Winkel um 2π vermehrt wird. Die Größe τ wird als die Schwingungsdauer bezeichnet, die Größe λ als die Wellenlänge. A stellt die Amplitude der Welle dar, die Konstante $\varkappa$ hängt mit der Wellenlänge und der Schwingungsdauer, wie ohne weiteres aus den Gl. 3 und 4 folgt, durch die einfache Beziehung zusammen

(5) $$\varkappa = \frac{\lambda}{\tau}.$$

Die Größe $\varkappa$ stellt also das Produkt dar aus der Wellenlänge und aus der Zahl der in der Zeiteinheit erfolgenden Schwingungen. Da der Zustand während einer Schwingungsdauer um eine Wellenlänge fortschreitet, so stellt also die Konstante $\varkappa$ die Strecke dar, um die sich der Zustand in der Zeiteinheit wellenförmig fortpflanzt. Die Konstante wird darum als die Fortpflanzungsgeschwindigkeit der Welle (oder kurz als die Wellengeschwindigkeit) bezeichnet.

[1] In halben Perioden kehrt wohl auch der Wert der Größe S räumlich und zeitlich wieder, jedoch mit entgegengesetztem Vorzeichen des Differentialquotienten.

Eine Welle, bei der die schwingende Größe (wie in Gl. 2) außer von der Zeit nur von einer einzigen Koordinate abhängt, bezeichnet man als eine ebene Welle und die Richtung der betreffenden Koordinatenachse als die Fortpflanzungsrichtung der Welle. Innerhalb jeder zu der Fortpflanzungsrichtung senkrechten Ebene ist also der Schwingungszustand überall für einen bestimmten Augenblick gleich. Da nach Gl. 2

$$\frac{\partial S}{\partial y} = \frac{\partial S}{\partial z} = 0 \tag{6}$$

ist, so können wir setzen

$$\frac{\partial^2 S}{\partial x^2} = \Delta S, \tag{7}$$

und es kann daher eine ebene harmonische Welle auch durch die Differentialgleichung beschrieben werden

$$\Delta S = \frac{1}{\varkappa^2} \frac{\partial^2 S}{\partial t^2}. \tag{8}$$

Umgekehrt folgt aus dem Bestehen der Gl. 8 stets die Möglichkeit einer Ausbreitung der Größe S in ebenen Wellen, die sich mit der Geschwindigkeit $\varkappa$ ausbreiten.[2]

Was für einen Skalar gilt, gilt natürlich auch in entsprechender Weise für einen Vektor. Es sei eine vektorielle Differentialgleichung gegeben von der Form

$$\Delta \mathfrak{A} = \frac{1}{\varkappa^2} \frac{\partial^2 \mathfrak{A}}{\partial t^2}. \tag{9}$$

Da wir diese Gleichung in drei skalare Gleichungen auflösen können (für A_x, A_y und A_z), so folgt aus dem Bestehen der Gl. 9 unmittelbar stets die Möglichkeit einer Ausbreitung des Vektors $\mathfrak{A}$ in ebenen Vektorwellen, wobei (nach § 35) der Vektor an jeder Stelle im allgemeinen eine elliptische Schwingung ausführt, die im besonderen aber auch zirkular oder linear sein kann.

Eine besonders einfache Eigenschaft kommt diesen Wellen in dem speziellen Fall zu, daß

$$\operatorname{div} \mathfrak{A} = 0 \tag{10}$$

ist. Da, wenn wir die Fortpflanzungsrichtung als x-Achse wählen, nach Gl. 6 $\partial A_y / \partial y$ und $\partial A_z / \partial z$ verschwinden müssen, so verschwindet dann zufolge der Gl. 10 auch der partielle Differentialquotient $\partial A_x / \partial x$, und es wird daher dann auch

$$\Delta A_x = 0. \tag{11}$$

Ist dies aber der Fall, so muß nach Gl. 9 auch

$$\frac{\partial^2 A_x}{\partial t^2} = 0 \tag{12}$$

[2] Als allgemeinere Lösung entspricht der Gl. 8 eine Kugelwelle, als deren Spezialfall wiederum die ebene Welle (bei sehr großer Entfernung des Wellenzentrums) erscheint.

sein. Die x-Komponente des Vektors beteiligt sich dann also überhaupt nicht an dem Schwingungsvorgang. Die Schwingungen erfolgen senkrecht zu der durch die x-Achse bestimmten Fortpflanzungsrichtung der Welle. Die ebenen Wellen eines Vektors mit verschwindender Divergenz sind also stets rein transversal.

§ 37. Die elastischen Wellen.

Für die Bewegung eines elastischen Mediums, auf das keine äußeren Kräfte wirken, hatte sich (Gl. 18 des § 21) die Beziehung ergeben

$$\Delta \Theta = \frac{\varrho}{2\mu + \lambda} \frac{\partial^2 \Theta}{\partial t^2}; \tag{1}$$

dabei bedeutet Θ die Volumdilatation, ϱ die Massendichte, während μ und λ für die Substanz charakteristische Konstanten sind. Auf Grund der Ergebnisse des vorhergehenden Abschnittes (§ 36) folgt daraus ohne weiteres die Möglichkeit einer wellenförmigen Ausbreitung der Dilatation, also von Dilatationswellen, deren Geschwindigkeit nach Gl. 1 den Wert hat

$$v' = \sqrt{\frac{2\mu + \lambda}{\varrho}}. \tag{2}$$

Außer diesen Dilatationswellen sind aber in elastischen Medien, wie aus deren Bewegungsgleichungen hervorgeht, auch dilatationsfreie Wellen möglich. Setzen wir nämlich

$$\Theta = 0, \tag{3}$$

so nimmt die Gl. 17 des § 21 die Form an

$$\varrho \frac{\partial^2 \mathfrak{a}}{\partial t^2} = \mu \Delta \mathfrak{a}, \tag{4}$$

wobei der Vektor $\mathfrak{a}$ die Verrückung bedeutet, die durch die elastische Deformation ein Massenteilchen erfährt.

Auf Grund der Ergebnisse des vorhergehenden Abschnittes folgt aus der Gl. 4 ohne weiteres die Möglichkeit einer ebenen wellenförmigen Ausbreitung des Vektors $\mathfrak{a}$. Weil aber Θ die Divergenz des Vektors $\mathfrak{a}$ darstellt und diese nach Gl. 3 Null sein soll, so müssen die dilatationsfreien Wellen transversal sein. Macht man also etwa die Fortpflanzungsrichtung der Welle zur x-Achse, so beteiligen sich an den Schwingungen nur die y- und die z-Komponente des Vektors $\mathfrak{a}$, und da dieser Vektor die Verrückung aus der Ruhelage darstellt, so bewegen sich die Massenteilchen in der dilatationsfreien Welle senkrecht zu der Fortpflanzungsrichtung der Welle. Für die Geschwindigkeit der dilatationsfreien Wellen folgt aus der Gl. 4

$$v'' = \sqrt{\frac{\mu}{\varrho}}. \tag{5}$$

Endlich möge noch die Frage untersucht werden, in welcher Richtung die Massenteilchen bei den durch die Gl. 1 beschriebenen Dilatationswellen schwingen. Wir greifen dazu auf die Gl. 17 des § 21 zurück, die in vektorieller Schreibweise die Form hat

$$\varrho \frac{\partial^2 \mathfrak{a}}{\partial t^2} = \mu \Delta \mathfrak{a} + (\mu + \lambda) \operatorname{grad} \Theta . \tag{6}$$

Da bei den ebenen Wellen der Schwingungszustand innerhalb einer zu der Fortpflanzungsrichtung senkrechten Ebene überall der gleiche ist, so muß der Vektor grad Θ die Richtung der Wellenfortpflanzung haben. Wir wollen nun, um die Betrachtung nicht unnötig zu komplizieren, annehmen, daß die Schwingungen der Massenteilchen linear seien, und daß die Schwingungsrichtung überall dieselbe sei. Dann müssen die drei Vektoren $\mathfrak{a}$, $\partial^2\mathfrak{a}/\partial t^2$, $\Delta\, \mathfrak{a}$ untereinander dieselbe Richtung haben. Ist dies aber der Fall, so muß nach Gl. 6 der Vektor $\mathfrak{a}$ wiederum überall dieselbe Richtung haben wie grad Θ. Nach dem früher Gesagten muß also der schwingende Vektor $\mathfrak{a}$ die Richtung der Wellenfortpflanzung haben. Bei den Dilatationswellen schwingen demnach die Massenteilchen in der Fortpflanzungsrichtung der Welle, sie führen sogenannte Longitudinalschwingungen aus. Wie die Gl. 2 und 5 zeigen, breiten sich die Longitudinalwellen stets rascher aus als die Transversalwellen.

Für reibungslose Flüssigkeiten ist, wie schon (in § 21) erwähnt wurde, μ immer Null. In Flüssigkeiten (also z. B. in Wasser oder Luft) können daher nur Longitudinalwellen auftreten. In festen Körpern sind im allgemeinen sowohl longitudinale als auch transversale Wellen möglich. Nur in inkompressibeln festen Körpern, bei denen also eine Volumdilatation unmöglich ist, treten reine Transversalwellen auf, die nicht von longitudinalen Wellen begleitet sind.

§ 38. Die elektromagnetischen Lichtwellen.

Aus den MAXWELLschen Gleichungen ergeben sich, wie früher gezeigt wurde, für die elektrische und die magnetische Feldstärke die beiden einfachen, in dieser Form für den leeren Raum gültigen Gleichungen

$$\Delta\, \mathfrak{E} = \frac{1}{c^2} \frac{\partial^2 \mathfrak{E}}{\partial t^2}, \qquad \Delta\, \mathfrak{H} = \frac{1}{c^2} \frac{\partial^2 \mathfrak{H}}{\partial t^2} \tag{1}$$

(Gl. 10 des § 33); dabei bedeutet c die elektromagnetische Konstante (s. § 29). Aus den beiden Gleichungen folgt (nach § 36) unmittelbar die Möglichkeit einer Ausbreitung der elektrischen und der magnetischen Feldstärke in ebenen Wellen, die im leeren Raume eine Geschwindigkeit haben müssen, die der elektromagnetischen Konstanten gleich ist. Da die Divergenz der magnetischen Feldstärke immer verschwindet, müssen jedenfalls die magnetischen Wellen (wie wir sie kurz nennen wollen) rein transversal sein. Dasselbe gilt auch für die elektrischen Wellen in Gebieten, die keine freien elektrischen Ladungen enthalten, in denen also die Divergenz der elektrischen Feldstärke überall verschwindet.

Wir wollen zunächst eine ebene, transversale elektrische Welle betrachten. Wir machen die Fortpflanzungsrichtung zur x-Achse; dann ist die elektrische Welle, wenn wir den allgemeinsten Fall elliptischer Schwingungen betrachten, durch die Gleichungen beschreibbar

$$(2) \qquad \begin{cases} E_y = A \sin[a(x - ct) + \varepsilon], \\ E_z = B \sin[a(x - ct)]. \end{cases}$$

Dabei sind A, B, a, ε Konstanten; A und B sind die Amplituden der beiden linearen zueinander senkrechten Partialschwingungen, in die man nach den Koordinatenachsen die elliptische Schwingung zerlegen kann, ε ist der Phasenunterschied zwischen den Partialschwingungen, und a ist gleich 2π, gebrochen durch die Wellenlänge (vgl. Gl. 4 des § 36).

Die dritte der MAXWELLschen Gleichungen (Gl. 7 des § 33) nimmt nun, da für die ebene Welle die partiellen Ableitungen der Komponenten von $\mathfrak{E}$ nach y und z verschwinden, in analytischer Schreibweise folgende Form an

$$(3) \qquad \frac{\partial H_x}{\partial t} = 0, \qquad \frac{1}{c}\frac{\partial H_y}{\partial t} = \frac{\partial E_z}{\partial x}, \qquad \frac{1}{c}\frac{\partial H_z}{\partial t} = -\frac{\partial E_y}{\partial x}.$$

Setzen wir für E_y und E_z die Werte aus den Gl. 2 ein, so finden wir

$$(4) \qquad \begin{cases} \dfrac{1}{c}\dfrac{\partial H_y}{\partial t} = B\, a \cos[a(x - ct)] \\ \dfrac{1}{c}\dfrac{\partial H_z}{\partial t} = -A\, a \cos[a(x - ct) + \varepsilon]. \end{cases}$$

Durch Integration dieser Gleichungen ergeben sich die Beziehungen

$$(5) \qquad \begin{cases} H_y = -E_z + \Phi_1, \\ H_z = E_y + \Phi_2, \end{cases}$$

wobei Φ_1 und Φ_2 Funktionen der Koordinaten sein können, von der Zeit jedoch unabhängig sein müssen. Diese Funktionen können wir aber weglassen, wenn wir annehmen, daß zur Zeit $t = 0$ keine magnetischen Kräfte vorhanden waren. Multiplizieren wir sodann die erste der Gl. 5 mit E_y und die zweite mit E_z, so finden wir durch Addition

$$(6) \qquad E_y H_y + E_z H_z = 0.$$

Setzen wir in den Gl. 5 (indem wir Φ_1 und Φ_2 einfach gleich Null setzen) für E_z und E_y die Werte aus den Gl. 2 ein, so erkennen wir es, daß mit jeder elektrischen Welle auch eine magnetische Welle von der gleichen Periode und der gleichen Fortpflanzungsrichtung verbunden ist. Aus der ersten der drei Gl. 3 folgt, daß die x-Komponente der magnetischen Feldstärke sich an den Schwingungen nicht beteiligt; die magnetische Welle ist ebenso wie die elektrische rein transversal.

Sind nun, wie wir annehmen, in dem betrachteten Gebiete ursprünglich keine magnetischen Kräfte vorhanden, so ist daher H_x immer gleich Null zu setzen. Addieren wir also zu der linken Seite der Gl. 6 noch das verschwindende Produkt $E_x H_x$ hinzu, so nimmt die Gl. 6 in vektorieller Schreibweise die Form an

$$\mathfrak{E}\mathfrak{H} = 0 , \tag{7}$$

d. h. die Vektoren der elektrischen und der magnetischen Feldstärke stehen in einer elektromagnetischen ebenen Welle aufeinander senkrecht.

Hat im besonderen der Vektor $\mathfrak{E}$ die Richtung der positiven y-Achse (bei einer linearen Schwingung ständig, bei einer elliptischen in

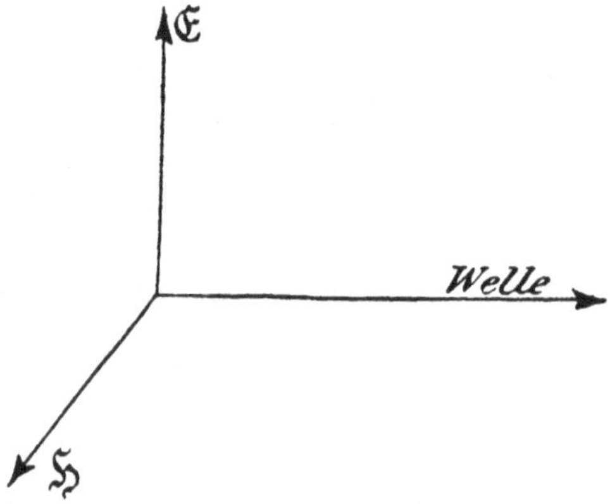

Fig. 37.

einem bestimmten Augenblick), ist also E_z Null und E_y positiv, so verschwindet, wie man aus den Gl. 5 erkennt, H_y, während H_z positiv ist. Die Richtungssinne der Wellenfortpflanzung, der elektrischen und der magnetischen Feldstärke verhalten sich also zueinander wie die Richtungssinne der positiven x-, y- und z-Achse in einem englischen Koordinatensystem (und das ist auch der Grund, warum man in der modernen Physik dem englischen Koordinatensystem den Vorzug vor dem französischen gibt). Von der Spitze eines Vektors, der Richtung und Richtungssinn der Wellenfortpflanzung hat, erscheint also die Drehung, die den Vektor $\mathfrak{E}$ in die Richtung des Vektors $\mathfrak{H}$ überführt, dem Uhrzeiger entgegengesetzt (Fig. 37). Die Richtung des Poyntingschen Vektors fällt also (nach Gl. 5 des § 34) mit der Wellenrichtung zusammen.

Die Geschwindigkeit der elektromagnetischen Wellen muß im leeren Raume gleich der elektromagnetischen Konstanten sein, die sich durch die schon früher erwähnten Messungen von Weber und

Kohlrausch zu $3 \cdot 10^{10}$ cm/sec ergab und sich so als identisch erwies mit der schon im Jahre 1676 von Roemer ermittelten Lichtgeschwindigkeit. In dieser Übereinstimmung mußte mit Recht Maxwell die stärkste Stütze für die von ihm begründete Auffassung erblicken, wonach die der Optik schon längst bekannten Lichtwellen elektromagnetischer Natur sind, eine Auffassung, die durch die späteren Versuche von Hertz ja auch unmittelbar experimentell bestätigt wurde.[1] Mit einem Schlage waren aber durch die Maxwellsche Theorie die ungeheueren Schwierigkeiten beseitigt, die der früheren elastischen Lichttheorie durch die Erfahrungstatsache der Transversalität der Lichtwellen[2] bereitet worden waren. Nach dem früher (in § 37 Gesagten) können ja in einem flüssigen Äther nur Longitudinalwellen auftreten, und auch in einem fest gedachten Äther wären rein transversale Wellen (nach § 37) nur möglich, wenn der Äther auch inkompressibel wäre; dann bliebe es aber wieder unverständlich, wieso sich durch den Äther die Himmelskörper ohne Reibung bewegen könnten. Für die elektromagnetische Lichttheorie bestehen diese Schwierigkeiten nicht, da sich in ihr die Transversalität der Lichtwellen mit mathematischer Folgerichtigkeit aus den Grundgleichungen der Theorie ergibt.

---

[1] Eine weitere wichtige Stütze der elektromagnetischen Lichttheorie bildet die aus ihr folgende und experimentell bei Gasen gut bestätigte „Maxwellsche Relation", der zufolge die Dielektrizitätskonstante eines Mittels gleich sein soll dem Quadrate seines Brechungsexponenten. Diese Beziehung gilt jedoch wegen der Dispersion nur mit Einschränkungen.

[2] Die Transversalität der Lichtwellen erschloß 1817 Young aus der Tatsache, daß die beiden Strahlen, in die sich ein Lichtstrahl bei der Doppelbrechung spaltet, nicht zur Interferenz gebracht werden können.

VI. Kapitel.

Die Weltvektoren.

§ 39. Die Minkowski-Welt.

Aus der Theorie der Relativbewegung folgt (wie in § 8 gezeigt wurde) das mechanische Relativitätsprinzip, demzufolge für zwei gegeneinander gleichförmig bewegte Koordinatensysteme die mechanischen Gleichungen dieselbe Form haben. Von vornherein müßte es nun unwahrscheinlich erscheinen, daß dasselbe Prinzip nicht auch für die Gleichungen der Elektrodynamik und der Optik gelten sollte. Indessen zeigt bereits eine kurze Überlegung, zu wie großen Schwierigkeiten diese Vorstellung führt.

Betrachten wir nämlich ein Koordinatensystem x', y', z', so erscheint die gleichmäßige Ausbreitung des Lichtes von dem Koordinatenursprung nach allen Richtungen durch die Gleichung beschrieben

$$x'^2 + y'^2 + z'^2 - c^2 t^2 = 0 . \tag{1}$$

Diese Gleichung drückt es eben aus, daß, wo immer auch der Punkt mit den Koordinaten x', y', z' liegen möge, er von einer von dem Koordinatenursprung zur Zeit $t = 0$ ausgehenden Lichtwelle zu einer Zeit t erreicht wird, die, mit der Lichtgeschwindigkeit multipliziert, der Entfernung des Punktes von dem Ursprung gleich ist.

Gehen wir von dem betrachteten Koordinatensystem zu einem anderen parallelen (x'', y'', z'') über, das gegenüber dem ersten mit der Geschwindigkeit u in der gemeinsamen x-Richtung bewegt sei, so erscheinen die Koordinaten des zweiten Systems mit denen des ersten durch die Beziehungen verknüpft

$$x'' = x' - u\,t, \quad y'' = y', \quad z'' = z' . \tag{2}$$

Soll sich nun auch in bezug auf das zweite Koordinatensystem das Licht nach allen Richtungen gleichmäßig mit derselben Geschwindigkeit c ausbreiten, so müßte auch die Gleichung erfüllt sein

$$x''^2 + y''^2 + z''^2 - c^2 t^2 = 0 . \tag{3}$$

Vergleicht man nun bei Berücksichtigung der Gl. 2 die Gl. 1 und 3 miteinander, so gelangt man zunächst wohl zu dem Schluß, daß (wenn

u von Null verschieden ist) die Geltung der Gl. 1 die Geltung der Gl. 3 ausschließe oder umgekehrt. Man fühlt sich gezwungen, die Ungleichung aufzustellen

$$x''^2 + y''^2 + z''^2 - c^2 t^2 \neq x'^2 + y'^2 + z'^2 - c^2 t^2 . \tag{4}$$

Im Gegensatz zu dem mechanischen Relativitätsprinzip, das den Gedanken einer absoluten Bewegung als sinnlos erkennen läßt, glaubten daher die Physiker aus der sich scheinbar notwendig ergebenden Ungleichung (4) den Schluß ziehen zu müssen, daß es überhaupt nur ein einziges Bezugssystem geben könne, auf das bezogen, sich das Licht nach allen Richtungen mit derselben Geschwindigkeit ausbreitet. Wäre dies aber der Fall — so schlossen sie weiter —, dann könnte offenbar auf der bewegten Erde von einer nach allen Richtungen gleichmäßigen Ausbreitung des Lichtes keine Rede sein; und es schien sich so den Physikern die verlockende Möglichkeit zu eröffnen, durch Feststellung solcher Ungleichmäßigkeiten die Bewegung der Erde gegen jenes ausgezeichnete einzige System, also vermutlich die Bewegung der Erde gegen den sogenannten „Lichtäther", nachzuweisen oder gar zu messen.

Alle Experimente aber nun, die einen Einfluß der Erdbewegung auf die irdische Lichtausbreitung nachweisen sollten, führten zu einem völlig negativen Ergebnis[1], und zwar mit einer Deutlichkeit, die es völlig ausschloß, daß etwa Versuchs- oder Beobachtungsfehler an der Ergebnislosigkeit die Schuld tragen könnten. Mit zwingender Notwendigkeit ergab sich so die Folgerung, daß trotz der Bewegung der Erde sich gleichwohl auch für einen irdischen Beobachter das Licht nach allen Richtungen mit derselben Geschwindigkeit fortpflanze. Das Relativitätsprinzip müßte danach in der Tat ebenso wie für die mechanischen Erscheinungen so auch für die elektrodynamischen und optischen Phänomene Geltung besitzen; und danach müßten überhaupt alle Gleichungen, die in bezug auf ein bestimmtes System physikalische Vorgänge beschreiben, ihre Form unverändert beibehalten, wenn das ursprüngliche System durch ein anderes ersetzt wird, das gegenüber jenem gleichförmig bewegt ist.

Zu einem solchen Schluß, der sich mit logischer Notwendigkeit aus den angeführten Erfahrungstatsachen ergab, mußte aber nun in schroffem Widerspruch die Ungleichung (4) stehen, die ja gerade das Gegenteil aussagt. Die Lösung dieses vermeintlichen Widerspruches gelang im Jahre 1905 EINSTEIN durch den kühnen Gedanken, daß allen Zeitangaben, mittels deren ein physikalischer Vorgang beschrieben wird, nur eine relative Bedeutung zukommen könne, keineswegs aber eine absolute, wie es bis dahin die allgemeine, tief eingewurzelte Auffassung war. Nach EINSTEIN sollen alle Zeitangaben vom Stand-

[1] Der berühmteste dieser Versuche ist der von MICHELSON (1881).

punkt des beschreibenden Beobachters abhängen und daher für zwei gegeneinander bewegte Beobachter verschieden sein.

Diese Idee der Relativität der Zeit ermöglicht es aber nun, die Ungleichung (4) in eine Gleichung zu verwandeln und so die Geltung des Relativitätsprinzips über die Mechanik hinaus auf das Gebiet der Elektrodynamik und der Optik auszudehnen. An die Stelle der absoluten Zeit t tritt für das erste System die relative Zeit t', für das zweite die relative Zeit t''; das Zeichen der Ungleichheit verwandelt sich in ein Gleichheitszeichen, und an die Stelle der Ungleichung tritt so die für die Relativitätstheorie fundamentale Beziehung

$$x''^2 + y''^2 + z''^2 - c^2 t''^2 = x'^2 + y'^2 + z'^2 - c^2 t'^2 . \tag{5}$$

Dieser Gleichung gab nun im Jahre 1908 MINKOWSKI eine geometrische Interpretation[2], die eine wesentliche Vereinfachung aller Deduktionen ermöglicht, die sich aus dem EINSTEINschen Relativitätsprinzip ergeben. Denken wir etwa an die analytische Geometrie der Ebene, so hat ja die Summe der Quadrate der Koordinaten x und y die Eigentümlichkeit, daß sie für alle beliebigen durch den Koordinatenursprung gelegten rechtwinkligen Koordinatensysteme denselben Wert besitzt. Diese Summe erweist sich als unabhängig von der Lage des Koordinatensystems. Analoges gilt im dreidimensionalen Raume von der Summe der Quadrate der drei Koordinaten x, y, z. Man kann somit, wie MINKOWSKI erkannte, das durch die Gl. 5 ausgedrückte EINSTEINsche Relativitätsprinzip geometrisch auch durch die folgende Aussage interpretieren: Das mit entgegengesetztem Vorzeichen genommene Quadrat der noch mit der Lichtgeschwindigkeit multiplizierten Zeit und die Quadrate der drei räumlichen Koordinaten verhalten sich untereinander wie die Quadrate von vier Koordinaten in einer vierdimensionalen Geometrie.

Die vierdimensionale Mannigfaltigkeit, die als eine Verknüpfung von Raum und Zeit durch diese vier Koordinaten gegeben ist, bezeichnet man als die MINKOWSKI-Welt. Als „Weltkoordinaten" erscheinen also die vier Größen x, y, z und ict (wobei i die imaginäre Einheit bedeutet). Daß sich ein bewegter Massenpunkt zu einer gegebenen Zeit t^* an einem gegebenen Orte x^*, y^*, z^* befindet, kann somit durch Fixierung eines sogenannten Weltpunktes zum Ausdruck gebracht werden, dessen Koordinaten gleich sind x^*, y^*, z^* und ict^*. Größen, die in der MINKOWSKI-Welt durch gerichtete Strecken darstellbar sind, bezeichnen wir als Weltvektoren.

Die Bewegung eines Massenpunktes erscheint darstellbar durch eine sogenannte Weltlinie, die die Abhängigkeit der Bahn von der Zeit zum Ausdrucke bringt und deren Projektion in den dreidimensionalen Raum eben die Bahnkurve ergibt. Die Gestalt einer Weltlinie und die

[2] Ansätze zu den Ideen MINKOWSKIs finden sich allerdings schon in einer Abhandlung POINCARÉs aus dem Jahre 1906.

Länge ihrer Elemente sind somit von dem Bezugssystem unabhängig. Bezeichnen wir die Länge eines Weltlinienelementes mit ds, so gilt (nach dem erweiterten Pythagoreischen Lehrsatz) für ein beliebiges Bezugssystem die Gleichung

$$ds^2 = dx^2 + dy^2 + dz^2 - c^2 dt^2 . \tag{6}$$

Andererseits ist die Geschwindigkeit v des bewegten Massenpunktes in bezug auf das benutzte System durch die Gleichung gegeben

$$v^2 = \left(\frac{dx}{dt}\right)^2 + \left(\frac{dy}{dt}\right)^2 + \left(\frac{dz}{dt}\right)^2 . \tag{7}$$

Es wird daher

$$ds^2 = (v^2 - c^2)\, dt^2 \tag{8}$$

und somit (da $1/i = -i$ ist)

$$\frac{dt}{ds} = -\frac{i}{c\sqrt{1 - \frac{v^2}{c^2}}} . \tag{9}$$

Wir fragen schließlich noch nach der Bedeutung der vier Richtungskosinus, die einem Weltlinienelement zukommen; wir wollen sie mit a_1, a_2, a_3, a_4 bezeichnen. Es ist dann

$$a_1 = \frac{dx}{ds} = \frac{dx}{dt}\frac{dt}{ds} ;$$

dabei ist dx/dt gleich v_x. Andererseits ist, weil die vierte Koordinate gleich ict ist,

$$a_4 = i c \frac{dt}{ds} .$$

Setzen wir für dt/ds den Wert aus der Gl. 9 ein, so finden wir also

$$a_1 = -\frac{i}{c}\frac{v_x}{\sqrt{1 - \frac{v^2}{c^2}}} , \qquad a_4 = \frac{1}{\sqrt{1 - \frac{v^2}{c^2}}} . \tag{10}$$

Für a_2 und a_3 gilt dieselbe Formel wie für a_1, nur daß an die Stelle von v_x nunmehr v_y oder v_z tritt. Umgekehrt können wir, wenn uns die Größen a_1, a_2, a_3 gegeben sind, daraus nach Gl. 10 die Geschwindigkeit ermitteln, die in bezug auf das benutzte System der Massenpunkt besitzt, dessen Weltlinienelement mit den Koordinatenachsen Winkel einschließt, deren Kosinus gleich sind a_1, a_2, a_3, a_4; der Betrag der Geschwindigkeit ergibt sich übrigens bereits aus dem Werte von a_4 allein.

Legen wir im besonderen das vierdimensionale Koordinatensystem so, daß seine zeitliche Achse mit der Richtung der Weltlinie zusammenfällt, so wird in bezug auf dieses System

$$a_1 = a_2 = a_3 = 0, \quad a_4 = 1 . \tag{11}$$

Es wird dann nach Gl. 10 $v = 0$. In bezug auf dieses System ruht also der Massenpunkt.

§ 40. Die LORENTZ-Transformation.

Gehen wir von einem vierdimensionalen Koordinatensystem (x, y, z, ict) zu einem anderen (x', y', z', ict') über, so gelten für die dadurch bedingte Transformation (gemäß Gl. 1 und 3 des § 4) vier Gleichungen, von denen jedoch nur die erste und vierte angeschrieben werden mögen, nämlich

$$(1)\quad \begin{cases} x' = x\cos(x',x) + y\cos(x',y) + z\cos(x',z) + ict\cos(x',t), \\ ict' = x\cos(t',x) + y\cos(t',y) + z\cos(t',z) + ict\cos(t',t). \end{cases}$$

Wir wollen nur den einfacheren Spezialfall betrachten, daß die beiden vierdimensionalen Koordinatensysteme die y- und die z-Achse gemeinsam haben; die beiden Koordinatensysteme gehen dann ineinander durch eine Drehung in der x-t-Ebene über. Bezeichnen wir den Winkel, um den die x-Achse gedreht werden muß, um in die Richtung der x'-Achse zu gelangen, mit φ, so ist also auch der Winkel zwischen t und t' gleich φ. Dagegen ist der Winkel zwischen x' und t gleich $90^0 - \varphi$, sein Kosinus also gleich $\sin\varphi$. Der Winkel zwischen x und t' ist gleich $90^0 + \varphi$, sein Kosinus also gleich $-\sin\varphi$. Von den übrigen zwölf Kosinus, die in den vier Gl. 1 auftreten, sind $\cos(y', y)$ und $\cos(z', z)$ gleich Eins, hingegen alle anderen Null. In dem betrachteten Spezialfall nehmen also die Gl. 1 (wenn wir die letzte durch ic dividieren) die einfachere Form an

$$(2)\quad \begin{cases} x' = x\cos\varphi + ict\sin\varphi, \\ y' = y, \qquad z' = z, \\ t' = \frac{i}{c}x\sin\varphi + t\cos\varphi. \end{cases}$$

Betrachten wir nun einen Massenpunkt, der in bezug auf das Koordinatensystem x', y', z' ruht, so muß (nach dem, was am Ende des § 39 gesagt wurde) seine Weltlinie mit der t'-Achse zusammenfallen. In bezug auf das Koordinatensystem x, y, z wird er sich aber dann mit einer Geschwindigkeit $\mathfrak{v}$ bewegen, die sich aus den Gl. 10 des § 39 bestimmen läßt, wenn wir setzen

$$(3)\quad \alpha_1 = \cos(t', x), \quad \alpha_2 = \cos(t', y), \quad \alpha_3 = \cos(t', z), \quad \alpha_4 = \cos(t', t).$$

Da die Winkel zwischen t' einerseits und y und z andererseits rechte sind, so verschwinden v_y und v_z, und es wird daher v_x gleich v. Weil α_1 gleich ist $-\sin\varphi$ und α_4 gleich ist $\cos\varphi$, so wird also α_1/α_4 gleich $-\operatorname{tg}\varphi$. Setzen wir für α_1 und α_4 die Werte aus den Gl. 10 des § 39 ein, so finden wir somit

$$(4)\quad \operatorname{tg}\varphi = i\frac{v}{c}.$$

Andererseits folgt unmittelbar aus den Gl. 10 des § 39 (da ja α_1 gleich $-\sin\varphi$ und α_4 gleich $\cos\varphi$ ist) oder auch aus der Gl. 4 mittels der elementaren goniometrischen Formeln

$$(5)\qquad \begin{cases} \sin\varphi = \dfrac{i}{c}\,\dfrac{v}{\sqrt{1-\dfrac{v^2}{c^2}}}\,, \\[2ex] \cos\varphi = \dfrac{1}{\sqrt{1-\dfrac{v^2}{c^2}}}\,. \end{cases}$$

Wenn nun ein Massenpunkt, wie wir angenommen haben, in bezug auf das zweite Koordinatensystem ruht, während er in bezug auf das erste die Geschwindigkeit v in der gemeinsamen x-Richtung hat, so bedeutet das, daß das räumliche Koordinatensystem x', y', z' gegenüber dem räumlichen Koordinatensystem x, y, z mit einer Geschwindigkeit v in der Richtung der gemeinsamen x-Achse bewegt ist. Eine Drehung eines vierdimensionalen Achsenkreuzes in der x-t-Ebene um einen Winkel φ ist also gleichbedeutend mit dem Übergang von einem räumlichen Koordinatensystem zu einem anderen, das gegen das erste mit einer Geschwindigkeit v in der gemeinsamen x-Richtung gleichförmig bewegt ist, wobei (nach Gl. 4) die Tangente des Winkels φ gleich ist dem imaginären Quotienten aus der Geschwindigkeit v und der Lichtgeschwindigkeit.

Auf Grund der Gl. 2 und 5 können wir daher ohne weiteres die Frage beantworten, wie sich gemäß dem Relativitätsprinzip die räumlichen Koordinaten und die Zeit transformieren, wenn wir von einem gegebenen räumlichen Koordinatensystem zu einem anderen parallelen übergehen, das gegen das erste gleichförmig fortschreitend mit einer Geschwindigkeit v in einer Richtung bewegt ist, die wir mit der gemeinsamen x-Richtung zusammenfallen lassen wollen. Setzen wir nämlich in die Gl. 2 die Werte aus den Gl. 5 ein, so finden wir

$$(6)\qquad \begin{cases} x' = \dfrac{x - vt}{\sqrt{1-\dfrac{v^2}{c^2}}}\,, \\[2ex] y' = y\,, \qquad z' = z\,, \\[1ex] t' = \dfrac{-\dfrac{v}{c^2}\,x + t}{\sqrt{1-\dfrac{v^2}{c^2}}}\,. \end{cases}$$

Die Gesamtheit der Substitutionen, die durch die Gl. 6 ausgedrückt sind, bezeichnet man nun als eine Lorentz-Transformation (und zwar deshalb, weil sich die ersten Ansätze zu den Gl. 6 bereits in einer Abhandlung von Lorentz aus dem Jahre 1904 finden). Ist im besonderen die Geschwindigkeit v klein gegenüber der Lichtgeschwindigkeit, so nimmt die Lorentz-Transformation die spezielle Gestalt an

$$(7)\qquad x' = x - vt\,, \quad y' = y\,, \quad z' = z\,, \quad t' = t\,.$$

In diesen Beziehungen erkennen wir die Substitutionen, die nach den hergebrachten Regeln der sogenannten „klassischen“ Kinematik die Koordinaten zweier gegeneinander gleichförmig bewegter Systeme miteinander verknüpfen. Es sind die Gl. 2 des § 39, zu denen noch als vierte die für die klassische Mechanik selbstverständliche Beziehung hinzukommt, daß beide Systeme dasselbe Zeitmaß haben.[1]

Da von den beiden gegeneinander gleichförmig bewegten räumlichen Koordinatensystemen natürlich keines irgendwie vor dem anderen bevorzugt ist, so müssen ganz allgemein auch die „ungestrichenen“ Veränderlichen (x, y, z, t) aus den „gestrichenen“ mittels einer LORENTZ-Transformation hervorgehen, also mittels der Gl. 6, wofern man in ihnen nur überall die Größe $(+v)$ durch die Größe $(-v)$ ersetzt. Denn ist das zweite System gegen das erste mit der Geschwindigkeit v bewegt, so muß natürlich das erste gegenüber dem zweiten eine relative Translationsgeschwindigkeit $-v$ in der gemeinsamen x-Richtung besitzen.

Bilden wir die Summe der Quadrate der vier „gestrichenen“ Weltkoordinaten, so finden wir dafür nach Gl. 6

$$x'^2 + y'^2 + z'^2 - c^2 t'^2 = y^2 + z^2 + \frac{x^2 - 2xvt + v^2t^2 - \frac{v^2x^2}{c^2} + 2xvt - c^2t^2}{1 - \frac{v^2}{c^2}}$$

$$= y^2 + z^2 + \frac{x^2\left(1 - \frac{v^2}{c^2}\right) - t^2(c^2 - v^2)}{1 - \frac{v^2}{c^2}} = x^2 + y^2 + z^2 - c^2 t^2 .$$

Mit Rücksicht auf die Gl. 5 des § 39 erkennen wir daraus, daß tatsächlich die LORENTZ-Transformation dem EINSTEINschen Relativitätsprinzip genügt.

In der Tat lassen sich die die LORENTZ-Transformation ausdrückenden Gleichungen direkt aus der Gl. 5 des § 39 ableiten, ohne daß hierzu die Einführung der MINKOWSKI-Welt notwendig wäre. Doch sind sonst die Rechnungen viel umständlicher und langwieriger als in der vorhergegangenen Betrachtung, und noch vielmehr gilt dies von den weiteren Folgerungen, die sich aus dem EINSTEINschen Relativitätsprinzip ergeben und die in ihrer Gesamtheit die Relativitätstheorie bilden.

§ 41. Die Zusammensetzung von Geschwindigkeiten.

Auf Grund der MINKOWSKIschen Darstellung läßt sich sehr leicht die Frage der Zusammensetzung von Geschwindigkeiten vom Standpunkte der Relativitätstheorie beantworten; doch möge im folgenden nur der besonders einfache Fall betrachtet werden, daß die beiden zu addierenden Geschwindigkeiten dieselbe Richtung haben. Es sei

[1] Die durch die Gl. 7 ausgedrückte spezielle Gestalt der LORENTZ-Transformation bezeichnet man, weil sie zu den Formeln der klassischen, von GALILEI begründeten Mechanik führt, als eine GALILEI-Transformation.

also v' eine Geschwindigkeit in bezug auf ein System, das seinerseits in derselben Richtung gegenüber einem ursprünglichen System mit der Geschwindigkeit v bewegt sei. Wir fragen danach, wie groß die Geschwindigkeit u gegenüber dem ursprünglichen System ist. Die gemeinsame Richtung der Geschwindigkeiten v, v' und u falle mit der gemeinsamen x-Richtung der Koordinatensysteme zusammen.

Wir wollen das ursprüngliche Koordinatensystem (für das die Geschwindigkeit u ist) mit I bezeichnen, dasjenige, für das die Geschwindigkeit v' ist, mit II und schließlich eines, für das die Geschwindigkeit verschwindet, mit III. Wenn nun für III die Geschwindigkeit verschwindet, während sie für I gleich u ist, so muß (nach Gl. 4 des § 40) die Beziehung bestehen

(1) $$i\frac{u}{c} = \operatorname{tg}\psi\,,$$

wenn ψ der Winkel ist, um den man in der x-t-Ebene das System I drehen muß, um das System III zu erhalten.

Andererseits gelangt man aber von dem System I zu dem System III auch derart, daß man zunächst zu dem System II übergeht, das gegenüber dem System I mit der Geschwindigkeit v bewegt ist, und von dem System II dann zu dem System III, das gegenüber dem System II mit der Geschwindigkeit v' fortschreitet. In vierdimensionaler Darstellung erscheint der erste Übergang als Drehung um einen Winkel φ, der zweite als Drehung um einen Winkel φ', wobei

(2) $$i\frac{v}{c} = \operatorname{tg}\varphi\,, \qquad i\frac{v'}{c} = \operatorname{tg}\varphi'$$

ist. Der Übergang von I zu III stellt sich somit dar als Aufeinanderfolge zweier Drehungen um die Winkel φ und φ' und es ist daher

(3) $$\psi = \varphi + \varphi'\,.$$

Nun ist aber nach einer elementaren goniometrischen Formel

$$\operatorname{tg}(\varphi + \varphi') = \frac{\operatorname{tg}\varphi + \operatorname{tg}\varphi'}{1 - \operatorname{tg}\varphi\operatorname{tg}\varphi'}\,.$$

Somit ist nach Gl. 1, 2 und 3

$$i\frac{u}{c} = \frac{i\dfrac{v}{c} + i\dfrac{v'}{c}}{1 - i^2\dfrac{v v'}{c^2}}$$

oder

(4) $$u = \frac{v + v'}{1 + \dfrac{v v'}{c^2}}\,.$$

Ist im besonderen v' gleich c, so wird

(5) $$u = \frac{v + c}{1 + \dfrac{v}{c}} = c\,.$$

Die Addition einer beliebigen Geschwindigkeit zu der Lichtgeschwindigkeit ergibt also nach der Relativitätstheorie stets wieder die Größe c. Die Lichtgeschwindigkeit spielt demnach in der Relativitätstheorie eine ähnliche Rolle wie das Unendliche in der Mathematik. Überlichtgeschwindigkeiten erscheinen nach der Relativitätstheorie unmöglich.

Als weiteren Spezialfall nehmen wir an, daß v' gleich sei der Lichtgeschwindigkeit in einem Mittel von dem Brechungsexponenten n, also gleich sei c/n; v aber sei die Geschwindigkeit, mit der sich dieses Mittel selbst als strömende Flüssigkeit oder strömendes Gas bewege. Dann wird nach Gl. 4

$$u = \frac{v + \frac{c}{n}}{1 + \frac{v}{cn}}. \tag{6}$$

Wir multiplizieren Zähler und Nenner mit dem Ausdruck $(1 - v/cn)$ und vernachlässigen dann die sehr kleine Größe $(v/cn)^2$ neben Eins. Wir finden so

$$u = \left(v + \frac{c}{n}\right)\left(1 - \frac{v}{cn}\right) = v + \frac{c}{n} - \frac{v^2}{cn} - \frac{v}{n^2} = v - \frac{v}{n^2} + \frac{c}{n}\left(1 - \frac{v^2}{c^2}\right). \tag{7}$$

Wenn wir wiederum den sehr kleinen Bruch v^2/c^2 neben Eins vernachlässigen, erhalten wir also die Näherungsformel

$$u = v\left(1 - \frac{1}{n^2}\right) + \frac{c}{n}. \tag{8}$$

Wenn nun auf die Lichtausbreitung die Strömung ohne Einfluß wäre, so müßte u gleich sein c/n. Wenn andererseits die Lichtwellen von der strömenden Flüssigkeit einfach mitgenommen würden, so müßte u gleich sein der Summe aus v und c/n. Keines von beiden ist aber, wie die Gl. 8 zeigt, der Fall. Die Lichtwellen nehmen zwar an der Bewegung der Flüssigkeit teil, aber nicht mit dem vollen Betrage der Strömungsgeschwindigkeit, sondern nur mit einem Bruchteil αv, dessen Größe von dem Brechungsexponenten der Flüssigkeit abhängt; denn nach Gl. 8 ergibt sich für die Größe α, die als der Mitführungskoeffizient bezeichnet wird, der Wert

$$\alpha = 1 - \frac{1}{n^2}. \tag{9}$$

Schon im Jahre 1851 hat nun durch einen berühmt gewordenen Versuch Fizeau nachgewiesen, daß Lichtwellen an der Strömung einer Flüssigkeit nur mit einem Bruchteil der Strömungsgeschwindigkeit teilnehmen, für den er empirisch den Wert aus Gl. 9 ermittelte.[1] Während früher die Deutung des merkwürdigen Versuchsergebnisses von Fizeau die kompliziertesten Hypothesen erfordert hatte, findet Fizeaus Experiment eine einfache Erklärung auf Grund des Einsteinschen Relativitätsprinzips.

[1] Da für Gase der Brechungsexponent sehr wenig von Eins verschieden ist, tritt bei Gasen eine merkliche „Mitführung“ überhaupt nicht ein.

§ 42. Die relativistische Dynamik.

Da nach der Relativitätstheorie eine absolute Bedeutung weder dem Raume noch der Zeit, sondern nur der MINKOWSKI-Welt als der Verknüpfung der beiden zukommt, so müssen in der relativistischen Physik an die Stelle der Beziehungen zwischen räumlichen Vektoren (wie sie die klassische Physik kennt) solche Beziehungen zwischen Weltvektoren treten, daß sich aus ihnen die klassischen Beziehungen als Sonderfälle ergeben.

Eine grundlegende Aufgabe entsteht der Relativitätstheorie zunächst in der Aufsuchung eines allgemeineren Gesetzes, das an die Stelle des zweiten NEWTONschen Bewegungsgesetzes tritt; dieses müßte sich seinerseits wiederum als Spezialfall des allgemeineren Gesetzes erweisen und mit großer Annäherung aus ihm für solche Bewegungen hervorgehen, deren Geschwindigkeit klein gegenüber der Lichtgeschwindigkeit ist.

Wenn es nun ein ausgezeichnetes System gibt, für das die allgemeinere Beziehung genau in die der klassischen Mechanik übergeht, so kann dieses System offenbar nur dasjenige sein, für das der betrachtete Massenpunkt ruht. Wir wollen dieses System kurz das Eigensystem des Massenpunktes nennen[1] und die Zeit, die diesem System zukommt, die Eigenzeit. Nennen wir sie τ, so muß, weil für das Eigensystem der Massenpunkt ruhen soll, (nach Gl. 8 des § 39)

$$ds = i\,c\,d\tau \tag{1}$$

sein.

Nun hatten uns frühere Betrachtungen die Komponenten eines vierdimensionalen Vektors erkennen lassen in den vier Richtungskosinus eines Weltlinienelementes, die wir mit a_1, a_2, a_3, a_4 bezeichneten.[2] Wir wollen die Komponenten des Weltvektors, der sich durch Multiplikation mit ic ergibt, mit q_x, q_y, q_z, q_t bezeichnen. Ferner setzen wir zur Abkürzung

$$\frac{1}{\sqrt{1-\frac{v^2}{c^2}}} = \beta\,. \tag{2}$$

Dann wird (nach Gl. 10 des § 39)

$$q_x = \beta\, v_x \tag{3}$$

und

$$q_t = i\,\beta\, c\,. \tag{4}$$

Für den Betrag des betrachteten Weltvektors, den wir als die MINKOWSKI-

[1] Ist die Bewegung nicht gleichförmig geradlinig, so kann natürlich im allgemeinen nur von einem Eigensystem für ein bestimmtes kleines Stück der Bewegung gesprochen werden.

[2] Denn auch im Dreidimensionalen sind ja die Richtungskosinus Komponenten eines Vektors.

Geschwindigkeit bezeichnen wollen, ergibt sich aus den Gl. 3 und 4 die Beziehung

$$(5)\qquad q^2 = q_x^2 + q_y^2 + q_z^2 + q_t^2 = \beta^2 (v^2 - c^2)\,.$$

Setzen wir für β den Wert aus der Gl. 2 ein, so finden wir somit

$$(6)\qquad q^2 = - c^2\,.$$

Nehmen wir nun nach dem Früheren an, daß für das Eigensystem das zweite NEWTONsche Bewegungsgesetz in der klassischen Form genau gelte, so ergeben sich also, wenn wir die Masse mit μ und die x-Komponente der angreifenden Kraft mit K_x bezeichnen, für das Eigensystem drei Gleichungen von der Form

$$(7)\qquad K_x = \frac{d}{d\tau}(\mu\, v_x)$$

und so fort.

Es liegt nun der Gedanke nahe, in Analogie zu dieser Gleichung einen Weltvektor, den wir die MINKOWSKI-Kraft nennen wollen, durch die Gleichungen zu definieren

$$(8)\qquad \begin{cases} P_x = \dfrac{d}{d\tau}(\mu\, q_x) \\[2ex] P_t = \dfrac{d}{d\tau}(\mu\, q_t)\,. \end{cases}$$

Ist nun A eine beliebige Größe, so ist (nach Gl. 1 sowie nach Gl. 9 des § 39)

$$(9)\qquad \frac{dA}{d\tau} = i c \frac{dA}{dt}\,\frac{dt}{ds} = \beta\,\frac{dA}{dt}\,.$$

Daher wird, wenn wir für q_x und q_t die Werte aus den Gl. 3 und 4 einsetzen,

$$(10)\qquad \begin{cases} P_x = \beta\,\dfrac{d}{dt}(\beta\,\mu\, v_x) \\[2ex] P_t = i\,\beta\, c\,\dfrac{d}{dt}(\beta\,\mu)\,. \end{cases}$$

Für das Eigensystem (für das β gleich Eins ist) geht die erste der Gl. 10 in der Tat in die Gl. 7 über, und wir sehen somit, daß die räumlichen Komponenten der MINKOWSKI-Kraft sich im Eigensystem mit den Komponenten der „NEWTONschen" Kraft decken. In der ersten der Gl. 10 und den beiden analogen für P_y und P_z erkennen wir demnach die Verallgemeinerung des zweiten NEWTONschen Bewegungsgesetzes, demzufolge die Kraft gleich ist dem zeitlichen Differentialquotienten des durch das Produkt aus Masse und Geschwindigkeit gemessenen Impulses. Wir müssen dazu einerseits setzen

$$(11)\qquad P_x = \beta\, K_x\,;$$

andererseits aber müssen wir die klassische Vorstellung von der Konstanz der Masse aufgeben und vielmehr eine Abhängigkeit der sogenannten

Impulsmasse von der Geschwindigkeit annehmen, und zwar in Form der Beziehung

$$(12)\qquad m = \beta\mu = \frac{\mu}{\sqrt{1-\frac{v^2}{c^2}}}\,.$$

Dann geht in der Tat ganz allgemein die erste der Gl. 10 in die das zweite NEWTONsche Bewegungsgesetz ausdrückende Beziehung über:

$$(13)\qquad \mathfrak{K} = \frac{d}{dt}(m\,\mathfrak{v})\,.$$

Für $v = 0$ wird m gleich μ, weshalb μ auch als die Ruhmasse bezeichnet wird. Die Impulsmasse ist immer größer als die Ruhmasse. Für Bewegungen, deren Geschwindigkeit klein ist gegen die Lichtgeschwindigkeit, ist der Unterschied zwischen Impuls- und Ruhmasse jedoch ganz unmerklich.

Berücksichtigen wir gemäß Gl. 12 die Abhängigkeit der Masse von der Geschwindigkeit und somit auch von der Zeit, so können wir die Gl. 13 in der Form schreiben

$$(14)\qquad \mathfrak{K} = m\frac{d\mathfrak{v}}{dt} + \mathfrak{v}\,\mu\frac{d\beta}{dt}\,.$$

Hierbei ist

$$(15)\qquad \frac{d\beta}{dt} = \frac{\frac{v}{c^2}}{\left(1-\frac{v^2}{c^2}\right)^{\frac{3}{2}}}\,\frac{dv}{dt} = \beta^3\frac{v}{c^2}\,\frac{dv}{dt}\,.$$

Wir denken uns nun die Kraft in zwei zueinander senkrechte Komponenten in der Ebene zerlegt, die durch die Richtungen der Kraft und der Geschwindigkeit bestimmt ist. Die eine der beiden Komponenten habe die Richtung der Bewegung, weshalb die beiden Komponenten als die longitudinale und die transversale unterschieden werden mögen. Jene möge durch den Index 1, diese durch den Index 2 gekennzeichnet werden. Zerlegen wir in analoger Weise die Geschwindigkeit, so ist v_1 gleich v und v_2 gleich Null. Die Beschleunigung (bestimmt durch den Differentialquotienten $d\mathfrak{v}/dt$) muß nach Gl. 14 in der durch die Vektoren $\mathfrak{K}$ und $\mathfrak{v}$ bestimmten Ebene liegen; ihre beiden Komponenten mögen mit b_1 und b_2 bezeichnet werden. Nach der allgemeingültigen, rein vektoriellen Beziehung, die durch die Gl. 30 des § 2 ausgedrückt ist, ist dann die longitudinale Komponente des zeitlichen Differentialquotienten des Geschwindigkeitsvektors gleich dem zeitlichen Differentialquotienten des Betrages der Geschwindigkeit, also

$$(16)\qquad b_1 = \frac{dv}{dt}\,.$$

Zerlegen wir also die Gl. 14 in eine longitudinale und eine transversale Partialgleichung, so finden wir (bei Berücksichtigung von Gl. 12)

$$K_1 = \beta\mu\,b_1 + \beta^3\frac{v^2}{c^2}\mu\,b_1 = \beta\mu\,b_1\left(1+\frac{v^2}{c^2}\beta^2\right).$$

Nun ist aber

$$1 + \frac{v^2}{c^2}\beta^2 = 1 + \frac{v^2}{c^2\left(1 - \frac{v^2}{c^2}\right)} = 1 + \frac{v^2}{c^2 - v^2} = \frac{c^2}{c^2 - v^2} = \beta^2 .$$

Es wird daher

$$\frac{K_1}{b_1} = \beta^3 \mu = \beta^2 m \tag{17}$$

und andererseits, weil v_2 gleich Null ist, nach Gl. 14

$$\frac{K_2}{b_2} = \beta \mu = m . \tag{18}$$

Während also in der klassischen Mechanik sowohl K_1/b_1 als auch K_2/b_2 gleich ist der Masse, gilt dies in der relativistischen Mechanik nur für die transversale Komponente.[3] Da β immer größer sein muß als Eins, so ist stets

$$\frac{K_1}{b_1} > \frac{K_2}{b_2}$$

oder

$$\frac{b_2}{b_1} > \frac{K_2}{K_1} .$$

Kraft und Beschleunigung sind also im allgemeinen nicht gleichgerichtet; die Richtung der Beschleunigung bildet vielmehr mit der Bewegungsrichtung stets einen größeren Winkel als die Richtung der Kraft.

Die relativitätstheoretische Formel, die die Abhängigkeit der Masse von der Geschwindigkeit ausdrückt, erscheint in zweifacher Hinsicht durch die Erfahrung bestätigt. Einerseits zeigten Messungen der magnetischen Ablenkung von sehr rasch bewegten Beta-Strahlen, daß die Masse der die β-Strahlen zusammensetzenden Teilchen in der Tat gemäß der relativistischen Formel zunimmt, wenn sich die Geschwindigkeit der Teilchen der Lichtgeschwindigkeit nähert.[4] Andererseits vermochte auf die relativistische Massenformel im Jahre 1915 Sommerfeld eine Theorie der Feinstruktur der Spektrallinien[5] zu gründen, die durch die tatsächlichen spektroskopischen Messungen in glänzendster Weise bestätigt wird.

§ 43. Die träge Masse der Energie.

Aus den die Minkowski-Kraft definierenden Gleichungen (Gl. 8 des § 42) folgt für das innere Produkt von Minkowski-Kraft und Minkowski-Geschwindigkeit

---

[3] Den Quotienten K_1/b_1 bezeichnete man früher auch als „longitudinale Masse und den Quotienten K_2/b_2 als „transversale Masse".

[4] Die Geschwindigkeit der von radioaktiven Substanzen ausgesandten β-Strahlteilchen beträgt bis zu 99% der Lichtgeschwindigkeit.

[5] Unter Feinstruktur der Spektrallinien versteht man die Tatsache, daß in starken Spektralapparaten sich die Spektrallinien in Gruppen und Untergruppen von Linien auflösen.

(1) $$P_x q_x + P_y q_y + P_z q_z + P_t q_t = \frac{\mu}{2} \frac{d}{d\tau} (q^2),$$

wobei aber (nach Gl. 6 des § 42) q^2 gleich ist einer universellen Konstanten, nämlich gleich dem negativen Quadrat der Lichtgeschwindigkeit. Der eigenzeitliche Differentialquotient dieser Konstanten verschwindet natürlich; es muß somit auch die linke Seite der Gl. 1 gleich Null sein, und hieraus folgt bei Berücksichtigung der Gl. 3 und 11 des § 42

(2) $$\beta^2 \mathfrak{K} \mathfrak{v} = - P_t q_t .$$

Nun ist aber nach Gl. 8 und 4 des § 42

$$P_t q_t = \frac{\mu}{2} \frac{d}{d\tau} (q_t^2) = - \frac{\mu c^2}{2} \frac{d}{d\tau} (\beta^2)$$

oder nach Gl. 9 des § 42

(3) $$P_t q_t = - \frac{\mu c^2}{2} \beta \frac{d}{dt} (\beta^2) = - \mu c^2 \beta^2 \frac{d\beta}{dt} .$$

Es wird somit

(4) $$\mathfrak{K} \mathfrak{v} = \frac{d}{dt} (\beta \mu c^2) .$$

Diese Gleichung muß für jedes beliebige Bezugssystem gelten, weil ja die Gl. 1, aus der die Gl. 4 gewonnen wurde, auch von dem Bezugssystem unabhängig ist. In der klassischen Mechanik besteht nun die fundamentale Beziehung, daß das innere Produkt aus Kraft und Geschwindigkeit, also die auf die Zeiteinheit bezogene Arbeit, gleich ist dem zeitlichen Differentialquotienten der kinetischen Energie (Gl. 7 des § 6).

Diese Beziehung können wir gemäß der allgemeingültigen Gl. 4 auch in der relativistischen Dynamik beibehalten, wofern wir die einfache klassische Formel für die kinetische Energie (Masse mal halbem Geschwindigkeitsquadrat) durch die kompliziertere Formel ersetzen

(5) $$L = \beta \mu c^2 = m c^2 .$$

In dieser Gleichung wollen wir β mittels des binomischen Lehrsatzes in eine Reihe entwickeln. Es ist

(6) $$\beta = \left(1 - \frac{v^2}{c^2}\right)^{-\frac{1}{2}} = 1 + \frac{1}{2} \frac{v^2}{c^2} + \frac{3}{8} \frac{v^4}{c^4} + \ldots$$

Daher wird in erster Annäherung

(7) $$L = \mu c^2 + \frac{\mu v^2}{2} .$$

Das zweite Glied der rechten Seite stellt aber nichts anderes dar als die lebendige Kraft der klassischen Mechanik (in der ja μ und m identisch sind). Hierzu kommt aber noch ein unvergleichlich größeres Glied, das auch dann nicht verschwindet, wenn v gleich Null ist, und das als die Eigenenergie des Massenpunktes bezeichnet wird; sie ist bestimmt durch das Produkt aus der Ruhmasse und dem Quadrate der Lichtgeschwindigkeit.

Die Erkenntnis, daß jeder Körper, auch ohne Bewegung, eine Energie besitzt, die mit einem universellen Proportionalitätsfaktor seiner Masse proportional ist, legt aber nun weiterhin die Auffassung nahe, daß überhaupt jeder Masse Energie zukommt und umgekehrt jede Energie eine träge Masse besitzt; diese ist eben gleich der Energiemenge, gebrochen durch das Quadrat der Lichtgeschwindigkeit.

Masse und Energie erweisen sich derart als identisch, nur durch einen universellen Proportionalitätsfaktor voneinander verschieden. So erscheinen durch die Relativitätstheorie die Sätze von der Erhaltung der Masse und von der Erhaltung der Energie zu einem einzigen Prinzip[1] verschmolzen.

[1] Daß trotzdem beide Erhaltungssätze mit ungemein großer Annäherung eine selbständige Rolle innehaben, erklärt sich aus der verschwindenden Kleinheit der Masseänderungen, die mit beobachtbaren Energieänderungen verbunden sind. Ein wichtiges Anwendungsgebiet scheint sich neuestens für den Satz von der Trägheit der Energie in der Atomtheorie zu erschließen. Durch diesen Satz werden zunächst die Abweichungen der Atomgewichte von den ganzen Zahlen (soweit sie nicht durch Isotopie bedingt sind) verständlich, weiterhin aber auch Probleme der Stabilität der Atomkerne geklärt.

Anhang.

Zusammenfassung des Inhalts.

I. Kapitel. Die Vektoren.

§ 1. Jede Vektorgröße ist durch Betrag, Richtung und Richtungssinn bestimmt; daß in diesen Eigenschaften zwei Vektorgrößen übereinstimmen, wird durch Gleichsetzung der Vektorgrößen ausgedrückt. Das Quadrat des Betrages eines Vektors ist gleich der Summe der Quadrate der Komponenten. Jeder Vektor kann aufgefaßt werden als Produkt aus seinem Betrage und einem in seine Richtung fallenden Einheitsvektor. Die Einheitsvektoren der positiven Koordinatenachsen werden als die Grundvektoren des Koordinatensystems ($\mathfrak{i}$, $\mathfrak{j}$, $\mathfrak{k}$) bezeichnet.

§ 2. Für die vektorielle Addition gelten die Rechenregeln der arithmetischen. Das innere oder skalare Produkt $\mathfrak{A}\mathfrak{B}$ ist ein Skalar von dem Betrage $AB\cos(\mathfrak{A}, \mathfrak{B})$. Es ist

$$\mathfrak{A}\mathfrak{B} = A_x B_x + A_y B_y + A_z B_z .$$

Das äußere oder Vektorprodukt $[\mathfrak{A}\mathfrak{B}]$ ist ein Vektor, der auf der Ebene des von den Vektoren $\mathfrak{A}$ und $\mathfrak{B}$ gebildeten Parallelogramms senkrecht steht, der so viel Längeneinheiten enthält, als das Parallelogramm Flächeneinheiten hat, und der einen solchen Richtungssinn hat, daß von seiner Spitze gesehen, die Drehung dem Uhrzeiger entgegengesetzt erscheint, die den Vektor $\mathfrak{A}$ in die Richtung des Vektors $\mathfrak{B}$ überführt. Es ist $[\mathfrak{B}\mathfrak{A}]$ entgegengesetzt gleich $[\mathfrak{A}\mathfrak{B}]$. Das innere Produkt verschwindet für zwei zueinander normale, das äußere für zwei gleichgerichtete Vektoren. Es ist

$$\mathfrak{A}[\mathfrak{B}\mathfrak{C}] = \mathfrak{B}[\mathfrak{C}\mathfrak{A}] = \mathfrak{C}[\mathfrak{A}\mathfrak{B}] ;$$

diese Produkte verschwinden, wenn die Vektoren $\mathfrak{A}$, $\mathfrak{B}$, $\mathfrak{C}$ komplanar sind. Ferner ist

$$\left[\mathfrak{A}[\mathfrak{B}\mathfrak{C}]\right] = \mathfrak{B}(\mathfrak{C}\mathfrak{A}) - \mathfrak{C}(\mathfrak{A}\mathfrak{B}) .$$

Der zeitliche Differentialquotient eines Vektors $\mathfrak{A}$ kann stets in zwei zueinander senkrechte Komponenten zerlegt werden, in eine Komponente in der Richtung des Vektors und vom Betrage dA/dt und eine dazu normale Komponente vom Betrage $A d\varphi/dt$, wenn $d\varphi$ der Winkel ist, um den sich in dem Zeitelement dt der Vektor $\mathfrak{A}$ dreht. Beide Komponenten liegen in der als eben aufzufassenden Fläche, die in dem Zeitelement der Vektor durchstreicht.

§ 3. In vektorieller Form sagt das zweite NEWTONsche Bewegungsgesetz aus, daß der Kraftvektor gleich ist dem zeitlichen Differentialquotienten des Produktes aus Masse und Geschwindigkeitsvektor. Die analytische Auflösung dieser Beziehung ergibt die üblichen Bewegungsgleichungen des freien Massenpunktes. Die Vektorprodukte, die sich ergeben, wenn man den von einem Punkte aus gezogenen Radiusvektor vektoriell multipliziert mit der Kraft oder der Geschwindigkeit oder dem Impuls, werden als statisches Moment, Flächengeschwindigkeit und Drehimpuls bezeichnet. Das statische Moment ist der zeitliche Differentialquotient des Drehimpulses. Hieraus folgt, daß die Bewegung eines Körpers, auf den eine stets nach demselben Punkt gerichtete Kraft wirkt, in einer und derselben Ebene beharrt und ihre Flächengeschwindigkeit in bezug auf jenen Punkt nicht ändert.

§ 4. Bei dem Übergang von einem Koordinatensystem zu einem zweiten transformieren sich die Komponenten eines Vektors nach dem Schema

$$A_x' = A_x \cos(x', x) + A_y \cos(x', y) + A_z \cos(x', z) .$$

§ 5. In einem skalaren Felde kann jeder Stelle als Gradient des Skalars ein Vektor zugeordnet werden, der senkrecht steht auf der Niveaufläche, der den Richtungssinn zunehmenden Wertes des Skalars hat und einen Betrag, der gleich ist der auf die Längeneinheit bezogenen Zunahme des Skalars in dieser Richtung. Die Komponenten des Gradienten sind gleich den partiellen Ableitungen des Skalars nach den Koordinaten. Der Wert des Linienintegrals des Gradienten längs einer Kurve hängt einzig und allein ab von dem Niveauunterschied zwischen Anfangs- und Endpunkt der Kurve. Im besonderen ist

$$\operatorname{grad}\left(\frac{1}{r}\right) = -\frac{1}{r^2}\frac{\mathfrak{r}}{r},$$

wenn $\mathfrak{r}$ der von einem festen Punkte zu einem beliebigen Feldpunkt gezogene Radiusvektor ist.

§ 6. Ist ein Vektor als Gradient eines Skalars darstellbar, so bezeichnet man diesen Skalar, mit entgegengesetztem Vorzeichen genommen, als das Potential des Vektors. Eine Kraft besitzt immer dann ein Potential, wenn sie nach einem festen Punkte gerichtet ist und ihr Betrag nur von der Entfernung von diesem Punkte abhängt. Falls die Kraft ein Potential besitzt, so muß die Summe aus diesem Potential und der lebendigen Kraft des bewegten Massenpunktes eine von Ort und Zeit unabhängige Konstante darstellen, die als die mechanische Energie des bewegten Massenpunktes bezeichnet wird.

§ 7. Ändert ein Koordinatensystem ($\mathfrak{i}$, $\mathfrak{j}$, $\mathfrak{k}$) seine Lage gegenüber einem als Normalsystem angenommenen Achsenkreuz, so erscheinen, auf dieses Normalsystem bezogen, die Grundvektoren $\mathfrak{i}$, $\mathfrak{j}$, $\mathfrak{k}$ selbst als

Funktionen der Zeit. Es läßt sich zunächst zeigen, daß die drei Vektoren $d\mathfrak{i}/dt$, $d\mathfrak{j}/dt$, $d\mathfrak{k}/dt$ komplanar sind, ferner, daß sie darstellbar sind als Vektorprodukte $[\mathfrak{w}\,\mathfrak{i}]$, $[\mathfrak{w}\,\mathfrak{j}]$, $[\mathfrak{w}\,\mathfrak{k}]$, wobei $\mathfrak{w}$ einen und denselben Vektor bedeutet, der als die Winkelgeschwindigkeit bezeichnet wird. Seine Richtung und sein Richtungssinn sind dadurch bestimmt, daß ein mit dem Koordinatensystem fest verbundener Punkt in einer Ebene senkrecht zu der Richtung des Vektors $\mathfrak{w}$ derart kreist, daß von der Spitze des Vektors $\mathfrak{w}$ gesehen, die Umkreisung entgegengesetzt dem Uhrzeiger erscheint. Der Betrag aber ist gleich der im Bogenmaß gemessenen Geschwindigkeit, mit der sich ein Lot dreht, das von einem mit dem Koordinatensystem fest verbundenen Punkt auf die Richtung von $\mathfrak{w}$ gefällt wird. Ist $d\mathfrak{A}/dt$ der zeitliche Differentialquotient eines Vektors in bezug auf das Normalsystem, $d^*\mathfrak{A}/dt$ aber in bezug auf das selbst bewegte System, so ist

$$\frac{d\mathfrak{A}}{dt} = \frac{d^*\mathfrak{A}}{dt} + [\mathfrak{w}\,\mathfrak{A}].$$

§ 8. Die absolute Beschleunigung erweist sich gleich der vektoriellen Summe aus der Relativbeschleunigung, der Führungsbeschleunigung und der Coriolis-Beschleunigung, die ihrerseits gleich ist dem doppelten Vektorprodukt aus Winkelgeschwindigkeit und Relativgeschwindigkeit. Bezieht man also die Bewegung eines Massenpunktes auf ein selbst bewegtes System, so muß man außer den tatsächlich angreifenden Kräften noch zwei fingierte Zusatzkräfte annehmen: eine Führungs- und eine Coriolis-Kraft. Für zwei gegeneinander gleichförmig fortschreitend bewegte Systeme müssen die Bewegungsgleichungen dieselbe Form haben (mechanisches Relativitätsprinzip).

§ 9. Aus der Theorie der Relativbewegung folgt auf der rotierenden Erde für den freien Fall eine östliche Ablenkung, für eine Horizontalbewegung eine Ablenkung nach rechts auf der nördlichen, nach links auf der südlichen Erdhälfte und endlich für ein schwingendes Pendel eine tägliche Drehung der Schwingungsebene um einen Winkel, der gleich ist 360^0 mal dem Sinus der geographischen Breite.

II. Kapitel. Die Tensoren.

§ 10. Neun Größen k_{xx}, k_{xy} ... k_{zz} werden als Komponenten eines Tensors bezeichnet, wenn sie sich bei einem Wechsel des Koordinatensystems so transformieren wie die paarweise gebildeten Produkte der Komponenten zweier Vektoren. Die Summe der Tensorkomponenten erster Art $(k_{xx} + k_{yy} + k_{zz})$ stellt einen Skalar dar, die paarweise gebildeten Differenzen der Komponenten zweiter Art $(k_{xy} - k_{yx}$ usw.) ergeben die Komponenten eines Vektors. Durch entsprechende Multiplikation der Komponenten eines Tensors mit den Komponenten eines Vektors $\mathfrak{B}$ kann ein Vektor $\mathfrak{A}$ abgeleitet werden nach dem Schema

$$k_{xx}B_x + k_{xy}B_y + k_{xz}B_z = A_x.$$

$\mathfrak{A}$ ist dann eine lineare Vektorfunktion von $\mathfrak{B}$ und k. Durch Addition entsprechender Komponenten von Tensoren ergeben sich wiederum die Komponenten eines Tensors, ebenso, wenn man, ohne an den Komponenten zweiter Art etwas zu ändern, die Komponenten erster Art um einen und denselben Skalar vermehrt.

§ 11. Jeder Tensor ist darstellbar durch eine Fläche zweiten Grades, die im besonderen, wenn die Tensorkomponenten erster Art nie negativ werden können, ein Ellipsoid ist. Die Richtungen, die durch die Achsen dieses Tensorellipsoids festgelegt sind, werden als die Hauptachsen des Tensors bezeichnet; die auf sie bezogenen Werte der Komponenten erster Art heißen die Hauptwerte des Tensors. Ist der Tensor symmetrisch, so verschwinden in bezug auf ein Hauptachsensystem die Komponenten zweiter Art. Ist ein Vektor $\mathfrak{A}$ eine symmetrische Vektorfunktion eines anderen Vektors $\mathfrak{B}$ und eines Tensors k, so sind die Hauptwerte des Tensors mit den Komponenten nach den Hauptachsen durch die Beziehungen verknüpft

$$A_1 = k_1 B_1\,, \qquad A_2 = k_2 B_2\,, \qquad A_3 = k_3 B_3\,.$$

§ 12. Der Drehimpuls eines starren Körpers erweist sich als lineare Vektorfunktion der Winkelgeschwindigkeit und eines symmetrischen Tensors, der als das Trägheitsmoment bezeichnet wird. Bezieht man die Bewegung eines starren Körpers auf ein Koordinatensystem, das mit dem Schwerpunkt als Ursprung von den drei Hauptträgheitsachsen gebildet wird, so ergeben sich die EULERschen Bewegungsgleichungen des starren Körpers; aus ihnen ersieht man, daß die Hauptträgheitsachsen zugleich die freien Achsen des starren Körpers sind.

§ 13. Die auf ein Flächenelement eines deformierbaren Körpers wirkende Spannung stellt, wie sich auf Grund der Bewegungsgleichungen des deformierbaren Körpers zeigen läßt, einen Tensor dar, dessen Komponenten erster Art als Normalspannungen, dessen Komponenten zweiter Art als Tangentialspannungen bezeichnet werden.

III. Kapitel. Die Vektorfelder.

§ 14. Die neun partiellen Differentialquotienten der Komponenten eines Vektors nach den Koordinaten erweisen sich als Komponenten eines Tensors. Daraus folgt ohne weiteres aus den allgemeinen tensoriellen Beziehungen, daß in einem Vektorfelde jeder Stelle ein Skalar, die „Divergenz“, und ein Vektor, die „Rotation“, zugeordnet werden können. Hierfür bestehen die Gleichungen

$$\operatorname{div}\mathfrak{A} = \frac{\partial A_x}{\partial x} + \frac{\partial A_y}{\partial y} + \frac{\partial A_z}{\partial z}\,,$$

$$\operatorname{rot}_x \mathfrak{A} = \frac{\partial A_z}{\partial y} - \frac{\partial A_y}{\partial z}\,.$$

Multipliziert man die neun partiellen Differentialquotienten eines Vektors $\mathfrak{A}$ nach den Koordinaten mit den Komponenten eines Vektors $\mathfrak{B}$ nach dem entsprechenden Schema (§ 10), so erhält man einen Vektor, der bezeichnet wird als der auf den Vektor $\mathfrak{B}$ bezogene Gradient des Vektors $\mathfrak{A}$. Es ist

$$(\mathfrak{B}\,\mathrm{grad})\,\mathfrak{A} = \mathfrak{i}\,(\mathfrak{B}\,\mathrm{grad}\,A_x) + \mathfrak{j}\,(\mathfrak{B}\,\mathrm{grad}\,A_y) + \mathfrak{k}\,(\mathfrak{B}\,\mathrm{grad}\,A_z)\,.$$

Für die kombinierten vektoriellen Differentialoperationen gelten die Formeln

$$\mathrm{div}\,\mathrm{grad}\,S = \Delta S = \frac{\partial^2 S}{\partial x^2} + \frac{\partial^2 S}{\partial y^2} + \frac{\partial^2 S}{\partial z^2}\,.$$

Dementsprechend ist

$$\Delta\,\mathfrak{A} = \mathfrak{i}\,\Delta A_x + \mathfrak{j}\,\Delta A_y + \mathfrak{k}\,\Delta A_z\,.$$

Ferner ist

$$\mathrm{rot}\,\mathrm{grad}\,S = 0\,, \qquad \mathrm{div}\,\mathrm{rot}\,\mathfrak{A} = 0\,,$$

$$\mathrm{rot}\,\mathrm{rot}\,\mathfrak{A} = \mathrm{grad}\,\mathrm{div}\,\mathfrak{A} - \Delta\,\mathfrak{A}\,.$$

§ 15. Nach dem Satze von Gauss ist der Fluß eines Vektors durch eine geschlossene Fläche gleich dem Volumintegral der Divergenz des Vektors, erstreckt über das ganze von der Fläche umschlossene Volumen oder

$$\int A_n\,df = \int \mathrm{div}\,\mathfrak{A}\,d\tau\,.$$

Aus dem Satze von Gauss ergibt sich der Satz von Green, demzufolge im besonderen, wenn an den Grenzen eines skalaren Feldes der Gradient des Skalars verschwindet, die Beziehung besteht

$$\int S\Delta S\,d\tau = -\int (\mathrm{grad}\,S)^2\,d\tau\,.$$

§ 16. Eine in einem Vektorfelde gezogene Kurve, deren Elemente überall die Richtung des Vektors haben, stellt eine Vektorlinie dar. In einem Felde, dessen Divergenz überall verschwindet und das als solenoidal bezeichnet wird, ist längs einer Vektorröhre das Produkt aus dem Betrage des Vektors und dem Röhrenquerschnitt konstant. Die Röhren eines solenoidalen Vektors können daher im Felde weder beginnen noch enden und müssen somit innerhalb des Feldes geschlossene Kurven darstellen. Das Feld eines Vektors, der seinerseits der Gradient eines Skalars ist, ist wiederum darstellbar durch die Niveauflächen des Skalars; innerhalb der so gebildeten Lamellen ist der Betrag des Vektors überall umgekehrt proportional der Dicke der Lamelle.

§ 17. Nach dem Satze von Stokes ist das Linienintegral eines Vektors längs einer geschlossenen Kurve gleich dem Integral der Normalkomponente der Rotation des Vektors, erstreckt über die ganze von der Kurve umschlossene Fläche, oder

$$\int \mathfrak{A}\,d\mathfrak{s} = \int \mathfrak{n}\,\mathrm{rot}\,\mathfrak{A}\,df\,;$$

dabei muß die Flächennormale einen solchen Richtungssinn haben, daß von ihrer Spitze der Umlauf, in dem das Linienintegral gebildet wird, dem Uhrzeiger entgegengesetzt erscheint.

§ 18. In einem Tensorfelde läßt sich für jede Stelle ein als Vektordivergenz ($\mathfrak{div}\, t$) bezeichneter Vektor ableiten; es ist

$$\mathfrak{div}_x\, t = \frac{\partial t_{xx}}{\partial x} + \frac{\partial t_{xy}}{\partial y} + \frac{\partial t_{xz}}{\partial z} .$$

Unter der Normalkomponente eines Tensors in bezug auf ein Flächenelement versteht man einen Vektor, dessen x-Komponente gleich ist

$$(\mathfrak{t}_n)_x = t_{xx} \cos(\mathfrak{n}, x) + t_{xy} \cos(\mathfrak{n}, y) + t_{xz} \cos(\mathfrak{n}, z) .$$

Der Tensorfluß durch eine geschlossene Fläche erweist sich dann gleich dem Volumintegral der Vektordivergenz des Tensors.

§ 19. In einer kontinuierlich verbreiteten Masse ist die innere Kraftdichte gleich der Vektordivergenz der Spannung. Für die Beschleunigung eines Massenteilchens gilt die Beziehung

$$\mathfrak{b} = \frac{\partial \mathfrak{v}}{\partial t} + (\mathfrak{v} \operatorname{grad})\, \mathfrak{v} .$$

Das Prinzip der Erhaltung der Masse findet seinen vektoranalytischen Ausdruck in der Gleichung

$$\operatorname{div}(\varrho\, \mathfrak{v}) + \frac{\partial \varrho}{\partial t} = 0 .$$

Die Bewegung eines kleinen Bereiches einer kontinuierlich verbreiteten Masse kann stets aufgefaßt werden als Superposition einer Translation, einer Drehung und einer eigentlichen Deformation, die sich im allgemeinen darstellt als eine Dehnung längs den Koordinatenachsen und eine Scherung entlang den Koordinatenebenen.

§ 20. Für eine ideale Flüssigkeit müssen die Tangentialspannungen stets verschwinden und die Normalspannungen daher untereinander stets den gleichen Wert haben, der mit entgegengesetztem Vorzeichen den Flüssigkeitsdruck darstellt. Aus der allgemeinen Bewegungsgleichung des deformierbaren Körpers ergeben sich derart die hydrodynamischen Grundgleichungen von Euler. Für inkompressible Flüssigkeiten verschwindet die Divergenz der Geschwindigkeit. Von den Eulerschen Gleichungen führt eine vektoranalytische Transformation zu der Gleichung von Helmholtz, die die Erhaltung der Wirbelbewegung in idealen Flüssigkeiten ausspricht, auf die nur solche äußere Kräfte wirken, die ein Potential besitzen. Für eine Flüssigkeitsströmung erweist sich der hydraulische Druck stets kleiner als der hydrostatische. Die Strömungsgeschwindigkeit muß in einer Röhre deren Querschnitt umgekehrt proportional sein.

§ 21. Ein Medium wird als elastisch bezeichnet, wenn die Hauptachsen der Deformation mit den Hauptachsen der Spannung zusammenfallen und der Zusammenhang zwischen Deformation und Spannung durch das Gesetz von Hooke und Navier beschrieben wird. Drückt man dementsprechend die Komponenten der Spannung durch die Verrückungen aus, so ergeben sich in einfacher Form die Bewegungsgleichungen eines elastischen, von äußeren Kräften freien Mediums.

IV. Kapitel. Die Potentiale.

§ 22. Ist in einem Felde, das von einem Quellpunkt von der Ergiebigkeit g erzeugt wird, das Potential in einem beliebigen Aufpunkt in der Entfernung r

$$\Psi = \frac{g}{r}$$

und bezeichnet man den negativen Gradienten des Potentials bei veränderlichem Aufpunkt als die Feldstärke, so ist der Fluß der Feldstärke durch eine geschlossene Fläche gleich $4\pi g$ oder Null, je nachdem, ob die Fläche den Quellpunkt umschließt oder nicht.

§ 23. Bei kontinuierlicher Quellenverteilung ergibt sich die Gleichung von Poisson, derzufolge

$$\Delta \Psi = -4\pi \varrho$$

ist, wenn ϱ die Ergiebigkeitsdichte bedeutet.

§ 24. Die Normalkomponente der Feldstärke erfährt bei dem Durchsetzen einer Quellenfläche einen Sprung, der gleich ist 4π mal der Flächendichte. Die Tangentialkomponente der Feldstärke durchsetzt hingegen eine Quellenfläche stetig.

§ 25. Das Produkt aus der Ergiebigkeit eines Quellenpaares und der gerichteten Strecke, die von der negativen zur positiven Quelle führt, wird als das Moment des Quellenpaares bezeichnet. Das von einer Doppelschichte in einem Aufpunkt erzeugte Potential ist gleich dem Produkt aus der Momentendichte und dem räumlichen Winkel, unter dem von dem Aufpunkt die Doppelschichte erscheint.

§ 26. Unter dem Kurvenpotential einer Kurve verstehen wir den Vektor

$$\mathfrak{P} = \int \frac{d\mathfrak{s}}{r}$$

(wobei in einem bestimmten Umlaufsinn zu integrieren ist). Die von einer Doppelschichte herrührende Feldstärke erweist sich als identisch mit der Rotation des noch mit der Momentendichte multiplizierten Kurvenpotentials der Begrenzung. Die Divergenz des Kurvenpotentials verschwindet für eine geschlossene Kurve.

§ 27. Die Dichte der potentiellen Energie eines Feldes, zwischen dessen Quellen Coulombsche Fernkräfte wirken, ergibt sich mittels des Greenschen Satzes gleich dem Quadrate der Feldstärke, gebrochen durch 8π. Für das Potential der mechanischen Kraft, mit der zwei Doppelschichten von den Momentendichten χ und χ' aufeinander wirken, erhält man den Wert

$$V = -\chi\chi' \iint \frac{d\mathfrak{s}\, d\mathfrak{s}'}{r}.$$

§ 28. Aus dem für die Elektrostatik grundlegenden Coulombschen Gesetz folgt für die elektrische Feldstärke

$$\operatorname{div} \mathfrak{E} = 4\pi\varrho.$$

Ferner ergibt sich, daß ein Konduktor stets nur an der Oberfläche geladen sein kann, und daß die Feldstärke an der Oberfläche die Richtung der nach außen weisenden Normalen und den Betrag $4\pi\sigma$ hat. Die Divergenz der Stromdichte verschwindet für geschlossene Ströme. Das Linienintegral der elektrischen Feldstärke entlang dem Stromleiter stellt die elektromotorische Kraft dar.

§ 29. Zu dem elektrostatischen Grundgesetz kommt als zweites Erfahrungsgesetz folgendes hinzu: Zwei geschlossene elektrische Ströme üben aufeinander eine mechanische Kraft aus, die ebenso groß ist wie die COULOMBsche Fernkraft zwischen zwei von den Strömen umgrenzten Doppelschichten, wofern man die Momentendichte jeder Doppelschichte gleich setzt dem Quotienten aus der Stromstärke und einer universellen Konstanten, die sich durch das Experiment als eine Geschwindigkeit von $3 \cdot 10^{10}$ cm/sec ergibt. Die äquivalente Doppelschichte bezeichnet man als magnetisch und spricht demgemäß von Magnetismusmenge und magnetischer Feldstärke. Ein homogen magnetisierter Körper muß sich so verhalten, als ob der Magnetismus nur an der Oberfläche vorhanden wäre.

§ 30. Für die magnetische Feldstärke, die ein Element eines geschlossenen elektrischen Stromes in einem beliebigen Aufpunkt erzeugt, ergibt sich durch vektoranalytische Deduktion eine Gleichung, die das Gesetz von BIOT und SAVART und die Schwimmerregel von AMPÈRE zum Ausdruck bringt. Hieraus folgen weiterhin die Beziehungen

$$\operatorname{div} \mathfrak{H} = 0\,, \qquad \operatorname{rot} \mathfrak{H} = \frac{4\pi}{c}\,\mathfrak{i}\,.$$

Die letztere Gleichung kann man auch in der Integralform dahin aussprechen, daß die Arbeit, die bei dem einmaligen Herumführen eines Einheitspoles um einen Strom verrichtet wird, gleich ist der mit 4π multiplizierten, elektromagnetisch gemessenen Stromstärke.

§ 31. Die potentielle Energie, die einem Strome in einem Magnetfeld zukommt, erweist sich entgegengesetzt gleich dem Produkte aus der elektromagnetisch gemessenen Stromstärke und aus dem magnetischen Kraftfluß durch die Stromfläche. Gleich gerichtete Stromelemente müssen einander anziehen, entgegengesetzt gerichtete einander abstoßen, und zwar mit einer Kraft, die dem Produkte der Stromstärken direkt und dem Quadrate der Entfernung umgekehrt proportional ist.

§ 32. Für die Induktionsströme ergibt sich mittels des Satzes von der Erhaltung der Energie die Folgerung, daß die induzierte elektromotorische Kraft bis auf den Proportionalitätsfaktor $1/c$ gleich sein muß der auf die Zeiteinheit bezogenen Änderung des magnetischen Kraftflusses, und ferner, daß der induzierte Strom einen solchen Umlaufssinn haben muß, daß er durch die von ihm ausgehende magnetische Kraft den induzierenden Vorgang zu hemmen sucht.

§ 33. Aus der Hypothese der Verschiebungsströme folgt in der MAXWELLschen Theorie für deren Dichte die Beziehung

$$\mathfrak{g} = \frac{1}{4\pi} \frac{\partial \mathfrak{E}}{\partial t}.$$

Für den leeren Raum nehmen daher die MAXWELLschen Gleichungen die Form an

$$\operatorname{div} \mathfrak{E} = 4\pi\varrho, \qquad \operatorname{div} \mathfrak{H} = 0,$$

$$\operatorname{rot} \mathfrak{E} = -\frac{1}{c} \frac{\partial \mathfrak{H}}{\partial t}, \qquad \operatorname{rot} \mathfrak{H} = \frac{1}{c} \frac{\partial \mathfrak{E}}{\partial t}.$$

Daraus folgt durch eine vektoranalytische Umformung für den leeren Raum

$$\Delta \mathfrak{E} = \frac{1}{c^2} \frac{\partial^2 \mathfrak{E}}{\partial t^2}, \qquad \Delta \mathfrak{H} = \frac{1}{c^2} \frac{\partial^2 \mathfrak{H}}{\partial t^2}.$$

§ 34. Die Dichte der Energieströmung im elektromagnetischen Felde ist durch den POYNTINGschen Vektor bestimmt

$$\mathfrak{S} = \frac{c}{4\pi} [\mathfrak{E}\mathfrak{H}].$$

V. Kapitel. Die Vektorwellen.

§ 35. Durch die Differentialgleichung

$$\frac{d^2 \mathfrak{V}}{dt^2} = -a^2 \mathfrak{V}$$

wird im allgemeinen eine elliptische Vektorschwingung von einer Schwingungsdauer $2\pi/a$ beschrieben. Die elliptische Schwingung läßt sich nach zwei beliebigen, zueinander senkrechten Richtungen stets in zwei lineare Partialschwingungen zerlegen, die im allgemeinen bei gleicher Schwingungsdauer verschiedene Amplitude und Phase haben.

§ 36. Ist eine vektorielle partielle Differentialgleichung von der Form gegeben

$$\Delta \mathfrak{A} = \frac{1}{\varkappa^2} \frac{\partial^2 \mathfrak{A}}{\partial t^2},$$

so folgt daraus stets die Möglichkeit einer Ausbreitung des Vektors $\mathfrak{A}$ in ebenen Vektorwellen mit der Geschwindigkeit $\varkappa$. Verschwindet im besonderen die Divergenz des Vektors, so sind die Wellen transversal.

§ 37. Aus den Bewegungsgleichungen des elastischen Mediums folgt einerseits die Möglichkeit von longitudinalen Dilatationswellen, andererseits von dilatationsfreien Transversalwellen. In Flüssigkeiten sind nur erstere möglich.

§ 38. Aus den MAXWELLschen Gleichungen ergibt sich die Möglichkeit einer Ausbreitung der elektrischen und der magnetischen Feldstärke in ebenen Wellen, deren Geschwindigkeit im leeren Raume der elektromagnetischen Konstanten gleich sein muß. In einem von Ladungen freien Gebiete müssen diese Wellen rein transversal sein. Mit jeder elektrischen Welle ist auch eine magnetische Welle von der gleichen Periode und der gleichen Fortpflanzungsrichtung verbunden. Die Vektoren der elektrischen und der magnetischen Feldstärke stehen in einer ebenen elektromagnetischen Welle aufeinander senkrecht. Wegen der Übereinstimmung der elektromagnetischen Konstanten mit der Lichtgeschwindigkeit sieht die MAXWELLsche Theorie die Lichtwellen als elektromagnetisch an, wodurch sich auch die Transversalität der Lichtwellen ohne weiteres erklärt.

VI. Kapitel. Die Weltvektoren.

§ 39. Die Schwierigkeiten, die einer Ausdehnung des mechanischen Relativitätsprinzips auf das Gebiet der Elektrodynamik und der Optik sich entgegenstellen, wurden beseitigt durch EINSTEINS Gedanken der Relativität der Zeit. Die fundamentale Beziehung der Relativitätstheorie besagt, daß zwischen den Koordinaten zweier gegeneinander gleichförmig bewegter Koordinatensysteme und deren Zeiten (t' und t'') die Gleichung bestehen muß

$$x''^2 + y''^2 + z''^2 - c^2 t''^2 = x'^2 + y'^2 + z'^2 - c^2 t'^2 .$$

Diese Gleichung kann man nach MINKOWSKI dahin geometrisch interpretieren, daß das mit entgegengesetztem Vorzeichen genommene Quadrat der noch mit der Lichtgeschwindigkeit multiplizierten Zeit und die Quadrate der drei räumlichen Koordinaten sich untereinander so verhalten wie die Quadrate von vier Koordinaten in einer vierdimensionalen Geometrie. Die vierdimensionale Mannigfaltigkeit, die als eine Verknüpfung von Raum und Zeit durch die Koordinaten x, y, z und ict gegeben ist, wird als die MINKOWSKI-Welt bezeichnet. Die Bewegung eines Massenpunktes erscheint durch eine Weltlinie dargestellt, deren Richtungskosinus in bezug auf ein bestimmtes vierdimensionales Achsenkreuz die Geschwindigkeit bestimmen, die für das gewählte Bezugsssystem der Massenpunkt besitzt.

§ 40. Der Übergang von einem räumlichen Koordinatensystem zu einem anderen, das gegenüber dem ersten mit der Geschwindigkeit v in der gemeinsamen x-Richtung bewegt ist, erscheint in vierdimensionaler Darstellung als Drehung des Achsenkreuzes in der x-t-Ebene um einen Winkel, dessen Tangente gleich ist dem imaginären Quotienten aus der Geschwindigkeit v und der Lichtgeschwindigkeit. Hieraus und aus den allgemeinen Formeln für die Transformation von Vektorkomponenten (§ 4) ergeben sich die die LORENTZ-Transformation ausdrückenden Gleichungen

$$x' = \frac{x - vt}{\sqrt{1 - \frac{v^2}{c^2}}}, \quad y' = y, \quad z' = z, \quad t' = \frac{-\frac{v}{c^2}x + t}{\sqrt{1 - \frac{v^2}{c^2}}}.$$

§ 41. Für die Zusammensetzung zweier gleich gerichteter Geschwindigkeiten v und v' ergibt die Relativitätstheorie als resultierende Geschwindigkeit

$$u = \frac{v + v'}{1 + \frac{v v'}{c^2}} \cdot$$

Hieraus folgt die Unmöglichkeit von Überlichtgeschwindigkeiten. Ferner folgt daraus, daß Lichtwellen von einer strömenden Flüssigkeit mit einem Bruchteil αv der Strömungsgeschwindigkeit v mitgenommen werden, wobei α gleich ist $(1 - 1/n^2)$, wenn n der Brechungsexponent der Flüssigkeit ist (Versuch von FIZEAU).

§ 42. In der relativistischen Dynamik muß die Vorstellung von der Konstanz der Masse aufgegeben werden. Die Impulsmasse m hängt mit der Ruhmasse μ durch die Beziehung zusammen

$$m = \frac{\mu}{\sqrt{1 - \frac{v^2}{c^2}}} \cdot$$

Kraft und Beschleunigung sind im allgemeinen nicht gleich gerichtet; vielmehr bildet die Richtung der Beschleunigung mit der Bewegungsrichtung einen größeren Winkel als die Richtung der Kraft.

§ 43. Aus der Relativitätstheorie folgt, daß jeder Masse, auch wenn sie nicht bewegt ist, eine Eigenenergie zukommen muß, die gleich ist dem Produkt aus der Ruhmasse und dem Quadrat der Lichtgeschwindigkeit. Umgekehrt muß hieraus auch geschlossen werden, daß jede Energie eine träge Masse besitzt, die gleich ist dem Quotienten aus der Energiemenge und dem Quadrate der Lichtgeschwindigkeit.

Übersicht über die häufigsten Bezeichnungen.

$\mathfrak{A}, \mathfrak{B}, \mathfrak{C}$ beliebige Vektoren
$\mathfrak{E}$ elektrische Feldstärke
$\mathfrak{F}$ Feldstärke (im allgemeinen)
$\mathfrak{G}$ Impuls
$\mathfrak{H}$ magnetische Feldstärke
$\mathfrak{K}$ mechanische Kraft
$\mathfrak{M}$ statisches Moment
$\mathfrak{M}$ magnetisches Moment oder Moment eines Quellenpaares
$\mathfrak{P}$ Kurvenpotential
$\mathfrak{S}$ POYNTINGscher Vektor
$\mathfrak{U}$ Drehimpuls

$\mathfrak{a}$ Verbindungslinie
$\mathfrak{a}$ Einheitsvektor
$\mathfrak{b}$ Beschleunigung
$\mathfrak{f}$ Flächengeschwindigkeit
$\mathfrak{g}$ Dichte des Verschiebungsstroms
$\mathfrak{h}$ spezif. Magnetisierungsvektor
$\mathfrak{i}, \mathfrak{j}, \mathfrak{k}$ Grundvektoren
$\mathfrak{i}$ Stromdichte
$\mathfrak{n}$ normaler Einheitsvektor
$\mathfrak{q}$ Kraftdichte
$\mathfrak{r}$ Radiusvektor
$d\mathfrak{s}$ Kurven- oder Wegelement
$\mathfrak{v}$ Geschwindigkeit
$\mathfrak{w}$ Winkelgeschwindigkeit

J_{xx} Trägheitsmoment
J Stromstärke
L lebendige Kraft
P_x MINKOWSKI-Kraft
S beliebiger Skalar
V mechanisches Potential
X, Y, Z Kraftkomponenten

---

c elektromagnetische Konstante, Lichtgeschwindigkeit
e Elektrizitätsmenge
df Flächenelement
g Ergiebigkeit
k_{xx} Tensor
m Masse
m Magnetismusmenge
n Brechungsexponent
p_{xx} Spannung
p Flüssigkeitsdruck
q Querschnitt
q_x MINKOWSKI-Geschwindigkeit
t Zeit
t_{xx} Tensor
x, y, z Koordinaten

Δ LAPLACEsche Ableitung
Θ Volumdilatation
Ψ Potential

α, β, γ Richtungskosinus
β Abkürzung für bestimmte Funktion der Geschwindigkeit
ε Phasenkonstante
η Energiedichte
$\varkappa$ Gravitationskonstante
$\varkappa$ Wellengeschwindigkeit
λ, μ Elastizitätskonstanten
λ Wellenlänge
μ Ruhmasse
ϱ Dichte
σ Flächendichte
$d\tau$ Volumelement
τ Eigenzeit
τ Periode
φ Winkel
χ Momentendichte
ω räumlicher Winkel

Namenverzeichnis.

(Die Zahlen beziehen sich auf die Seiten.)

Sachverzeichnis.

BIBLIOGRAPHIE

Theoretische Physik. Von Dr. GUSTAV JÄGER, Prof. an der Universität Wien.
I. Mechanik und Akustik. Mit 24 Figuren.
II. Licht und Wärme. Mit 47 Figuren.
III. Elektrizität und Magnetismus. Mit 33 Figuren.
IV. Elektromagnetische Lichttheorie und Elektronik. Mit 17 Figuren.
(Sammlung Göschen Bd. 76—78, 374.) Jeder Band geb. 1.50
Eine Anleitung für Schuler höherer Lehranstalten, Studenten, Besucher von Fachschulen u. a.

Kompendium der theoretischen Physik. Von WOLDEMAR VOIGT, o. ö. Professor der Physik an der Universität Göttingen. Groß-Oktav.
I. Band: Mechanik starrer und nichtstarrer Körper. Wärmelehre. X, 610 Seiten. 1895. 10.—
II. Band: Elektrizität und Magnetismus. Optik. XIV, 810 Seiten. 1896. 12.—
Ein Repetitorium für Studierende und ein Taschenbuch fur praktische Physiker.

Vektoranalysis in ihren Grundzügen und wichtigen physikalischen Anwendungen. Von Dr. phil. ARTHUR HAAS, a. o. Professor an der Universität Wien. Mit 37 Abbildungen im Text. Groß-Oktav. VI, 149 Seiten. 1922. 4.—, geb. 5.—
In gemeinverständlicher Darstellung werden die Grundzüge der Vektor- und Tensoranalyse erörtert.

Vektoranalysis. Von Dr. SIEGFRIED VALENTINER, Professor für Physik an der Bergakademie Clausthal. Mit 16 Figuren. (Sammlung Göschen Bd. 354.) Geb. 1.50
Ein zur Studie und Praxis wichtiges Hilfsmittel zur Lösung technischer Aufgaben.

Atomtheorie in elementarer Darstellung. Von Dr. phil. ARTHUR HAAS, a. o. Professor an der Universität Wien. Mit 56 Figuren im Text und auf 2 Tafeln. Groß-Oktav. VIII, 204 Seiten. 1924. 5.40, geb. 6.80
Eine Einführung nicht nur für Physiker und Chemiker, sondern fur jeden Gebildeten, der sich einen Überblick uber die Grundideen und Ergebnisse der Atomtheorie verschaffen will.

Die Welt der Atome. Zehn gemeinverständliche Vorträge. Von ARTHUR HAAS, Dr. phil., a. o. Professor für Physik an der Universität Wien. Mit 37 Figuren im Text und auf 3 Tafeln. Oktav. XII, 130 Seiten. 1926. 4.80, geb. 9.—
Eine Zusammenfassung der wichtigsten Gedankengänge der Atomtheorie in populärer Darstellung.

Die Grundlagen der Physik. Synthetische Prinzipien der mathematischen Naturphilosophie. Von Dr. HUGO DINGLER, a. o. Professor an der Universität München. Zweite Auflage. Oktav. XIV, 336 Seiten. 1923. 4.—, geb. 5.—
Das Werk gibt einen vollständigen Einblick in die mathematische Naturwissenschaft. Alle brennenden Fragen werden behandelt, viele heißumstrittene Probleme gelöst.

Physik und Hypothese. Versuch einer induktiven Wissenschaftslehre nebst einer kritischen Analyse der Fundamente der Relativitätstheorie. Von Dr. HUGO DINGLER, a. o. Professor an der Universität München. Oktav. XI, 200 Seiten. 1921. 3.—, geb. 4.—

Das Naturbild der neuen Physik. Von Dr. phil. ARTHUR HAAS, a. o. Professor an der Universität Wien. Zweite Auflage. Mit 6 Figuren im Text. Oktav. V, 160 Seiten. 1924. 5.—, geb. 6.—
Eine auch dem Laien verständliche Zusammenfassung der wichtigsten Gedankengänge der Physik.

Wörterbuch der Physik. Von Dr. FELIX AUERBACH, a. o. Professor an der Universität Jena. Mit 267 Figuren. Oktav. X, 466 Seiten. 1920. Geb. 4.50
Ein unentbehrliches Nachschlagewerk für Physiker, Chemiker, Mediziner, Techniker.

Experimentalphysik. Von Professor ROBERT LANG, Rektor des Realgymnasiums in Stuttgart.
I. Mechanik der festen, flüssigen und gasigen Körper. Mit 125 Figuren im Text.
II. Wellenlehre und Akustik. Mit 69 Figuren im Text.
III. Wärmelehre. Mit 55 Figuren im Text.
IV. Optik. Mit vielen Figuren im Text.
(Sammlung Göschen Bd. 611—614.) Jeder Band geb. 1.50
Ein Unterrichtswerk fur Schüler höherer Lehranstalten, technische Fachschüler, Studierende und Lehrer.

Physikalische Formelsammlung. Von G. MAHLER †, Professor der Mathematik und Physik am Gymnasium in Ulm, und Professor K. MAHLER, Studienrat an der Oberrealschule Aalen in Württemberg. Mit 71 Figuren. (Sammlung Göschen Bd. 136.) Geb. 1.50

Das Buch gibt fertige Resultate und ermöglicht einen raschen Überblick über die einzelnen Teilgebiete der Physik.

Physikalische Aufgabensammlung. Von G. MAHLER †, Professor der Mathematik und Physik am Gymnasium in Ulm, und Professor K. MAHLER, Studienrat an der Oberrealschule Aalen. Mit den Resultaten. (Sammlung Göschen Bd. 243.) Geb. 1.50

Zum Selbststudium für den Anfänger und zum Gebrauch in der Ingenieurpraxis.

Physikalische Tabellen. Von Dr. A. LEICK. Neubearbeitet von Professor Dr. W. LEICK in Berlin-Lichterfelde. (Sammlung Göschen Bd. 650.) Geb. 1.50

Ein wertvolles Orientierungsmittel fur Lehrer und Studierende.

Physikalische Messungsmethoden. Von Professor Dr. WILHELM BAHRDT in Berlin-Lichterfelde. Mit 54 Figuren. (Sammlung Göschen Bd. 301.) Geb. 1.50

Eine Anleitung zu interessanten Versuchen, die vor allem bei Schülerübungen wertvolle Dienste leisten wird.

Radioaktivität. Von Dr. P. LUDEWIG, Professor an der Bergakademie in Freiberg in Sachsen. Mit 37 Abbild. (Sammlung Göschen Bd. 317.) Geb. 1.50

Die klare Darstellung wird es auch dem Mediziner und Naturhistoriker ermöglichen, sich uber die physikalischen Grundtatsachen der Radioaktivität zu unterrichten.

Luftelektrizität. Von Dr. KARL KÄHLER, wissenschaftlicher Hilfsarbeiter am Preußischen Meteorologisch-Magnetischen Observatorium in Potsdam. Mit 19 Abbildungen. (Sammlung Göschen Bd. 649.) Geb. 1.50

Eine vollständige, auch fur den Laien gut lesbare Darstellung.

Röntgenstrahlen. (Physik, Technik und Anwendung.) Von Dr. phil. nat. RICHARD HERZ in Frankfurt a. M. Mit 48 Figuren im Text und 36 Abbildungen auf 16 Tafeln. (Sammlung Göschen Bd. 950.) Geb. 1.50

Für Studierende, Ärzte und Laboranten ein wertvolles Orientierungsmittel.

Physische Geographie. Von Dr. GEORG GREIM, o. Professor an der Technischen Hochschule in München. (Sammlung Göschen Bd. 26.) Geb. 1.50

In außerordentlich übersichtlicher Darstellung enthält der Band alles über das Gebiet Wissenswerte.

Erdmagnetismus, Erdstrom und Polarlicht. Von Prof. Dr. A. NIPPOLDT, Mitglied des Preuß. Meteorolog. Instituts (Magnetisches Observatorium zu Potsdam). Mit 7 Tafeln und 18 Figuren. (Sammiung Göschen Bd. 175.) Geb. 1.50

Die beste und kurzeste Einfuhrung in das Studium des Erdmagnetismus.

Die Physik der Verbrennungserscheinungen. Von Dr. HEINRICH MACHE, o. ö. Professor an der Technischen Hochschule in Wien. Mit 43 Abbildungen im Text und auf 2 Tafeln. Groß-Oktav. V, 133 Seiten. 1918. 3.—, geb. 3.80

Ein Werk, das uber den Kreis der Fachingenieure hinaus, jedem naturwissenschaftlich Interessierten nutzlich sein wird.

Einführung in die Theorie der Wärme. Von Dr. HEINRICH MACHE, o. ö. Professor an der Technischen Hochschule in Wien. Mit 96 Textfiguren. Groß-Oktav. VIII, 319 Seiten. 1921. 8.—, geb. 9.—

Ein Lehrbuch für den Studierenden und ein wichtiges Hilfsmittel für den praktisch arbeitenden Ingenieur.

Vorlesungen über Thermodynamik. Von Dr. MAX PLANCK, o. Professor an der Universität Berlin. Achte Auflage. Mit 5 Figuren im Text. Groß-Oktav. XII, 287 Seiten. 1927. Geb. 11.50

Das Werk ist von fundamentaler Bedeutung zum Studium der Thermodynamik.

Die Grundgleichungen der Mechanik, dargestellt auf Grund der geschichtlichen Entwicklung. Vorlesungen zur Einführung in die theoretische Physik, gehalten im Sommersemester 1914 an der Universität Leipzig. Von Dr. phil. ARTHUR HAAS, a. o. Professor an der Universität Wien. Mit 45 Abbildungen im Text. Groß-Oktav. VI, 216 Seiten. 1914. 7.50

Zum Selbststudium für Anfänger und zum Gebrauch bei Vorlesungen.

Die Prinzipe der Dynamik. Von Dr. CLEMENS SCHAEFER, o. Professor an der Universität Marburg. Mit 6 Figuren im Text. Groß-Oktav. IV, 76 Seiten. 1919. 2.50

Ein Lehr- und Nachschlagebuch für jeden Physiker.

Geschichte der Physik. Von A. KISTNER, Professor am Gymnasium zu Karlsruhe i. B.

I. Die Physik bis Newton. Mit 13 Figuren.

II. Die Physik von Newton bis zur Gegenwart. Mit 3 Figuren.

(Sammlung Göschen Bd. 293, 294.) Jeder Band geb. 1.50

Kristallographie. Von Prof. Dr. W. BRUHNS. Neubearbeitet von Prof. Dr. P. RAMDOHR. Mit 184 Figuren. (Sammlung Göschen Bd. 210.) Geb. 1.50

Das Buch empfiehlt sich durch seine instruktive Darstellungsweise besonders zum Selbststudium.

Einführung in die Kristalloptik. Von Dr. EBERH. BUCHWALD, Privatdozent an der Universität Breslau. Mit 124 Abbildungen. (Sammlung Göschen Bd. 619.) Geb. 1.50

Zur allgemeinen Orientierung für Studierende und Praktiker.

Lehrbuch der Chemie. Zu eigenem Studium und zum Gebrauch bei Vorlesungen. Von MAX TRAUTZ, e. a. o. Professor für physikalische Chemie und Elektrochemie an der Universität Heidelberg. Groß-Oktav.

I. Band: Stoffe. Mit zahlreichen Abbildungen im Text und auf Tafeln und mit Tabellen. XXVIII, 534 Seiten. 1922. 16.—, geb. 17.50

II. Band: Zustände. Mit zahlreichen Abbildungen im Text und auf Tafeln und mit Tabellen. XXXIV, 637 Seiten. 1922. 20.—, geb. 22.—

III. (Schluß-) Band: Umwandlungen. Mit zahlreichen Abbildungen im Text und auf Tafeln und mit Tabellen. XLVI, 1054 Seiten. 1924. 40.—, geb. 42.50

Band I—III in Ganzleinen (nur komplett) geb. 84.—, für Studenten 60.—

Ein streng wissenschaftlicher, zuverlässiger Führer für Anfänger und Vorgeschrittene.

Lehrbuch der organischen Chemie. Von VICTOR MEYER und PAUL JACOBSON. Zweite Auflage. Groß-Oktav.

I. Band: Allgemeiner Teil. Verbindungen der Fettreihe. Neu bearbeitet von P. JACOBSON und R. STELZNER.

I. Teil: Allgemeiner Teil. — Die aliphatischen Kohlenwasserstoffe und ihre einwertigen Abkömmlinge. Mit Figuren im Text. Unveränderter Neudruck. XVI, 1060 Seiten. 1922. 26.80, geb. 32.—

II. Teil: Die mehrwertigen Abkömmlinge der aliphatischen Kohlenwasserstoffe. — Cyanverbindungen und Kohlensäurederivate. Mit Figuren im Text und einer beigehefteten Tabelle. Unveränderter Neudruck. XXIV, 1522 Seiten. 1923. 38.80, geb. 44.—

II. Band: Cyclische Verbindungen — Naturstoffe.

I. Teil: Einkernige isocyclische Verbindungen. Die Gruppe der hydroaromatischen Verbindungen ist in Gemeinschaft mit P. JACOBSON bearbeitet von CARL HARRIES. Unveränderter Neudruck. XX, 1076 Seiten. 1923. 34.30, geb. 39.—

II. Teil: Mehrkernige Benzolderivate. In Gemeinschaft mit P. JACOBSON bearbeitet von ARNOLD REISSERT, a. o. Professor an der Universität Marburg. Unveränderter Neudruck. XIV, 664 Seiten. 1923. 17.—, geb. 20.—

III. Teil: Heterocyclische Verbindungen. Bearbeitet von P. JACOBSON. Mit Figuren im Text. Erste und zweite Auflage. Unveränderter Neudruck. XXI, 1034 Seiten. 1923. 41.40, geb. 47.—

IV. Teil: Naturstoffe von unbekannter oder nur teilweise erforschter Struktur. Bearbeitet von P. JACOBSON. Im Auftrage der Deutschen Chemischen Gesellschaft aus dem Nachlaß herausgegeben von HEDWIG KUH und FRIEDRICH RICHTER. Erste u. zweite Auflage. VI, 270 Seiten. 1924. 11.—, geb. 14.—

V. Teil: Glykoside. Im Satz.

Ein Standardwerk der Chemie, unentbehrlich für jeden Chemiker.

Lehrbuch der organischen Chemie für Studierende an Universitäten und technischen Hochschulen. Von Dr. A. F. HOLLEMAN, Ll. D., D. Sc., F. R. S. E., Vizepräsident der Königlichen Akademie der Wissenschaften Amsterdam. Mit 74 Figuren. Achtzehnte, verbesserte Auflage. Groß-Oktav. X, 518 Seiten. 1927. In Halbleder 20.—

Ein Handbuch für Studierende und Lehrer.

Chemie. Organischer Teil. Von Dr. JOS. KLEIN in Mannheim. (Sammlung Göschen Bd. 38.) Geb. 1.50

Die knappe Darstellung macht den Band besonders wertvoll für den praktischen Chemiker.

Einfache Versuche auf dem Gebiete der organischen Chemie. Eine Anleitung für Studierende, Lehrer an höheren Schulen und Seminaren, sowie zum Selbstunterricht. Von A. F. HOLLEMAN, Ll. D., D. Sc., F. R. S. E., Vizepräsident der Königlichen Akademie der Wissenschaften zu Amsterdam. Dritte, verbesserte Auflage. Oktav. X, 92 Seiten. 1924. Geb. 2.80

Die Praxis des organischen Chemikers. Von Dr. LUDWIG GATTERMANN, weiland Geh. Hofrat, Professor an der Universität Freiburg. Einundzwanzigste Auflage, bearbeitet von Dr. HEINRICH WIELAND, o. Professor an der Universität München. Mit 53 Abbildungen im Text. Oktav. XII, 397 Seiten. 1928. Geb. 15.—

Ein Handbuch zum dauernden Gebrauch in jedem Laboratorium.

Lehrbuch der anorganischen Chemie für Studierende an Universitäten und technischen Hochschulen. Von Dr. A. F. HOLLEMAN, Ll. D., D. Sc., F. R. S. E., Vizepräsident der Königlichen Akademie der Wissenschaften zu Amsterdam. Mit 77 Figuren und einer Spektraltafel. Neunzehnte, verbesserte Auflage. Oktav. XII, 493 Seiten. 1927. In Halbleder 20.—

Die Reichhaltigkeit des in geschickter Auswahl gebotenen Lehrstoffes und die übrigen didaktischen Vorzüge des zuverlässigen Buches machen es zu einem Unterrichtswerk ersten Ranges.

Chemie. Anorganischer Teil. Von Dr. JOS. KLEIN in Mannheim. (Sammlung Göschen Bd. 37.) Geb. 1.50

Eine leicht faßliche, übersichtliche Einführung für Anfänger.

Praktikum des anorganischen Chemikers. Von EMIL KNOEVENAGEL, Professor an der Universität Heidelberg. Mit zahlreichen Figuren, 4 Tabellen und 9 Tafeln. Dritte Auflage. Groß-Oktav. XXVIII, 386 Seiten. 1920. Geb. 12.80

Zum Gebrauch beim Unterricht für Studierende, Lehrer und Laboranten.

Einführung in die anorganische Experimentalchemie. Von OTTO DIELS, o. Professor an der Universität Kiel. Mit 145 Abbildungen im Text. Groß-Oktav. XXII, 446 Seiten. 1922. 9.—, geb. 10.50

Für Studierende und Dozenten ein Hilfsmittel bei Übungen.

Handbuch der Arbeitsmethoden in der anorganischen Chemie. Unter Mitwirkung namhafter Gelehrter des In- und Auslandes herausgegeben von Professor Dr. ARTHUR STÄHLER. Lexikon-Oktav.

I. Band: Allgemeiner Teil. Das anorganisch-chemische Laboratorium und seine Ausstattung. Mechanische Operationen. Mit 1064 Abbildungen. XII, 788 Seiten. 1913. 40.—, geb. 44.—

II. Band: Physikalische und chemische Operationen.

1. Hälfte: Physikalische Operationen allgemeiner Art. Mit 390 Abbildungen. 654 Seiten. 1919. 32.—, geb. 36.—

2. Hälfte: Physikalische und chemische Operationen besonderer Art. Mit 624 Abbildungen. X, Seiten 655—1648. 1925. 54.—, geb. 58.—

III. Band: Allgemeiner Teil. Physikochemische Bestimmungen.

1. Hälfte: Mit 354 Abbildungen. X, Seiten 1—692. 1913. 36.—, geb. 40.—
2. Hälfte: Mit 347 Abbildungen und 1 Tafel. VIII, Seiten 693—1557. 1914. 44.—, geb. 48.—

IV. Band: Spezieller Teil. Geb. 34.—

1. Hälfte: Mit 116 Abbildungen. 314 Seiten. 1916. 16.—
2. Hälfte: Ausgewählte Kapitel der präparativen Chemie. Mit 62 Abbildungen. X, Seiten 315—572. 1926. 14.50

Zum ständigen Gebrauch für den, vor allem in der Praxis stehenden, Chemiker und Praktiker.

Experimentelle Einführung in die unorganische Chemie. Von HEINRICH BILTZ, o. Professor an der Universität Breslau. Mit 15 Figuren. Fünfzehnte bis siebzehnte Auflage. Groß-Oktav. VI, 130 Seiten. 1928. Geb. 4.80
Ein Unterrichtswerk als Hilfsmittel bei Vorlesungen für Studierende und Dozenten.

Chemische Versuche auf dem Gebiete der anorganischen Chemie. Von Dr. J. K. KÖNIG. Oktav. VI, 64 Seiten. 1921. 1.20
Ein Nachschlagewerk zum Gebrauch bei experimentellen Versuchen.

Anleitung zur Darstellung chemischer anorganischer Präparate für Chemiker und Pharmazeuten. Von REINHART BLOCHMANN, a. o. Professor an der Universität Königsberg. Mit zahlreichen Figuren. Dritte, unveränderte Auflage. Oktav. VIII, 96 Seiten. 1921. Geb. 3.30
Zum Selbststudium und zu Unterrichtszwecken bei Laboratoriumsübungen.

Analytische Chemie. Von Dr. JOHANNES HOPPE in München.
I: Reaktionen.
II: Gang der qualitativen Analyse. (Sammlung Göschen Bd. 247, 248.) Jeder Band geb. 1.50
Kurz gefaßte, leicht faßliche Gesamtübersicht für Studierende, Lehrer und praktische Chemiker.

Qualitative Analyse unorganischer Substanzen. Von HEINRICH BILTZ, o. Professor an der Universität Breslau. Mit 8 Figuren. Elfte und zwölfte Auflage. Groß-Oktav. IV, 64 Seiten. 1928. Geb. 3.50
Eine grundlegende Einführung für Anfänger.

Chemie der anorganischen Komplexverbindungen. Ein Grundriß für Studierende. Von Dr. ROBERT SCHWARZ, a. o. Professor an der Universität Freiburg i. Br. Oktav. VI, 71 Seiten. 1920. 2.50
Ein Buch, das nicht nur für Studierende, sondern vor allem auch für Praktiker bestimmt ist.

Komplexchemie. Einführung in die Chemie der komplexen Verbindungen. Von Prof. Dr. L. DEDE in Gießen. Mit 5 Figuren. (Sammlung Göschen Bd. 981.) Geb. 1.50
Ein Vorbereitungsbuch für den Chemiker, Mineralogen und Geologen.

Erläuterungen zum Gebrauch organischer Reagentien in der anorganischen Analyse. Von Dr. MARTIN MÜLLER, Assistent am Laboratorium für angewandte Chemie der Universität Leipzig. Groß-Oktav. VI, 55 Seiten. 1920. 1.20
Ausgezeichnet als Hilfsmittel bei Übungen und als Vorbereitungsbuch.

Die ätherischen Öle nach ihren chemischen Bestandteilen unter Berücksichtigung der geschichtlichen Entwicklung. Von Professor Dr. FRIEDR. WILH. SEMMLER. Vier Bände. Royal-Oktav. In Halbleder 190.—

I. Band: Allgemeiner Teil: Methanderivate. XVI, 860 Seiten. 1906.

II. Band: Hydriert-cyclische Verbindungen. Kohlenwasserstoffe. VIII, 612 Seiten. 1906.

III. Band: Sauerstoffhaltige Verbindungen der hydriert-cyclischen Reihe. XII, 824 Seiten. 1906.

IV. Band: Benzolderivate und heterocyclische Verbindungen. VIII, 490 Seiten. 1907.

Allgemeine und physikalische Chemie. Von Prof. Dr. HUGO KAUFFMANN. Mit 12 Figuren. (Sammlung Göschen Bd. 71, 698.) Jeder Band geb. 1.50
Eine gemeinverständliche Einführung in das Gesamtgebiet.

Elektrochemie und ihre physikalisch-chemischen Grundlagen. Von Dr. HEINR. DANNEEL.

I. Elektrochemie. Mit 19 Figuren.

II. Experimentelle Elektrochemie, Meßmethoden, Leitfähigkeit, Lösungen. Mit 26 Figuren und mehreren Tabellen.

III. Energie. Mit 18 Figuren und mehreren Tabellen.

IV. Elektrolyse. Mit 41 Figuren und mehreren Tabellen.
(Sammlung Göschen Bd. 252, 253, 941, 980.) Jeder Band geb. 1.50

Die Metalle und ihre Verbindungen. Von Prof. Dr. I. KOPPEL.

I. Alkalimetalle, Erdalkalimetalle, Magnesiumgruppe. Mit 8 Figuren.

II. Kupfergruppe, Aluminiumgruppe, Titangruppe, Bleigruppe. Mit 1 Figur.

III. Vanadiumgruppe, Chromgruppe, Mangan, Eisengruppe, Platingruppe. Mit 5 Figuren. (Sammlung Göschen Bd. 812—814.) Jeder Band geb. 1.50

Ein Nachschlage- und Taschenbuch für Theorie und Praxis.

Die Nichtmetalle und ihre Verbindungen. Von Prof. Dr. A. BENRATH.

I. Bor, Kohlenstoff, Silicium, Stickstoff. Mit 9 Figuren.

II. Wasserstoff, Sauerstoff, Halogene, Edelgase. Mit 24 Figuren. (Sammlung Göschen Bd. 211, 212.) Jeder Band geb. 1.50

Geschichte der Chemie. Von Dr. HUGO BAUER, a. o. Professor an der Technischen Hochschule Stuttgart.

I. Von den ältesten Zeiten bis Lavoisier.

II. Von Lavoisier bis zur Gegenwart. (Sammlung Göschen Bd. 264, 265.) Jeder Band geb. 1.50

Geschichte der Chemie von den ältesten Zeiten bis zur Gegenwart. Zugleich Einführung in das Studium der Chemie. Von Dr. ERNST VON MEYER, Geheimer Hofrat, o. Professor der Chemie an der Technischen Hochschule in Dresden. Vierte, verbesserte und vermehrte Auflage. Groß-Oktav. XIV, 616 Seiten. 1914. Geb. 22.—

Chemische Grundbegriffe. Von Dr. ALFRED BENRATH, a. o. Professor an der Universität Bonn. (Sammlung Göschen Bd. 804.) Geb. 1.50

Zur ersten Einführung und raschen Orientierung.

Logarithmische Rechentafeln für Chemiker, Pharmazeuten, Mediziner und Physiker. Begründet von Professor Dr. F. W. KÜSTER. Für den Gebrauch im Unterrichtslaboratorium und in der Praxis berechnet und mit Erläuterungen versehen. Nach dem gegenwärtigen Stande der Forschung bearbeitet von Dr. A. THIEL, o. ö. Professor der physikalischen Chemie an der Universität Marburg. Mit 1 Tafel. Dreißigste bis vierunddreißigste, verbesserte und vermehrte Auflage. Oktav. 148 Seiten. 1925. Geb. 6.—

Die neue Auflage der allseits bekannten Kusterschen Logarithmischen Tafeln erscheint wie üblich nach dem neuesten Stande der Forschung. Sie stellen für den Chemiker ein ungern entbehrtes Werkzeug dar, das sich in seiner bewährten Anordnung des Stoffes zu einem nützlichen und notwendigen Hilfsbuch entwickelt hat.

Chemisches Praktikum für Anfänger. Mit Berücksichtigung der Technologie. Von Dr. ARTHUR BINZ, Honorarprofessor an der Universität Berlin, Direktor des Chemischen Instituts der Landwirtschaftlichen Hochschule Berlin. Zweite, völlig umgearbeitete Auflage. Groß-Oktav. VII, 94 Seiten. 1926. Geb. 5.—

In dem vorliegenden Praktikum werden die wissenschaftlichen Grundlagen der anorganischen Chemie mit den technologischen vereinigt. Das Experimentelle ist so einfach gehalten, daß die Ausführung auch dem Anfänger keine Schwierigkeiten bietet.

Kurzes chemisches Praktikum für Mediziner und Landwirte. Von FRITZ ARNDT, o. Professor an der Universität Breslau. Siebente bis neunte Auflage. Groß-Oktav. VIII, 96 Seiten. 1926. Geb. 4.30

Ein vor allem für den Praktiker äußerst wertvoller Leitfaden.

Erste Anleitung zur qualitativen chemischen Analyse. Für Studierende der Chemie, Pharmazie und Medizin. Von REINHART BLOCHMANN, a. o. Professor an der Universität Königsberg. Mit 3 Tabellen. Dritte, verbesserte und vermehrte Auflage. Oktav. X, 176 Seiten. 1917. Geb. 5.—

Ein Vorbereitungsbuch für Studierende und zum Selbststudium für praktische Chemiker.

Praktische Einführung in die allgemeine Chemie. Anleitung zu physikalisch-chemischem Praktikum und selbständiger Arbeit. Von MAX TRAUTZ, e. a. o. Professor für physikalische Chemie und Elektrochemie an der Universität Heidelberg. Mit 187 Abbildungen. Groß-Oktav. XII, 375 Seiten. 1917. 10.—, geb. 11.—

Diese in erster Linie für Anfänger gedachte Einführung gibt auch dem Lehrer und fortgeschrittenen Studierenden viele Anregungen.

Terpene und Campher. Zusammenfassung eigener Untersuchungen auf dem Gebiete der alicyclischen Kohlenstoffverbindungen. Von OTTO WALLACH, Geheimer Regierungsrat, Professor an der Universität Göttingen. Zweite Auflage. Lexikon-Oktav. XXVI, 580 Seiten. 1914. 25.—, geb. 27.—

Das auf praktischen Erfahrungen aufgebaute Werk ist ein unentbehrliches Nachschlagewerk für den Chemiker.

Die Darstellung der seltenen Erden. Von Dr. C. RICH. BÖHM, Chemiker in Berlin. Zwei Bände. Lexikon-Oktav. XXXII, 492 und VIII, 484 Seiten. 1905. 42.—

Die Verwendung der seltenen Erden. Eine kritische Übersicht. Von Dr. C. RICH. BÖHM, Chemiker in Berlin. Mit 10 Figuren im Text. Oktav. VIII, 108 Seiten. 1913. 3.—

Die Mineral-, Pflanzen- und Teerfarben. Ihre Darstellung, Verwendung, Erkennung und Echtheitsprüfung. Von Professor Dr. HANS TH. BUCHERER, Berlin. Groß-Oktav. VIII, 142 Seiten und 4 Tafeln. 1911. 3.60, geb. 4.60

Ein wertvolles Hilfsmittel für die Praxis.

Die Teerfarbstoffe mit besonderer Berücksichtigung der synthetischen Methoden. Von Professor Dr. HANS TH. BUCHERER, Berlin. (Sammlung Göschen Bd. 214.) Geb. 1.50

Farbenchemisches Praktikum. Zugleich eine Einführung in die Farbenchemie und Färbereitechnik. Von Dr. RICHARD MÖHLAU u. Dr. HANS TH. BUCHERER, vorm. ord. Professoren an der Technischen Hochschule zu Dresden. Mit 7 Tafeln mit Ausfärbungsmustern. Dritte, neubearbeitete Auflage. Groß-Oktav. X, 389 Seiten. 1926. Geb. 22.—

Das höchst anregende und mit ausgezeichnetem Verständnis für Theorie und Praxis der Farbstoffindustrie und Farbstoffchemie geschriebene Werk erfüllt in hervorragender Weise die Aufgabe, den Studierenden in den inneren Mechanismus der Farbstoffsynthese einzuführen.

Zur Einführung in alle anderen Wissensgebiete empfehlen wir die

Sammlung Göschen. Bisher sind über 1000 Bände erschienen aus folgenden Gebieten: Astronomie / Berg- und Hüttenwesen / Chemie / Eisenbahnwesen / Elektrotechnik / Erdkunde / Länder- und Völkerkunde / Geschichte und Kulturgeschichte / Handelswissenschaft / Hochbautechnik / Ingenieurbau / Kriegswissenschaft / Kunst / Land- und Forstwirtschaft / Literaturgeschichte / Maschinenbautechnik / Mathematik / Medizin, Hygiene; Pharmazie / Musik / Naturwissenschaften / Philosophie / Physik / Rechtswissenschaft / Religionswissenschaft und Theologie / Sprachwissenschaft / Stenographie / Technologie / Unterrichtswesen / Volkswirtschaft.

Jeder Band gebunden Rm. 1.50

Gesamtverzeichnisse und Sonderverzeichnisse von den obengenannten Gebieten liefern wir unter Bezugnahme auf die Ankündigung kostenlos

FSC
www.fsc.org
MIX
Papier | Fördert gute Waldnutzung
FSC® C083411

Zeitfracht Medien GmbH
Ferdinand-Jühlke-Straße 7
99095 Erfurt, Deutschland
produktsicherheit@kolibri360.de